普通高等教育“十四五”规划教材

生态毒理学基础

FUNDAMENTALS OF ECOTOXICOLOGY

孟紫强　主编

中国环境出版集团·北京

图书在版编目（CIP）数据

生态毒理学基础 / 孟紫强主编 . —北京：中国环境出版集团，2023.1

普通高等教育“十四五”规划教材

ISBN 978-7-5111-5290-9

Ⅰ.①生… Ⅱ.①孟… Ⅲ.①生态学—毒理学—高等学校—教材 Ⅳ.① X171.5

中国版本图书馆 CIP 数据核字（2022）第 158905 号

出 版 人 武德凯
责任编辑 宾银平 沈 建
封面设计 宋 瑞

出版发行 中国环境出版集团
（100062 北京市东城区广渠门内大街 16 号）
网 址：http：//www.cesp.com.cn.
电子邮箱：bjgl@cesp.com.cn.
联系电话：010-67112765（编辑管理部）
010-67112739（第二分社）
发行热线：010-67125803，010-67113405（传真）

印 刷 北京中科印刷有限公司
经 销 各地新华书店
版 次 2023 年 1 月第 1 版
印 次 2023 年 1 月第 1 次印刷
开 本 787 × 1092 1/16
印 张 13.5
字 数 331 千字
定 价 52.00 元

本书编委会

主　编　孟紫强

编　委（以姓氏笔画为序）

王新红　刘静玲　张全喜

孟紫强　解静芳　滕　应

前言

自《生态毒理学原理与方法》于2006年出版和普通高等教育“十一五”国家级规划教材《生态毒理学》于2009年出版以来，历经十余载，我国生态毒理学研究取得了突飞猛进的发展，新概念、新理论、新技术、新应用不断涌现，生态毒理学教学也取得了许多新的经验和成就。为了适应生态毒理学新的教学和科研形势，我们以上述专著和教材为基础，结合该学科教学和科研在近年来的发展，于2019年编著《生态毒理学》教材，由中国环境出版集团出版。《生态毒理学》教材至今已历时3年，受到广大师生的厚爱，在此表示衷心的感谢！

据教学一线老师们反映，生态毒理学本科课堂教学学时较少，一般只有32学时，而《生态毒理学》教材内容较多且书后的实验指导较全面，适于研究生深入学习。为此，我们将《生态毒理学》教材前十章有关生态毒理学基础的部分进行修订而成本书——《生态毒理学基础》，供环境类、生态类、资源类及相关专业本科生教学使用。此外，主编还邀请多所大学从事本课程教学的名师制作了《生态毒理学（原理）》慕课，可供线上教学使用。

本书各章作者有（以章节先后为序）：山西大学孟紫强（第一～第六章）、解静芳（第七章第一～第三节），中国科学院南京土壤研究所滕应（第七章第四节），北京师范大学刘静玲（第八章），厦门大学王新红（第九章），山西大学张全喜（第十章），最后全书由主编统稿、定稿。

限于我们的业务水平和编著经验，本书难免存在疏漏和不足之处，欢迎有关专家、老师及同学们随时提出宝贵意见，不胜感谢！

孟紫强

2022年5月1日

目 录

第一章 概 论

18世纪兴起的工业革命，加速了工业化、城市化发展，促进了科学技术进步，提高了人类的生活水平。与此同时，工业革命也加剧了人类对自然环境的索取、改造和掠夺。当人类还陶醉于工业革命伟大胜利的时候，自然界的报复已经在悄悄地逼近人类，特别是近几十年来，随着世界人口的增加，工业生产、交通运输的扩大，以及煤炭、石油等能源利用的增长，各种固体废物、废液及废气向环境大量排放，日益加剧的环境污染使生态环境和人类的持续发展受到了严重威胁。第二次世界大战后，短短的几十年间环境问题就从地区性局部问题发展成为全球性普遍问题，从简单问题（可分类、可定量、易解决、低风险、近期可见性）发展到复杂问题（不可分类、不可定量、不易解决、高风险、长期性），出现了一系列国际社会广泛关注的热点问题，如气候变暖、臭氧层破坏、森林植被破坏、生物多样性减少、大气污染、土地荒漠化、水资源危机及海洋污染等。当前，环境污染导致的生态问题已经成为人类面临的主要问题之一。为了人类社会的可持续发展，也为了生物圈和经济的可持续发展，环境与资源的保护就成了必须尽快加以解决的重大问题。在如何保护生态环境的研究中，各国科学家付出了极大的努力，他们应用毒理学理论和方法，去探讨生态问题，将环境科学、毒理学、生态学及生物学等多种学科相互交叉、融合，发展成为一门新的边缘学科——生态毒理学（ecotoxicology）。

一、生态毒理学概念及其与环境毒理学的关系

（一）生态毒理学概念与学科地位

1. 生态毒理学概念与生态碳汇

（1）生态毒理学概念

生态毒理学是研究有毒有害因子，特别是环境污染物对动物、植物、微生物及其生态系统的损害作用与防护的科学。也可以说，生态毒理学是研究有毒有害因子，特别是环境污染物对生态系统及其组分（动物、植物、微生物及非生命环境成分）的危害与防护的科学。

因此，生态毒理学是以研究和保护野外生物及其生态系统健康发展为其使命的科学，它对于保持和提高生态系统的碳汇（carbon sink）能力，实现碳达峰（peak carbon dioxide emissions）、碳中和（carbon neutrality）目标具有重要的理论和实践价值。由于生态毒理学在环境保护和碳达峰、碳中和的实践中越来越显示出它的巨大应用价值，加之其在生态科学与工程、环境科学与工程等多种学科的研究和应用中具有很大潜力，所以生态毒理学不仅是理论科学，也是应用科学。

（2）环境污染物与外源化学物

关于在生态毒理学概念中指出的有毒有害因子，由于环境污染是当前全球生态系统所面临的最大问题之一，所以研究环境污染物对生态系统及其组分的危害已成为当代生态毒

理学研究的主流。

环境污染物（environmental pollutants 或 environmental contaminants）是指由于人为的或自然的原因进入环境并使环境的正常组成和性质发生改变，直接或间接有害于人类与其他生物的物质。环境污染物的种类很多，可归纳为三大类，即物理性、化学性和生物性环境污染物。物理性和化学性环境污染物也被定义为："在环境介质中浓度显著高于背景值、具有环境危害的物理或化学因子。"由于绝大部分人工合成的化学物质在原生环境中并不存在，所以只要能够在环境中检出并能够证明其具有环境危害的属性，就可以认定其为环境污染物。在化学品环境管理中通常将环境危害属性划分为持久性（persistence，P）、生物可蓄积性（bioaccumulation，B）和毒性（toxicity，T）。其中，毒性（T）中的生态毒性（ecotoxicity）是指对淡水、海水、陆地生物的急性和慢性毒性。凡是符合上述三个危害属性的化学物质均归属为 PBT 物质，应当对其加强监管。

环境化学污染物（environmental chemical pollutants）是环境污染物中种类最多、污染最严重、分布最广，对动物、植物、微生物及其生态系统危害最严重的物质，是生态毒理学的主要研究对象。为了叙述简便，本书在没有特指的情况下，环境污染物即指环境化学污染物。

环境化学污染物属于外源化学物（xenobiotics）的范畴。外源化学物是一类"外来生物活性物质"，又可称为外来化学物，以区别于机体内代谢过程中形成的产物和中间产物——内源化学物（endobiotics）。外源化学物不是生物体的组成成分，也非生物体所需的营养物质或维持正常生理功能所必需的物质，但它们可通过一定的途径与生物体接触并从环境中进入生物机体，并能产生一定的生物学作用。外源化学物是环境毒理学、生态毒理学等毒理学分支学科最常用的专业术语之一。

（3）生态毒理学研究与生态碳汇的关系

在大自然中的碳循环过程中，碳汇是从空气中清除二氧化碳的过程、活动、机制；而碳源（carbon source）是指自然界中向大气释放碳的母体，是与碳汇相对的概念。生态毒理学研究与碳达峰、碳中和（简称"双碳"）目标的实现具有密切的关系。

生态碳汇（ecological carbon sink）是对传统碳汇概念的拓展和创新，不仅包含过去人们所理解的碳汇，即通过植树造林、植被恢复等措施吸收大气中二氧化碳的过程，同时还增加了草地、湿地、耕地、海洋等生态系统对碳吸收的贡献，以及土壤、冻土对碳储存、碳固定的维持，强调各类生态系统及其相互关联的整体对全球碳循环的平衡和维持作用。从生态毒理学视角来看，生态碳汇是指通过绿色植物的光合作用吸收大气中的二氧化碳，并将其固定在植被和土壤中，从而减少温室气体在大气中浓度的过程、活动或机制。通过植树造林、植被恢复以及各种生态系统的生物固碳措施，采用生态毒理学方法和技术保护生态系统免受环境污染的危害，提高生态碳汇水平，抵消生产生活中的碳排放，从而在"双碳"目标的实现中发挥重要作用。这在目前是最为经济、安全、有效的固碳增汇途径之一。

碳汇与碳源不是固定不变的，二者在一定条件下可以互相转化。以森林生态系统为例，一方面，森林植物的健康生长可以从大气中吸收和固定大量的碳，是大气中二氧化碳的一个重要碳汇；另一方面，当森林遭受环境污染物（例如酸雨）的侵袭时，森林植物的生长受到严重影响，其光合作用减弱，导致对二氧化碳的吸收小于其呼吸作用对二氧化碳的释放。此外，严重的环境污染可以引起森林植物过早衰老，甚至死亡，森林枯枝落叶分解而释放大量二氧化碳，森林土壤中有机物分解速率大于积累速率，从而使衰退的森林变为二氧化碳的源。环境污染物对于草地、湿地、耕地、海洋等生态系统的碳汇也存在类似的损伤作用，而生态毒理学就是研究环境污染对生态系统损伤与防护的科学，可见在生态文明建设新的形势下，在实现“双碳”目标的征程中，学习和研究生态毒理学有其重要的科学和实践意义。

2. 生态毒理学的学科地位

生态毒理学是由环境科学（environmental science）、毒理学（toxicology）、生态学（ecology）及生物学（biology）等多种学科交叉形成的新型边缘学科，同时它也是环境科学、毒理学、生态学及生物学等学科的分支学科。此外，随着生态毒理学与其他学科交叉研究的发展，它将在越来越多的学科中发挥重要作用。

环境科学是研究人类与环境相互作用及其规律的科学。人类活动产生的污染物可作用于环境中的无生命组分，如大气、水、岩石、土壤等；同时也可作用于环境中的有生命组分，如动物、植物、微生物等。生态毒理学可以说是研究人类活动引起的环境污染物对动物、植物、微生物及其生态系统的损害作用及其机理的科学，所以它是研究人类活动所产生的污染物对环境中有生命组分的作用的。因此，生态毒理学是环境科学学科的一部分，是环境科学学科的分支学科。

毒理学是研究物理性、化学性和生物性等有毒有害因素对人类及动物、植物、微生物等所有生物的损害作用及其机理的科学。生态毒理学是研究有毒有害因素对动物、植物、微生物的损害作用及其机理的科学，它所研究的内容是毒理学研究范畴中的一部分，所以生态毒理学也是毒理学学科的分支学科。

生态学是研究动物、植物、微生物与其环境之间相互关系的科学，且近年来生态系统已经成为生态学研究的重要领域之一；而生态毒理学是研究动物、植物、微生物及其生态系统与环境中有毒有害因素之间相互关系的科学。因此，生态毒理学也是生态学研究范畴的一个组成部分，是生态学学科的分支学科。

生物学是研究生物的结构、功能、发生和发展规律以及生物与周围环境关系的科学，是自然科学六大基础学科之一。生态毒理学所研究的动物、植物和微生物均属于生物学的范畴，它所研究的生物与环境污染的关系是生物学研究范畴的一部分，所以它也是生物学学科的分支学科。

需要指出的是，环境毒理学也是环境科学和毒理学的分支学科，但是环境毒理学是研究环境污染物对人类健康的毒性作用及其机理的科学，而生态毒理学主要是研究环境污染物对动物、植物、微生物及其生态系统的损害作用及其机理的科学，二者研究的对象和任务不同，因此二者是不同的学科。它们在生态文明的大目标下，既要独立发展、完成各自的任务，又要相互协作、达到人与环境相互和谐发展的总体目标。

此外，生态毒理学学科从诞生至今虽然只有 50 多年的发展历程，但由于它在生态文明建设中的重要作用，它已经渗透到多个学科或领域，成为多个学科或领域不可或缺的理论知识和方法技术的源泉。例如，对于生态工程，特别是对于环境生态工程来说，生态毒理学不仅可提供生态监测、生态修复或生态治理等的基础理论和方法，而且可为生态工程的立项、设计、实施和完成等提供科学依据和措施，是生态工程或环境生态工程专业的重要专业基础学科。

对于环境工程专业来说，近年来的研究发现，生态毒理学可为环境工程施工建设和高效运行提供科学依据和措施。环境工程为了完成对环境污染物清除、减少或资源化的任务，从工程设计、建设和运行都必须围绕其中的功能生物的繁殖和生长需要而进行。环境工程运行时，在废水、废气或废渣中，高浓度的污染物直接与其中的生物接触而交互作用，形成了一个人为或半人为的生态毒理系统（我们称之为环境工程生态毒理系统，以区别于传统的自然生态系统），其中的污染物必然要对这些生物产生毒性作用，使暴露生物的命运发生变化。而这种环境工程生态毒理系统不仅应是生态毒理学研究的焦点，而且应是环境工程学研究的重要内容，所不同的是环境工程生态毒理系统中环境污染物的浓度不仅显著高于自然生态系统，而且是人为集中于一起的，即是相对可控可调的。此外，环境工程生态毒理系统中的功能生物也是人为加入或种植的，因此也是相对可控可调的。对于生态毒理学来说，传统的研究范畴主要是研究环境污染物对自然生态系统的损伤与防护，侧重于研究环境面源污染对自然生态系统的危害与防护；而现代的研究范畴，不仅包括传统的研究内容，而且要研究在人为建筑中环境污染物对环境工程生态毒理系统的损伤与防护，即研究环境点源污染对人为或半人为生态系统的危害与防护。生态毒理学对环境工程生态毒理系统的研究是一种开拓性的新领域，将使生态毒理学成为环境工程专业的专业基础课程，这对生态毒理学工作者是机遇，也是挑战。

（二）生态毒理学与环境毒理学是两个不同学科

生态毒理学与环境毒理学学科的提出或诞生至今已经 50 多年了，然而有的研究者或者把这两个学科视为同一学科，或者认为生态毒理学包含了环境毒理学，或者认为环境毒理学包含了生态毒理学，有的甚至认为生态毒理学脱胎于环境毒理学。因此，为了这两个学科的快速发展，对二者的独立性及其区别进行详细论述是非常必要的。

1. 两个学科发生混淆的历史原因

长期以来，生态毒理学与环境毒理学的差别或界限往往被忽略，在研究目的和研究范畴诸方面常常混淆不清、相互覆盖，究其原因主要与这两个学科产生和发展的历史背景密切相关。

1968 年，美国加利福尼亚大学戴维斯分校建立了环境毒理学系，同年，瑞典斯德哥尔摩大学成立了环境毒理学研究室。虽然环境毒理学被不约而同地提出来了，但它没有公认的创始人，也没有标志性的论著对环境毒理学的概念、任务和范畴进行论述。与此同时，不同背景的科学家广泛参与环境毒性方面的研究，把他们的研究均归之为环境毒理学研究，使环境毒理学成为这些不同背景科学家的共同的学科，导致环境毒理学成为一个很宽泛的概念，涵盖了环境污染物对包括人类在内的所有生物健康危害方面的内容。这也是一直以来有一些环境毒理学学术期刊的内容既包括环境污染物对人类健康影响，又包括环境污染物对动物、植物影响的主要原因之一。

几乎在与环境毒理学术语提出的同时，1969 年 6 月，法国生态学家萨豪特（René Truhaut）提出生态毒理学术语，他是公认的生态毒理学创始人，他认为生态毒理学是研究环境污染物对生态系统及其组分（动物、植物、微生物及非生命成分）危害的科学，其中他认为这里的动物也包括人在内。由于萨豪特提出的生态毒理学把人类包括在动物范畴中，认为生态毒理学不仅包括环境污染物对动物、植物的危害，也包括环境污染物对人类的影响，所以萨豪特的生态毒理学术语也是一种非常宽泛的概念，它与 1968 年产生的环境毒理学范畴是一致的，只是同一概念的两种不同名称的转换而已。萨豪特的观点受到研究环境问题的生物学家特别是生态学家的广泛重视，1977 年，法文版的《生态毒理学》专著在法国出版，生态毒理学学科形成。而环境毒理学与生态毒理学在概念、内容及其任务等方面有无区别，萨豪特并没有进行过论述，显然，他只是为了用生态毒理学术语取代环境毒理学术语而已。

从此之后，环境毒理学与生态毒理学两个术语被学术界任意混淆使用，即使有人提出二者的区别，但也没有进行过系统的论述。在这种情况下，一些环境毒理学著作除论述环境污染物对人类健康的影响外，还论述环境污染物对野生动物、植物的危害，把生态风险评价的内容也列于其中，认为环境毒理学包括了生态毒理学，甚至有的作者在其《环境毒理学》著作中说“本书也可以称作《生态毒理学》”。同样，一些关于环境污染物对动物、植物及其生态系统危害的著作、论文或成果却贴着环境毒理学研究的标签；有的书名为《生态毒理学》的著作却包含有大量环境毒理学的内容，该书作者甚至说“本书也可以命名为《环境毒理学》”。长期以来，两个学科由概念到内容处于混淆的状态，严重影响了两个学科的发展和交流。从上述学科形成和发展的历史可知，环境毒理学与生态毒理学的混淆或纠缠不清，其历史原因与学科创始初期专业知识积累不足、不同背景的科学家对这两个学科的概念和范畴的宽泛理解有关，也与后人不加区别地追随有关。

2. 两个学科发展的历史轨迹相互独立

追溯生态毒理学与环境毒理学两个学科科学研究的历史，可以发现这两个学科的科学研究自始至终都在独立进行，研究对象不同，研究内容不同，研究队伍也不同。学科发展的历史证明，生态毒理学和环境毒理学是两个独立发展的学科（表 1-1）。

表 1-1 环境毒理学与生态毒理学学科形成前的研究简史（摘要）

生态毒理学	环境毒理学
1848 年，在英国的工业区曼彻斯特首先发现桦尺蛾的工业黑化现象，表明从 19 世纪 40 年代起，就开始了环境污染对动物危害的研究	1775 年，英国外科医生 P. 波特（P. Pott）发现打扫烟囱的工人患阴囊癌的较多，他认为这种疾病同接触煤烟有关
1863 年，英国彭妮（C. Penny）和亚当斯（C. Adams）研究了工业废水中有毒化学物对水生生物的毒性作用，并最早报道了急性水生毒性试验方法……	1873 年，英国伦敦首次发生重大的大气烟雾灾难事件，对人体健康造成严重危害
1912 年，美国伍德拉夫（Woodruff）最早使用微宇宙试验法研究枯草浸液对原生动物的影响……	1924 年，英国医生拉塞尔（W. T. Russell）在医学期刊《柳叶刀》（*Lancet*）报道了伦敦烟雾事件可导致呼吸系统疾病死亡率增加，开启了环境医学与环境毒理学研究的先河
1930 年 12 月 1—5 日，比利时马斯河谷烟雾事件发生，有毒烟雾使周围许多动物死去，造成严重的生态毒性灾害	1930 年 12 月 1—5 日，比利时马斯河谷烟雾事件发生，对人群健康造成严重危害，史称环境污染引发人类健康危害的“八大公害”之一
1962 年，美国生物学家蕾切尔·卡逊（Rachel Carson）的著作《寂静的春天》（*The Silent Spring*）出版，这对生态毒理学和环境毒理学学科的产生起到启蒙作用	
1969 年 6 月，法国生物学家萨豪特提出生态毒理学科学术语，并对生态毒理学概念进行论述	1968 年，环境毒理学学科诞生和形成，没有公认的创始人和标志性论著

早在18—19世纪，工业的快速发展，导致大量人造化学污染物质排放到环境。在那个时代，人们不仅开始意识到环境化学污染物对人类健康的危害，而且也开始了研究环境化学污染物对野生生物的危害。生态学家早已开始研究工业化学污染物对野生动物的危害［如桦尺蛾的工业黑化问题（图1-1）和废水对水生生物的毒害问题］，而医学家也早已开始研究工业化学污染物对健康的危害及其毒性作用机理（表1-1）。

图1-1 桦尺蛾的工业黑化现象

注：19世纪英国工业黑烟污染导致桦尺蛾（*Biston betularia* Linnaeus）在生态环境中由以灰色蛾为主转变为以黑色蛾为主。直到20世纪其涉及的基因突变才被阐明。

当蕾切尔·卡逊的名著《寂静的春天》于1962年在美国出版以后，环境保护运动首先在欧美国家兴起，生态学家和生物学家以更大的热情投入到环境化学污染物对动物、植物危害的研究；与此同时，医学家也比以往更加积极地进行环境化学污染物对人群健康危害的研究。这些研究的历史表明，两个学科的科学研究自始至终都在独立、平行地进行，而且在研究团队上也各有特色：环境污染物对人类健康的影响（环境毒理学）研究主要由医学家特别是毒理学家进行，而环境污染物对野外动物、植物的影响（生态毒理学）研究主要由生物学家特别是生态学家进行。此外，环境毒理学诞生于1968年，而生态毒理学在1969年6月也诞生了，二者几乎是同时诞生的。因此，认为生态毒理学脱胎于环境毒理学的观点很难有说服力。

进一步研究表明，环境毒理学与生态毒理学之间的区别不是在研究的生物层次上，而是在研究的范畴上存在本质差别。无论是生态毒理学还是环境毒理学，都要研究群体效应，不过环境毒理学研究的是环境污染物对人群的群体效应，而生态毒理学研究的是环境污染物对非人类生物的群体效应，特别是对野外生物的群体效应；无论是生态毒理学还是环境毒理学，都要研究从分子到细胞的微观效应，不过环境毒理学研究的是环境污染物对人类或其模式生物的分子效应，而生态毒理学研究的是环境污染物对非人类生物的分子效应。

3. 中国教育界率先实施两个学科的独立发展

科学的历史发展表明，当一个学科得到长期发展，理论和技术有了庞大的知识积累的时候，这个学科就必然要分裂为两个或多个新的学科。然而，令人难以理解的是，在环境毒理学或生态毒理学学科提出或诞生30多年的时间里，没有人对二者的区分进行过系统分析，更没有人把二者确定为各自独立的学科。直到2006年，我们在《生态毒理学原理与方法》（科学出版社）一书中第一次对环境毒理学和生态毒理学在概念、任务、内容和研究范畴等方面的区别及其鉴别标准进行了论述，第一次提出环境毒理学和生态毒理学是两个独立的学科，并在2006年的《生态毒理学报》（第二期）上发表了相关论文，同年也在教育部环境科学与工程类专业教学指导委员会、高等教育出版社等于长沙市联合举办的第一届环境类课程教学论坛环境科学分组会上报告了相关内容。

环境毒理学与生态毒理学是各自独立的两个学科的观点于2006年首先在中国被系统地论述，并在提出两个学科的区分标准之后，教育部在批准《环境毒理学基础》（高等教育出版社，2003）为普通高等教育“十五”国家级规划教材的基础上，又在2007年批准《生态毒理学》为普通高等教育“十一五”国家级规划教材，该教材于2009年由高等教育出版社正式出版，从而为两个学科的独立发展奠定了基础，创造了条件。从此，这两个学科首先从教学体系彻底分离，所以说，把环境毒理学和生态毒理学作为独立学科分开发展是中国的智慧。随着两个学科的分离，二者迎来了更加快速的发展。

二、生态毒理学的研究对象、任务和内容

（一）研究对象

生态毒理学的研究对象主要包括以下两个方面：

（1）自然或人为环境中的动物、植物、微生物及其生态系统。

（2）生态环境中所有有毒有害因素，其中环境污染物是当代最重要的环境有毒有害因素。环境污染物包括物理性、化学性及生物性污染物，其中环境化学污染物是最常见、最普遍、危害最严重的污染物，故其为生态毒理学最主要的研究对象。

（二）研究任务

生态毒理学的主要任务是为保护生态系统的健康发展和生态平衡服务，为生态预警、生态安全、生态培育、生态修复和生态工程等生态环境保护事业提供科学依据、策略和措施，为我国生态文明建设和发展做贡献。

当前，我国生态文明建设已进入以降碳为重点战略方向、推动减污降碳协同增效、促进经济社会发展全面绿色转型、实现生态环境质量改善由量变到质变的关键时期。为了我国如期实现碳达峰、碳中和目标，一个重要方面在于提升生态碳汇能力，强化国土空间规划和用途管控，有效发挥森林、草原、湿地、海洋、土壤、冻土的固碳作用，提升生态系统碳汇增量。为此，研究和防止环境污染对生态环境的损害，提高生态系统碳汇功能，就成为生态毒理学的一项重要任务。

促进绿色经济的增长也是生态毒理学研究的重要任务。生态毒理学技术不仅是环境保护的科学工具，也是各种产业与环境保护之间不可或缺的纽带和桥梁。例如，生态风险评价在工业、农业、商业甚至城乡规划和建设等各种国民经济领域中起着重要作用。在铁路和公路的新修，水库和油库的新建，以及工厂和民居的大规模新建或改建，绿色产品的生产、开发、认定，以及生态农业、生态工业甚至生态城市的规划和实施等过程中，首先要进行生态风险评价，从而为这些生产和建设提出生态保护的具体指导和要求，也为管理者的决策和监督提供科学依据和措施。

此外，生态毒理学研究可为生态环境损害司法鉴定法规的制定和具体实施提供科学依据，在防止自然的或人为导致的生态环境损害事件中提供法律保护，为把生态环境保护纳入法律管控做出贡献。

（三）研究内容

生态毒理学研究的主要内容如下：

（1）研究生态毒理学的概念、理论和方法，加强生态毒理学教材建设，重视生态毒理学人才队伍的培养，推动生态毒理学学科的发展。

（2）研究环境污染物的生态毒性作用及其机理。主要包括：①研究环境污染物在动

物、植物、微生物体内的吸收、分布、转化和排泄规律及其对生物体的毒性作用与防护，为环境污染物的安全评价和环境质量评价提供科学依据。②研究环境污染物的暴露剂量与生态效应之间的关系，为环境管理提供科学依据。生态毒理学研究可获得环境污染物与生态效应之间浓度（或剂量）–效应（或反应）关系的具体数据，从而可以为环境管理者在制定技术标准和准则时提供科学依据，也可为生态风险评价提供科学依据。此外，还可为环境政策和法律法规的实施、环境污染物的具体管理行为提供科学或执法依据。③研究环境污染物对动物、植物、微生物的特殊毒性作用或遗传毒性作用，如对环境污染物引发基因突变的研究，对环境污染物诱发抗性基因的研究，以及对环境污染物诱发动物、植物适应机制的研究等。④研究和建立规范的、精确的生态效应测试或研究方法。

（3）研究环境污染物对生态系统结构和功能的影响及其修复技术。其中包括研究环境污染物对生态系统不同组分（生产者、消费者、分解者以及非生物因素）和结构（形态与营养结构）的影响，特别是对生物多样性和生态平衡的影响与预防。研究环境污染物对生态系统基本功能（生物生产、能量流动、物质循环、信息传递）和服务功能的影响与修复。研究环境污染对不同生态系统碳汇功能的损伤及其修复或提升技术，为我国实现碳达峰、碳中和目标做贡献。此外，要研究环境污染物在生物体内的富集作用和在食物链中的放大作用，为低浓度环境污染物对生物体及其生态系统的损害与防护提供科学依据，也为对低浓度环境污染物危害生态系统的评估提供科学依据。

（4）研究生态毒理学模型的构建方法及其应用。正确的生态毒理学模型构建方法，可为建模提供科学、合理的方法和技术，使生态毒理学模型在生态治理或生态修复中更加符合客观实际，更具有可应用性。20 世纪 80 年代以来，人们越来越认识到环境污染治理是一个非常复杂的问题，环境污染的化学治理往往带来二次污染，且治理所需的费用即使经济发达国家也认为是非常昂贵而难以承受的。然而，生态毒理学模型可使环境污染物在生态系统中向有利于环境变好的方向转变，这就成为操作容易、耗费低廉、效果优良的环境生态治理或修复的重要途径或工具。在此形势下，环境生态治理逐渐被环境污染治理工程所接受和重视，生态毒理学模型在环境治理或修复中的应用越来越普遍。由此可知，改进建模方法的研究，将在生态毒理学和环境工程领域越来越受到重视。

（5）研究生态异常变化的预测预报技术。许多生物标志物（特别是分子标志物）可被遴选为生态标志物，而被用作对生态异常变化的重要预测预报手段。由于生物标志物（特别是分子标志物）往往对环境污染物的毒性作用非常敏感，所以其可早期预报生态异常变化，为生态损伤的早发现、早修复、早防治提供科学依据。生态标志物可分为：①暴露生物标志物（exposure biomarker；biomarker for exposure；biomarker of exposure）是指反映在机体组织、体液或排泄物中的环境污染物或其代谢产物或其与内源性物质相互作用产物数量的指标。暴露生物标志物可用于环境污染水平、生物体内剂量及生物有效剂量的估算，为此，往往依据化学物质毒性作用的特点和敏感器官来确定检测指标。例如，检测生物材料中的污染物及其代谢物并与适宜的参比值进行比较，估算环境污染物水平和生物体的暴露水平，以及生物体对污染物的吸收水平和体内代谢情况，从而推断环境中污染物浓度与生态效应之间的关系。最常用的方法是采用实验动物或植物的不同器官和组织进行生物化学和分子生物学测定。②效应生物标志物（biomarker of effect），指在污染物引起的早期反应或损伤中，反映细胞、生物化学和分子生物学改变的指标，用于确定剂量–反应（效应）关系和风险评估，同时也有助于对污染物引起机体损伤机制的研究。③易感性生物标志物（biomarker of susceptibility），指反映生物体对环境污染物反应能力的指标，可发现对污染物敏感的个体和群体，对保护易感生物特别是濒危动物、植物有重要价值。

（6）研究生态风险评价方法及其应用。生态风险评价是一种为国民经济绿色发展和生态文明建设保驾护航的重要工具。例如，大型工程建设项目、水利工程建设项目以及环境污染物对生态环境的影响等均需要进行生态风险评价。然而，正确的评价方法才能保障生态风险评价的结果或结论更符合客观实际，更有应用价值。为此，改进或创建生态风险评价的方法是生态毒理学的主要研究内容之一。

此外，生态毒理学还应重视与环境化学、环境工程、环境生态工程等学科的交叉研究，一方面可以加快自身的发展、扩大应用范围，另一方面也可以促进相关学科的发展。

三、生态毒理学的应用

生态毒理学不仅是一门揭示自然科学规律的学科，而且是解决环境实际问题的一种有力工具。与实际应用紧密结合，在解决环境与生态问题的同时而获得学科发展，是它最显著的特点。它从 1969 年诞生至今只有 50 多年的历史，它的高速发展，表明它是一个应用性很强、具有强大生命力的学科。目前，生态毒理学的实际应用主要表现在以下几个方面：

（1）为制定环境基准值和环境标准提供科学依据。在我国制定各种环境污染物的环境基准值和环境标准中，生态毒理学研究提供的与各种动物、植物保护有关的生物基准值是重要的科学依据，发挥了重要作用。

（2）为有关生态环境保护的政策和法律法规的制定提供科学依据。生态毒理学研究提供的环境污染物对各种生物的生态毒理数据，为我国各项环境政策和法律法规的制定（包括生态环境损害司法鉴定的标准与方法的制定）提供了科学依据。

（3）在环境保护具体执法过程中，提供环境事件责任方的违法证据。在环境保护具体执法过程中，往往需要生态毒理学试验为环境管理、环境执法以及环境司法鉴定提供证据。因此，生态毒理学也是环境管理或执法的有效工具和手段。

（4）建立生态毒理学模型，为环境污染的生态控制和治理提供手段。生态毒理学模型为环境化学污染特别是非点源污染的控制和治理提供了科学依据和工具，其在环境工程与环境生态工程方面的应用，推动了环境的绿色治理，在避免化学治污造成二次污染方面发挥了重要作用。

（5）生态毒理学关于环境污染对生态系统结构和功能影响及修复技术的研究，为防止环境污染对生态系统服务功能的损伤提供科学依据和技术，特别是为防止生态碳汇损伤、提升生态碳汇能力提供科学的生物固碳策略和措施。

（6）生态毒理学在生物监测方面的应用，在环境污染动态分析和生态变化状况预报方面发挥积极作用，为生态安全、生态培育、生态修复及环境生态工程等的实施提供决策依据。

（7）新化学物批准生产和使用之前，必须对其进行生态安全评价。因此，生态毒理学的应用可以从源头控制有毒或危险化学品进入环境，是环境污染源头治理的必需环节。

（8）生态风险评价是生态毒理学的一项重要应用技术，它的广泛应用使人类的生产生活活动必须在“生态优先”的既定方针下进行，从而在多个方面促进了我国绿色经济的发展。

上述只是生态毒理学实际应用的一部分，随着生态毒理学研究的深入发展，它的更多的理论和技术将被应用于社会进步和经济发展之中，必将在我国生态文明建设中发挥越来越大的作用。

四、生态毒理学的分支学科

随着生态毒理学学科广泛、深入地发展，其在不同层次和不同方面形成了越来越多的分支学科。从学科知识结构角度，生态毒理学可分为理论生态毒理学、实验生态毒理学及应用生态毒理学。理论生态毒理学在吸收大量现代基础学科和技术学科（如数学、物理、化学、生物学、计算机科学、统计科学等）成果的基础上，借助综合分析、逻辑推理等抽象思维方法，主要研究有关概念、基本理论、基本模型等生态毒理学基础理论问题。实验生态毒理学则通过室内外试验获取资料，并对这些资料进行归纳分析，从中获得生态毒理学新的理论知识。实验生态毒理学与理论生态毒理学都属于基础理论研究的范畴，所不同的只是研究方法不同以及对试验仪器和材料的要求和使用不同。应用生态毒理学则是运用生态毒理学及相关学科的理论和方法对保护生态系统的方法和措施进行研究。

从生态系统角度，生态毒理学可分为陆地生态系统生态毒理学、淡水生态系统生态毒理学、海洋生态系统生态毒理学分支学科；还可进一步分出农业生态系统生态毒理学、森林生态系统生态毒理学、湿地生态系统生态毒理学、湖泊生态系统生态毒理学、河口生态系统生态毒理学等分支学科。

从生物学角度，生态毒理学可分为植物生态毒理学、动物生态毒理学、微生物生态毒理学、细胞与分子生态毒理学等分支学科。动物生态毒理学可进一步分为哺乳类动物生态毒理学、非哺乳类动物生态毒理学。非哺乳类动物生态毒理学又可分为鱼类生态毒理学、昆虫类生态毒理学、鸟类生态毒理学等分支学科。

从不同应用领域和行业角度，生态毒理学可分为工业生态毒理学、农业生态毒理学、城市生态毒理学、矿区生态毒理学、交通生态毒理学等分支学科。

此外，还可以根据环境污染物的不同对生态毒理学分类，如金属生态毒理学、农药生态毒理学、有机污染物生态毒理学、二氧化硫生态毒理学等分支学科。

近年来，对环境工程学和生态毒理学的研究发现，二者在研究内容和研究方法上有很多相通之处。环境工程运行时，在废水、废气或废渣中，高浓度的污染物直接与其中的生物接触而交互作用，形成了一个人为或半人为的生态系统，而成为环境工程学与生态毒理学共同研究的交汇点。因此，环境工程学与生态毒理学交叉研究和发展将创造新的富有中国特色的环境工程生态毒理学学科或学派。

总之，随着生态毒理学的发展，生态毒理学将与越来越多的行业、领域或学科密切合作，它们之间的相互渗透和交叉，将导致更多的生态毒理学分支学科的出现和发展。

五、生态毒理学的基本研究方法

生态毒理学的研究方法种类繁多，随其研究目的和对象的不同可选择不同的研究方法。在研究对象或试验材料的选择上，根据研究的目的可选用植物、微生物、非哺乳类动物和哺乳类动物。其中，除了生态毒理学常用的人工培养的模式生物如斑马鱼（*Danio rerio*）、大型蚤（*Daphnia magna*）、赤子爱胜蚓（*Eisenia foetida*）、拟南芥（*Arabidopsis thaliana*）、紫露草（*Tradescantia ohiensis* Raf.）及蚕豆（*Vicia faba* L.）等外，还可选用研究现场中有代表性的野生动物、植物、微生物个体或群体。根据研究规模和对研究对象处理方式的不同，生态毒理学研究可分为体内研究和体外研究，室内试验和野外调查，也可分为分子水平、细胞水平、个体水平、种群水平及生态系统水平等不同生物层次的研究。总之，生态毒理学研究不仅强调个体以上的宏观水平的研究，而且强调微观水平包括分子水平的研究，后者是分子生态标志物的探索和发现的有力手段，也是从分子水平更灵敏、有效地评价生态健康状况的有力手段。从微观水平推动生态科学和生态工程学科的发展和应用是生态毒理学的主要任务之一。

生态毒理学研究方法的另一个特点是它的综合性和交叉性。生态毒理学是一个由多种学科交融形成的新型边缘学科，因此它的许多研究方法往往源自其他学科，不断扩展与其他学科的交叉研究也是其发展的持久动力。

（一）体内研究——整体生物试验方法

生态毒理学研究方法中的体内研究也称为整体生物试验方法，这是因为体内研究一般是在整体动物、植物个体中进行的。

1. 体内研究的设计和实施原则

根据研究目的，按照实验生物可能接触的剂量和途径，使实验生物在一定时间内接触环境有毒有害因子，然后观察实验生物形态和功能的变化，分析和研究其毒性作用与规律。

2. 体内研究的优点

体内研究不仅能反映有毒有害因子对实验生物的综合生物效应，而且也能反映对实验生物的各种不同生物学效应。目前，体内研究在生态毒理学甚至在生物学研究中仍然占据重要地位。例如，据不完全统计，2015 年我国在动物遗传学领域围绕秀丽隐杆线虫（*Caenorhabditis elegans*）、黑腹果蝇（*Drosophila melanogaster*）、斑马鱼、爪蛙（*Xenopus* sp.）和小白鼠（*Mus musculus*）5 个模式动物发表的论文数占总论文数的 1/5，很多研究成果在国际高影响力的期刊上发表。

3. 体内研究的类型

体内研究可以分为急性毒性试验、亚急性毒性试验、亚慢性毒性试验和慢性毒性试验。

急性毒性试验是指研究环境污染物大剂量一次暴露或短时间内多次暴露对所试生物引起的毒性效应方面的试验。

亚急性毒性试验与亚慢性毒性试验均是指生物机体连续多日接触环境污染物的毒性效应试验。它们的区别主要在于污染物暴露的剂量和期限的不同上，具体暴露期限与受试生物的生命周期长短及试验目的有关。具体地说，亚急性毒性试验一般是指受试生物在不超过其寿命的 1/10 左右的时间内，每日或反复多次接触环境污染物的毒性效应试验；而亚慢性毒性试验是指受试生物在比亚急性毒性试验较长的期限内，每日或反复多次接触环境污染物的毒性效应试验，亚慢性毒性试验远比慢性毒性试验的期限短。

慢性毒性试验是指生物机体长期接触环境污染物的毒性效应试验，暴露期限随生物物种生命周期长短的不同而异，有的试验甚至需要终生染毒。

例如，对于啮齿类动物体内试验而言，亚急性毒性试验的暴露期限一般为 14～28 d，亚慢性毒性试验的暴露期限为 3～6 个月，而慢性毒性试验的暴露期限为 6 个月以上直至终生。

4. 体内研究不同类型试验的应用

由于环境污染物在生态系统中往往是低剂量、长时期暴露的，所以在评价其生态危害时，亚慢性毒性试验和慢性毒性试验的结果比急性毒性试验往往更有价值。因此，在生态毒理学研究中亚慢性毒性试验和慢性毒性试验的应用很广泛。例如，采用整体动物慢性毒性试验的方法进行重金属（如铜）、抗生素（如四环素）及农药等环境污染物对水生动物斑马鱼生态毒理学效应的研究，结果发现，这些化学物均可影响斑马鱼的胚胎发育，且呈剂量－效应和时间－效应关系，其中一些化学物对斑马鱼的胚胎还具有明显的致死、致畸效应。

急性毒性试验由于耗费时间短、成本低、效应明确，容易获得剂量－效应关系，所以也常常被应用于生态毒理学研究和实践中。根据实验生物类群的不同，整体生物的急性毒性试验可分为水生生物急性毒性试验、陆生生物急性毒性试验。

（1）水生生物急性毒性试验

①鱼类急性毒性试验是水体生态毒理学研究的重要内容之一，且鱼类被广泛用于水质污染的生物监测。鱼类急性毒性试验目前推荐选用斑马鱼、稀有鮈鲫、剑尾鱼等为实验鱼种。此外，也可用金鱼进行急性毒性试验，而以往多选用草鱼、青鱼、鲢鱼及鳙鱼四大养殖淡水鱼。

②蚤类急性毒性试验也被生态毒理学研究广为采用。蚤类属于水生浮游动物，传代周期短，易培养、繁殖，且对许多毒物很敏感。其中，大型蚤是有关环境监测部门确定的标准生物。

③藻类急性毒性试验。藻类属水生低等植物，在食物链中位于初级生产者阶层。评价有毒有害因子对藻类生长的作用，一方面可反映水体污染状况，另一方面可反映该水体初级生产营养级的受损害程度，从而可评估水体生态系统的变化。

（2）陆生生物急性毒性试验

由于陆地生态系统是以土地或土壤为基础的，所以在很多陆地生态系统生态毒理学研究中采用直接或间接依赖土地或土壤生存的动物或植物进行生态毒理学研究。研究对象一般为陆生植物、陆生动物（包括土居动物）、土壤微生物等。

陆生植物：陆生植物是对土壤依赖性最强的生物，选择它们进行急性毒性试验可以研究环境污染物对陆地植物及其生态系统的损害效应与机理，从而为评价植物净化环境的能力和环境污染物的生态效应提供科学依据。陆生植物急性毒性试验还可筛选出对环境污染物敏感的或抵抗力强的植物。对环境污染物敏感的植物可用作环境污染的生物监测，它们被称为“不下岗的环境监测员”。对环境污染物抵抗力强的植物可用于环境污染严重地区的绿化植物，从而对环境起到净化作用。采用的试验方法主要有种子发芽、根伸长急性毒性试验，以及植物幼苗生长急性试验等，有的还采用有毒气体对植物进行动态熏气的方法等。

陆生动物：为了研究大气污染物对陆地生态系统的生态毒理学作用，陆生动物急性毒性试验也可选用非土居动物为研究对象。根据研究目的可选用两栖类、鸟类、昆虫类以及哺乳类等陆生物种的实验动物或陆生野生动物进行生态毒理学研究。

陆生的土居动物也是生态毒理学常用的实验动物，其中以蚯蚓较为多用。常用的蚯蚓品种有赤子爱胜蚓等。蚯蚓生活周期短、繁殖力强、便于饲养，主要用于探讨有毒金属、农药等污染物对土壤生态系统的损害效应。

土壤微生物：土壤微生物对土壤污染非常敏感，不同土壤污染物对土壤微生物种群、土壤酶活性、抗性基因等的生态毒性影响越来越受到土壤生态系统生态毒理学研究的重视。

（二）体外研究——器官、细胞和亚细胞水平的试验方法

离体器官水平的生态毒理学试验，一般是将麻醉状态下动物的器官取出，如大鼠肝脏、心脏、血管等，对离体的器官进行灌流或孵育，灌流液或孵育液中含有一定浓度的受试化学物，以此研究环境污染物在所试脏器内的代谢转化和毒性作用特征。

细胞水平的生态毒理学试验，是采用体外细胞培养技术，从动物、植物组织分离细胞并进行培养，研究环境污染物对细胞的毒理学作用。例如，从大鼠胸主动脉血管分离内皮细胞或平滑肌细胞，并在体外培养，研究环境污染物对血管作用的细胞或分子毒理学机理。动物和植物的多种组织可用于分离制成单细胞进行体外培养和生态毒理学研究。此外，还可利用在体外多次传代的永生化的细胞株进行生态毒理学研究。

亚细胞水平的生态毒理学试验，随着生物离心技术的高度发展，可将各种细胞器，如细胞核、内质网、线粒体及微粒体（实质是内质网的碎片）等分离纯化，进行电子显微镜观察及各种生物化学和分子毒理学研究，在亚细胞水平探讨环境污染物作用的性质和机制，筛选环境污染物的生物标志物。

（三）生化水平和分子水平的生态毒理学试验方法

环境污染物对不同生物及其生态系统的危害，首先在生物分子水平上引起生化和分子毒理学损伤，继之引起细胞膜、细胞器及整个细胞的损伤甚至死亡，而后引起器官和组织的损坏及个体的生长发育受阻，甚至个体的死亡。大量个体的生长发育不良或死亡，就可能导致种群、群落乃至生态系统的改变甚至衰退。为了保护生态系统的安全，应当把环境污染物的生态毒性作用阻止在细胞或组织损伤之前。为此，通过现代生物学方法、现代化学方法，尤其是现代生物化学和分子生物学理论和方法，探索分子生态（生物）标志物，以监测种群和生态系统的健康水平，警示物种及其群落的早期损伤，是分子生态毒理学的主要研究内容和任务。

生物化学和分子生物学理论和技术的飞速发展，为分子生态毒理学研究提供了新的思路和工具。在生态毒理学研究中，大量生物化学和分子生物学方法被使用。例如，细胞DNA、RNA及蛋白质合成试验，细胞非程序性DNA合成（unscheduled DNA synthesis，UDS）试验，DNA加合物（DNA adducts）测定，单细胞凝胶电泳技术（single cell gel electrophoresis，SCGE，又称彗星试验）检测细胞DNA损伤以及环境污染物对DNA、RNA、蛋白质及脂质的氧化损伤试验，对各种酶活性的抑制及诱导试验，对金属巯蛋白、热休克蛋白及其他应激蛋白的诱导试验，以及RT-PCR（reverse transcription-polymerase chain reaction）试验等分子生物学方法。RT-PCR是将RNA的反转录（RT）和cDNA的聚合酶链式扩增（PCR）相结合的一种分子生物学研究技术。

近年来，转基因技术、基因芯片技术、蛋白质芯片技术、RNA干扰技术以及表观遗传学研究技术等分子生物学新方法、新技术，被源源不断地引入分子生态毒理学研究中来。环境污染物对动植物基因组、转录组、环境基因组、毒理基因组、蛋白质组及代谢组等组学效应的研究，可从全局高度探讨环境－基因－效应之间、不同基因之间、不同代谢

途径之间的错综复杂的交互关系。这些高新生物技术的广泛应用将对生态毒理学学科的发展发挥重要作用。

(四)模型生态系统生态毒理学试验方法

模型生态系统(model ecosystem),通俗地讲,就是人为或半人为的生态系统模型。利用这个生态系统模型进行的生态毒理学试验称为模型生态系统生态毒理学试验。

为什么人们要采用模型生态系统,或者说,采用生态系统模型进行生态毒理学研究呢?这是因为经过长期研究,人们发现,不但一种环境污染物对不同种类的生物可能具有不同的毒性作用,而且同一种环境污染物对在不同生态系统中的同一种生物的作用也可能不同。换言之,同一种环境污染物对一种生物种群的毒性效应可以随生态系统的不同而不同。此外,在同一生态系统中,一种环境污染物对某个生物种群的毒害作用可能会间接引起对其他种群生物的不利效应,即间接效应(图 1-2)。因此,生态毒理学在论述环境污染物对某种生物的毒性作用时必须描述该生物种群所处的生态系统;同时,在论述某一种群受到环境污染物的直接毒害作用时,必须描述对其他生物因素和非生物因素的影响。与此相反,许多生态毒理学文献仅仅研究一种环境污染物对一种生物种群的效应(我们称此为"一对一"研究)。从上述可知,这类研究虽然对生态毒理学理论基础的奠定起到了很大的作用,但其局限性也是很明显的。因此,在进行生态毒理学风险评价时,对这些"一对一"研究结果的采用应考虑其可靠程度。为了克服"一对一"研究的局限性,科学家创建了模型生态系统生态毒理学试验方法。

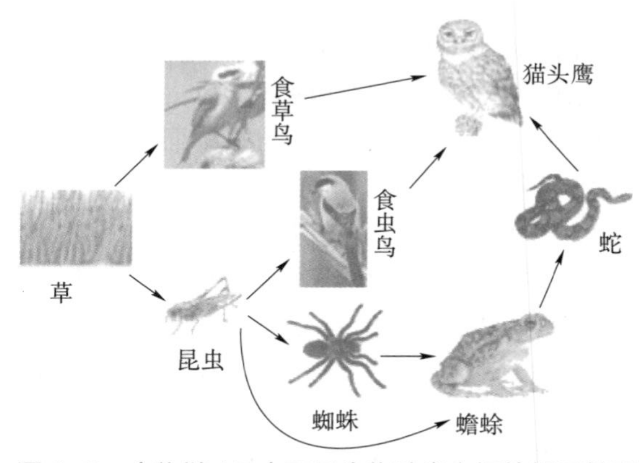

图 1-2 食物链 / 网中不同生物种类之间的相互关系

模型生态系统生态毒理学试验方法是研究环境污染物在生物种群、群落和生态系统水平上的生态效应的一种试验方法,又称微宇宙(microcosm)法。微宇宙是自然生态系统的一部分,包含生物和非生物的组成及其过程,包括生产者、消费者和分解者三类生物,具备生态系统的结构和功能。它的规模较小,便于重复和控制,主要用于生态系统水平上环境因子作用效应的研究。但是,模型生态系统没有自然生态系统庞大和复杂,不能包含自然生态系统中的所有组成及所有过程,因而不能完全等同于自然生态系统。

模型生态系统生态毒理学试验又称为微宇宙毒性试验。根据生态系统的类别,目前较常用的微宇宙毒性试验可分为水生微宇宙毒性试验、水生中宇宙毒性试验及陆生微宇宙毒性试验等。

水生微宇宙毒性试验是利用多种水生生物在水体中共存,在室内用体积小于 1 m^3 的实验容器,在模拟自然水环境条件下,研究环境污染物的理化性质和生物毒性的变化及其对水生生态系统的影响,从而可以近似地了解在自然生态系统中污染物的迁移、转化过程及其危害特征。

水生中宇宙毒性试验模型是水生微宇宙和自然生态系统之间的桥梁，可以在室内构建，也可以在大范围水域中围栏而成。中宇宙毒性试验是模拟池塘、湖泊和河流生态系统，研究污染物在生态系统水平上可能产生的生态环境效应，以弥补微宇宙毒性试验体积小、系统结构简单、稳定性不足和维持时间不够长久的缺点。中宇宙毒性试验既可利用自然水域中的生物和非生物组分，也可以将人工培养的水体生态系统（包括人工培养的生物和非生物组分）移入。水生中宇宙毒性试验必须具备生态系统的基本结构与功能，在结构方面需有非生物因素和2～3个营养级的食物链生物，功能方面需有群落代谢、物质循环和能量流动过程等。总之，应与自然生态系统接近。

陆生微宇宙毒性试验主要包括土壤微宇宙毒性试验和模拟农田生态系统毒性试验等。

土壤微宇宙毒性试验用于研究污染物对陆生植物、土壤微生物及土壤无脊椎动物（如蚯蚓等）的生态毒理学效应，同时也用于研究污染物在土壤和生物之间的迁移、富集、残留和转归。盛土壤用的器皿可以由塑料、陶瓷及水泥等制成。试验规模的大小依任务和目的而定。

模拟农田生态系统毒性试验主要用于研究农业化学用品对农田生态系统的综合影响，例如，测定农药在作物、土壤液相（包括土壤淋溶液）及气相中的残留、迁移、富集和转归等。

（五）生物调查方法

环境污染物对动物、植物和微生物及其生态系统的危害，可以通过生物调查方法进行研究。对人群受环境污染物危害情况的调查称为环境流行病学调查，而对非人类生物受环境污染物危害的调查称为生物调查。生物调查方法是通过对暴露于污染物后的群体和个体生物进行实地观察、了解、记录和室内分析，研究观察对象在外形、结构和功能上的损伤，并估算受损害个体在其群体中的分布和概率，探讨污染物对生物损害的类别、性质、程度、剂量－效应关系以及预防和治理（修复）对策。严格进行的生物调查是获得环境污染物生态毒理效应可靠证据的有力工具。

生物调查方法的过程主要为：

第一，对生态系统中环境污染物的种类及其污染源进行调查，确定污染物在该生态系统中的空间分布、时间分布、浓度分布及其变化规律。

第二，选择参照生态系统。一般可以生态系统受污染前为参照生态系统，也可以附近未污染的类似生态系统作为参照生态系统。要对参照生态系统中化学成分、能量分布、环境容量及生物状况等环境背景进行相应调查研究。

第三，进行生态效应调查。要对生态系统中，不同物种种群和个体受污染物毒性作用后的状况进行调查。调查不同生物水平的生态效应（包括分子效应、细胞效应等微观效应直到个体以上的宏观改变），包括亚致死效应和致死效应、种群结构和密度的变化以及生物多样性的变化等所有生物组分和非生物组分的变化。例如，对于植物来说，植物受到污染物作用后，常常会在植物形态上，尤其是在叶片上出现肉眼可见的伤害症状。不同污染物质和浓度所产生的症状与程度往往不同。也可以利用植物在污染区和清洁区（参照生态系统）的生理学方面（如光合作用、呼吸作用、酶的活性等）的变化和生产量（包括数量和质量方面）的差异来了解污染物的生态毒性作用。

第四，确定采样（或观察）地点和采样要求。对于大的生态系统，对每个物种的每个个体进行调查是不可能做到的，因此应选择有代表性的点位和个体进行调查（图 1-3）。应在具有代表性的点位和时间，按规定采集有代表性的样品，必须能够反映该生态系统的实际情况。若忽视了样品的代表性，即使采用先进的分析手段认真地分析，也得不到正确的结果。要获得正确的、可靠的调查结果，正确的布点和采样是关键。

图 1-3 物种种类和密度的调查

第五，要重视敏感植物和敏感动物的调查。根据不同污染物的敏感动物、植物确定重点调查物种。一般来说，蚯蚓和鱼类等物种常常是多种环境污染物的敏感动物。

总之，上面仅对在生物调查中应该遵循的基本原则进行介绍，生物调查的具体方法有很多，可以参考有关的野外调查手册或指南，根据研究目的选择适宜的方法进行调查研究。

六、生态毒理学简史

英国哲学家培根说过："读史可以使人明智。"历史像一面镜子，它照亮了现在，也照亮了未来。学习生态毒理学发展的历史，对于现代生态毒理学知识的理解和应用、对于生态毒理学教学和研究均具有非常重要的意义。

（一）生态毒理学发展历程

生态毒理学从诞生到现在，在短短 50 多年的时间里已经发展成为环境科学、生态学、生物学和毒理学的重要分支学科。它的发展历史大致可概括为四个阶段：萌芽期、诞生期、形成期和发展期。

1. 萌芽期

从 19 世纪 40 年代到 1969 年，是生态毒理学的孕育或萌芽时期，而蕾切尔・卡逊是这个时期的杰出代表。环境污染物对生态环境影响的最早观测，可以追溯到 1848 年英国生物学家对桦尺蛾发生的工业黑化现象的研究报道。

1962 年，美国生物学家蕾切尔・卡逊的著作《寂静的春天》发表之后，立即在美国和全世界引起了强烈反响，环境污染对动物、植物及其生态系统的危害引起了全社会的关注，从而为生态毒理学的产生创造了科学条件和社会条件。

2. 诞生期

1969 年，法国生态学家萨豪特在瑞典首都斯德哥尔摩召开的、由国际科学理事会（International Council for Science，ICSU）的一个特设委员会组织的一次会议上提出生态毒理学这一科学术语及其含义，并在国际学术界引起广泛关注，标志着生态毒理学这一新型学科在 1969 年正式诞生。

3. 形成期

1970—1977 年是生态毒理学的形成期。进入 20 世纪 70 年代后，环境污染的加剧，使一些至关重要的生态毒理学问题摆在了世人面前，对这些问题的研究促使生态毒理学这一新学科加快形成。

1972 年，国际生态毒理学和环境安全学会（The International Society of Ecotoxicology and Environmental Safety）在欧洲成立，成员包括欧洲、远东和北美等国家和地区。

1977 年 6 月，第一个生态毒理学的专门学术刊物——《生态毒理学和环境安全》（*Ecotoxicology and Environmental Safety*）由国际生态毒理学和环境安全学会创刊。萨豪特在该期刊第一期发表了题为《生态毒理学：目的、原理和展望》（*Ecotoxicology: Objectives, Principles and Perspectives*）的论文，详细论述生态毒理学这一新兴学科的研究目的、内容和展望。同年，法国科学家弗朗索瓦·拉马达（François Ramade）编著的第一本生态毒理学专著《生态毒理学》（*Ecotoxicology*）问世。这一年，生态毒理学专著、期刊的出现，以及萨豪特关于该学科研究范畴和未来发展论文的发表，标志着生态毒理学这一新学科在 1977 年正式形成。

4. 发展期

1978 年起，生态毒理学进入发展期。生态毒理学学科形成以后，随着全球环境污染的加剧，生态毒理学研究快速发展，在短短的 40 多年内，探讨和建立了多种独特的生态毒理学试验研究方法，为环境污染物的生态风险评价和环境污染的治理建立了各种生态毒理学模型、提供了大量生态学参数，研究和揭示了多种环境污染物对各种生物种群、群落、生态系统产生的毒性效应，尤其是在研究和揭示全球性污染（如酸雨、气候变暖、臭氧层空洞、土地荒漠化等）引发大尺度生态毒理学效应方面，取得了举世瞩目的科研成就，使生态毒理学快速发展成为一门重要的新兴学科。

（二）我国生态毒理学的发展与展望

我国生态毒理学工作者从 20 世纪 70 年代起，从开展环境生物监测与环境治理出发，开展了环境污染物对动物、植物危害的生态学调查，进行了环境污染物对动物、植物形态解剖和生理生化影响方面的研究，并筛选出了对环境污染的敏感植物和耐污染植物种类分别用于环境生物监测和污染区的绿化工程。

1978 年我国实行改革开放政策以来，经过 40 多年的发展，我国在生态毒理学理论、生态标志物、生态毒理学模型、生态修复和治理、生态风险评价、环境污染物的生态毒性评估以及生态系统生态毒理学等方面的研究都取得了很大成就，有的已经达到国际先进水平。

20 世纪 80 年代至今，我国生态毒理学人才培养、课程教学也经历了一个从无到有、由不完善到完善的过程。

进入 21 世纪，我国在生态毒理学概念、学科知识内涵及结构体系的探讨方面，也有了新的进展。《生态毒理学》《生态毒理学原理与方法》《生态毒理学概论》等专著以及普通高等教育“十一五”国家级规划教材《生态毒理学》相继出版，《生态毒理学报》也于 2006 年 3 月创刊。这些均表明，进入 21 世纪之后我国生态毒理学发展已经进入一个新的阶段。

展望未来，随着社会的进步和生态文明建设的纵深发展，生态毒理学教育将会越来越受到社会各界的重视而得到快速发展，生态毒理学各类人才的数量将有大幅增加，我国在生态毒理学领域中的科研和应用必将走在世界的前列，为环境保护事业和生态文明建设做出重大贡献。

思考题

1. 名词解释

环境污染物、环境化学污染物、外源化学物、实验生态毒理学、应用生态毒理学、整体生物试验、模型生态系统、生物调查

2. 为什么说生态毒理学与环境毒理学是两门各自独立的学科？举例说明。

3. 生态毒理学的内容和任务是什么？

4. 生态毒理学的应用有哪些？举例说明。

5. 进行生态毒理学研究的基本方法有哪些？

6. 简述环境保护与生态毒理学发展之间的关系。

第二章　环境污染物生物转运、转化及生态毒性作用特点

不同类群生物对环境污染物的吸收、排泄方式以及环境污染物在其体内的分布有很大不同。环境污染物的吸收和排泄不仅与其生物转运、转化有密切关系，而且与其在体内的富集、积累和毒性作用也有密切关系。此外，学习和掌握环境污染物生态毒性作用的基本概念及其特点，将为深入理解生态毒理学的理论和方法奠定扎实的基础。

一、环境污染物的生物吸收、排泄及体内转运机理

（一）环境污染物的生物吸收与排泄

环境污染物通过不同途径透过机体的生物膜而进入体内的过程称为吸收（absorption）。生态毒理学研究和服务的生物对象为动物、植物和微生物，这些不同种类的生物进化程度不同，机体的构造也各不相同，因此，对环境污染物的吸收、排泄方式以及环境污染物在其体内的分布也有很大区别，很难用统一的模式进行描述。为此，环境污染物在不同种类生物中的吸收、体内分布和排出等转运方式将分别在以后各相应章节进行描述。

一般来说，对于高等动物，环境污染物主要通过消化道、呼吸道（鱼类通过鳃）和皮肤对水、食物、空气、土壤中的环境污染物进行吸收，并经血液或体液循环分布全身。由于进入体内的污染物与不同组织器官（或不同生物大分子）的亲和力不同，其在全身的分布并不均衡。与此同时，进入生物体内的环境污染物又可以通过排泄系统、呼吸系统、消化系统、皮肤以及其他方式从体内排出（图 2-1）。此外，在生态毒理学试验中也采用注射方法使化学物进入生物体内，如腹腔、皮下、肌肉和静脉注射等。

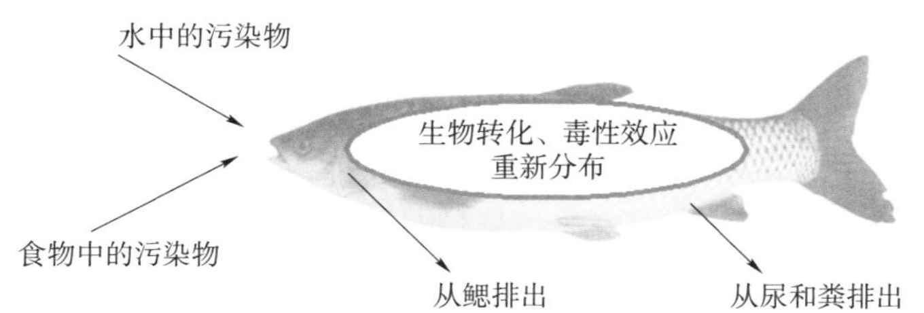

图 2-1　环境污染物在鱼体内的吸收、分布和排泄

注：鱼可从水中和食物中摄入污染物，进入体内的污染物可透过生物膜转运到血液，在全身进行分布、生物转化，并对机体产生毒性效应，最终通过鳃、尿和粪排出体外。

对于陆生植物，主要的吸收途径是通过根系吸收土壤环境污染物，进入根部的污染物可通过导管借助蒸腾拉力随水向植株的地上部分转运；另一吸收途径是通过叶表面吸收、扩散和运输到植株全身。此外，植物还可以通过茎、花、果实等的表皮吸收污染物。

对于单细胞生物来说，环境污染物可吸附在细胞壁和细胞膜上，再透过细胞膜而被吸收。

尽管不同类别的生物有不同的吸收和排泄器官，在体内有不同的物质运输和分布系统，但是它们有一个共同特点，就是都要通过细胞膜才能把环境污染物吸收入体内、排出体外、由体内一个部位运输到另一个部位，从而使环境污染物在体内重新进行分布。因此，为了理解生物对环境污染物的吸收、分布、排泄、贮存和积累的机理，了解生物膜（biomembrane）的结构和转运化学物的方式及其影响因素是非常必要的。

（二）环境污染物的生物转运与生物膜的关系

学习生物膜的结构、功能及其对环境污染物生物转运的方式，不仅对于了解环境污染物的生物吸收和排泄机理很有必要，而且对于认识生物膜在生态毒理学作用中的意义也很重要。

1. 生物膜的结构与功能

环境污染物的生物吸收、体内分布和排泄过程均需通过各种生物膜才能进出细胞、组织和机体。包围在细胞质外的膜称为细胞膜，也称质膜（plasma membrane）。细胞核及其他细胞器（如线粒体、内质网、高尔基体、溶酶体、叶绿体等）外面也包围有膜。细胞膜和各种细胞器的膜结构统称为生物膜。各种生物膜的结构（图 2-2）与功能基本上是相似的，其厚度一般为 7～10 nm。

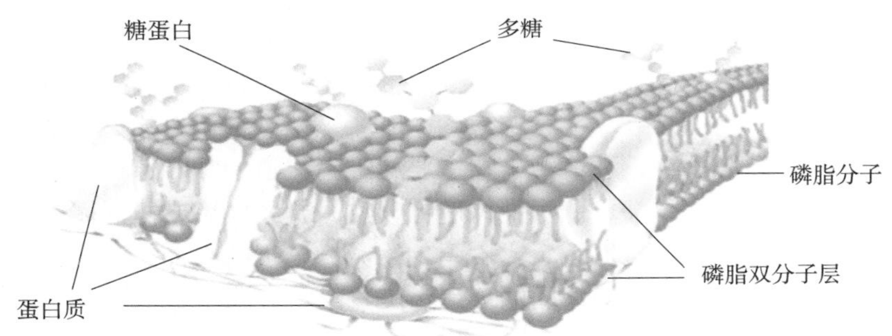

图 2-2 生物膜结构模式图

生物膜主要是由液晶态的脂质双分子层和蛋白质构成。生物膜具有流动性，膜蛋白和膜脂均可侧向运动。膜脂的主要成分为磷脂。膜蛋白是镶嵌在脂质双分子层中的蛋白质。这些膜蛋白有的是物质转运的载体，有的是接受化学物质的受体，有的是能量转换器，有的是具有催化作用的酶等。因此，生物膜在物质转运、毒物作用、能量转换、物质代谢、细胞识别及信息传递等过程中起着重要作用。

2. 生物膜的转运方式

环境污染物生物转运的方式，即其透过生物膜的方式，可分为两类：①被动转运（passive transport）：生物膜对物质的转运不起主动作用，如简单扩散（simple diffusion）、滤过（filtration）等；②特殊转运（specialized transport）：生物膜对物质的转运起主动作用，如易化扩散（facilitated diffusion）、主动转运（active transport）及膜动转运（cytosis）等（图 2-3）。

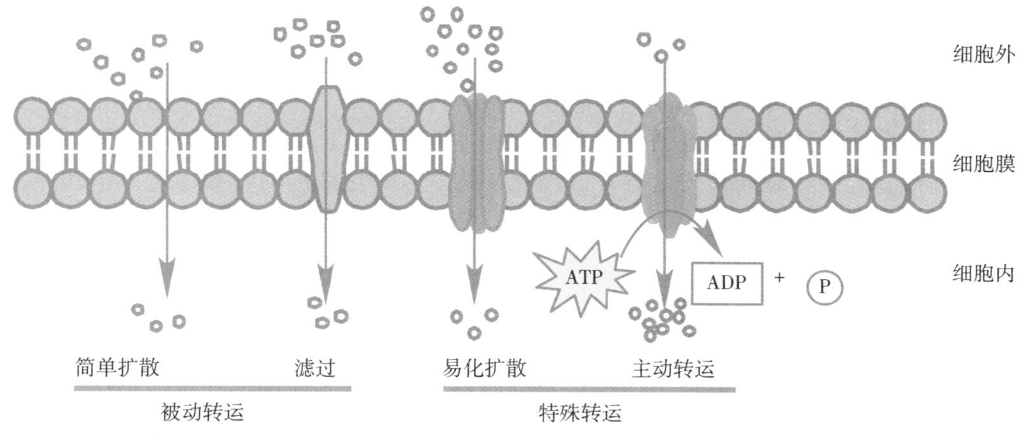

图 2-3　生物膜对化学物质的转运方式模式图

（1）被动转运

主要分为简单扩散和滤过两种。

①简单扩散：生物膜两侧的化学物分子从浓度高的一侧向浓度低的一侧（顺浓度梯度）扩散，称为简单扩散。大多数环境污染物可以此方式通过生物膜。影响简单扩散的主要因素有：第一，生物膜两侧化学物的浓度梯度（concentration gradient）。膜两侧化学物的浓度梯度越大，化学物通过膜扩散的速度就越快，二者成正比。第二，脂 / 水分配系数（lipid-water partition coefficient）：一种物质在脂质中的溶解度与其在水中的溶解度之比称为脂 / 水分配系数。凡脂溶性大、水溶性小的物质，即脂 / 水分配系数大的物质，一般易透过生物膜。但是，脂 / 水分配系数过大的物质，也不易经简单扩散进入细胞，如磷脂类化学物。这是因为生物膜两侧之外一般均为水相，化学物透过生物膜的扩散，除需透过生物膜本身的脂相外，还需通过与膜相依的水相，才能使该化学物不断离开膜而进入水相，从而进入细胞内或排出细胞外。脂 / 水分配系数过大的物质，虽然易于通过生物膜，但由于其水溶性太小、不易溶于水，所以透过生物膜以后就很难进入水相而离开生物膜，从而影响其扩散速度。第三，化学物质的解离度和体液的 pH。当 pH 降低时，弱酸类化合物（如苯甲酸等有机酸）的非离子型百分比增加，脂溶性增高，易于经简单扩散透过生物膜，而弱碱类化合物（如苯胺等有机碱）的离子型百分比增高，脂溶性降低，不易透过生物膜；当体液 pH 偏碱时，则发生与上述相反的变化。

②滤过：滤过是环境污染物透过生物膜上的亲水性孔道的过程。生物膜上的亲水性孔道（膜孔）是由嵌入脂质双分子层中的蛋白质结构中某些亲水性氨基酸构成的。如果在膜的两侧存在流体静压或渗透压差时，水就能携带小分子溶质经亲水性膜孔顺压差而透过生物膜。凡分子直径小于膜孔的化学物，均可随同水流透过生物膜。

（2）特殊转运

对于某些非脂溶性的、分子量较大的环境污染物，不能通过上述方式转运，需通过生物膜上的特殊转运系统转运。特殊转运主要包括主动转运、易化扩散及膜动转运三种。

①主动转运：化学物伴随能量的消耗由生物膜的低浓度一侧向高浓度一侧转运以透过生物膜的过程称为主动转运。其主要特点是：第一，需有载体（或称运转系统）参加。载体一般是生物膜上的蛋白质，可与被转运的化学物形成复合物，然后将化学物转运至生物

膜另一侧并将化学物释放。与化学物结合时载体构型发生改变，但组成成分不变；释放化学物后，又恢复原有构型，以进行再次转运。第二，化学物可逆浓度梯度而转运，故需消耗一定的代谢能量，因此代谢抑制剂可阻止此转运过程。第三，载体对转运的化学物有一定选择性，化学物必须具有一定适配的基本结构才能被转运；结构稍有改变，即可影响转运过程的进行。第四，载体有一定容量，当化学物达到一定浓度时，载体可以饱和，转运即达到极限。第五，如果两种化学物基本相似，又需要同一载体进行转运，则两种化学物之间可出现竞争性抑制。少数环境污染物由于其化学结构和性质与体内某些营养物质或内源化学物相似，就会假借后者的载体进行转运。例如，铅可利用钙的载体、铊可利用铁的载体、5- 氟尿嘧啶可利用嘧啶转运系统进行转运等。

主动转运对化学物在胃肠道中的吸收，特别是对已吸收入体内的环境污染物在体内的不均匀分布或通过肝、肾从体内排出等生理或病理生理过程具有重要意义。不易溶于脂质的污染物可通过主动转运透过生物膜。主动转运载体如钠钾泵、钙泵等对维持细胞内正常的钠、钾、钙浓度有重要作用。铅、镉、砷等污染物，可通过肝细胞的主动转运而进入胆汁排出体外。现已知肾脏中有两种、肝脏中有三种、神经组织中有两种主动转运系统，负责有机阳离子、有机阴离子或中性有机化合物的主动转运。

②易化扩散：不易溶于脂质的化学物，利用载体由生物膜的高浓度一侧向低浓度一侧移动的过程，称为易化扩散，又称帮助扩散或载体扩散。由于利用载体，生物膜具有一定的主动性和选择性，但因只能从高浓度处向低浓度处转运，所以不消耗代谢能量，故又具有扩散性质。其转运机制是载体特异地与某种化学物结合后，载体分子内部发生构型变化而形成适合该化学物透过的通道而使该化学物进入细胞。一些水溶性化学物分子如葡萄糖，由肠道进入血液、由血浆进入红细胞和由血液进入中枢神经系统均属于易化扩散。

③膜动转运：一些固态颗粒物与细胞膜上某种蛋白质有特殊亲和力，当其与细胞膜接触后，可改变这部分膜的表面张力，引起外包或内凹，将异物包围进入细胞，这种转运方式称为吞噬作用（phagocytosis）。液滴异物也可通过此种方式进入细胞，称为吞饮或胞饮作用（pinocytosis）。吞噬和胞饮作用合称为膜动转运或入胞作用（endocytosis）。

二、环境污染物的生物转化及其对生态毒性的影响

进入体内的环境污染物在不同生物酶的催化下经过一系列生物化学变化而发生结构和性质改变并形成其衍生物的过程称为生物转化（biotransformation）或代谢转化（metabolic transformation），所形成的衍生物又称代谢物。一般情况下，化学物经生物转化后所产生的代谢物，其分子极性和水溶性增加而易于排出体外，从而加速从体内消除；而有些化学物经过生物转化以后，水溶性反而降低，使之不利于排出体外，从而直接影响化学物在生物体内蓄积的潜力。

此外，生物转化往往使化学物的毒性降低甚至消失，因此过去常将生物转化过程称为生物解毒（bio-detoxication）或生物失活（bio-inactivation）过程；但是，研究发现有些化学物经过生物转化以后毒性反而增大。例如，对硫磷、乐果等通过生物转化后分别形成的对氧磷和氧乐果的毒性增加；磺胺类化合物在生物转化中与乙酰基结合，水溶性反而降低，不利于其排出体外，延长了其在体内的毒性作用时间；有些不能直接致癌的化学物经生物转化后其代谢产物具有的致癌作用明显增强，例如，多环芳烃一般为间接致癌物或致癌作用较弱，而经过氧化代谢之后转化为直接致癌物或致癌作用显著增强。

因此，虽然多数环境污染物经过生物转化后毒性降低，但有些污染物经过生物转化后反而毒性增加，因此生物转化对生物体是有利还是有害，往往因不同污染物而异，需要具体分析。由于环境污染物毒性的变化与其生态毒性作用的大小密切相关，所以对于环境污染物生态毒性的研究或评价必须考虑其在生物体内的生物转化状况。

（一）有机化学污染物的生物转化

1. 概述

环境污染物在机体内的生物转化主要包括 4 种反应类型：氧化反应、还原反应、水解反应和结合反应。这些反应均需要相应的酶参加才能正常进行，因此它们属于生物化学反应。氧化反应、还原反应和水解反应是污染物在生物转化中首先发生的反应，称为第一阶段反应，即第一相反应（phase Ⅰ reaction）。污染物经第一相反应后，在其分子上生成具有一个或几个极性基团［如羟基（—OH）、羧基（—COOH）、氨基（$—NH_2$）和巯基（—SH）等］的代谢产物，从而使污染物的水溶性增加而容易排出体外；同时，具有极性基团的代谢产物极易与具有极性基团的内源化学物发生结合反应，即第二阶段反应（又称第二相反应，phase Ⅱ reaction）。一般来说，化学物经过结合反应以后，其水溶性增大，更易排出体外，从而加速污染物从体内的消除。

对于结合反应来说，有些环境污染物本身就具有极性基团，故可直接发生结合反应，而多数污染物需先经第一相反应使其活化，即分子中出现极性基团，才能进行结合反应。参与结合反应的内源化学物或基团是来自体内正常代谢过程中生成的并已被激活的产物（如葡糖醛酸、硫酸、谷胱甘肽、乙酰基、甲基、氨基酸等）；而直接由体外输入的化学物，由于未被代谢激活而不能参与结合反应。

有些环境污染物或其代谢物经过结合反应，可形成终致癌物或近致癌物，毒性反而增强；有些环境污染物经结合反应后脂溶性增高、水溶性降低，不易排出体外。这些情况大多发生在属于酸类或醇类的环境污染物，酸类可与甘油或胆固醇结合，醇类可与脂肪酸结合，形成亲脂性较强的结合物，不易溶于水，使之难于排出体外。

2. 微粒体混合功能氧化酶系催化的氧化反应

在第一相反应中最常见的是微粒体混合功能氧化酶系（microsomal mixed function oxidase system，MFOS）催化的氧化反应。MFOS 的特异性很低，进入体内的各种环境污染物几乎都要经过这一氧化反应而转化为氧化产物。MFOS 在动物、植物中广泛存在，在细胞中它主要存在于内质网（对于高等动物主要存在于肝细胞内质网）中，所谓微粒体（microsome）并非独立的细胞器，而是内质网在人工细胞匀浆中形成的碎片。粗面和滑面内质网形成的微粒体均含有 MFOS，且滑面微粒体的 MFOS 活力更强。

MFOS 催化的氧化反应的特点是需要一个氧分子，其中一个氧原子被还原为 H_2O，另一个氧原子与有机污染物结合而使后者氧化，导致在发生氧化的有机污染物分子上增加一个氧原子，故称此酶为混合功能氧化酶或微粒体单加氧酶（microsomal monooxygenase），可简称为单加氧酶，其反应式如图 2-4 所示。

$$\underset{\text{底物}}{RH} + \underset{\text{还原型辅酶Ⅱ}}{2NADPH} + O_2 \xrightarrow{MFOS} \underset{\text{氧化产物}}{ROH} + \underset{\text{氧化型辅酶Ⅱ}}{2NADP^+} + H_2O$$

图 2-4　MFOS 催化的氧化反应

MFOS 是由多种酶构成的多酶系统，其中包括细胞色素 P450 依赖性单加氧酶、还原型辅酶Ⅱ细胞色素 P450 还原酶、细胞色素 b-5 依赖性单加氧酶、还原型辅酶Ⅰ细胞色素 b-5 还原酶以及环氧化物水化酶等，其中以细胞色素 P450 最为重要。还原型的细胞色素 P450 与分子氧形成活性氧复合体，能氧化进入人体的环境污染物，使氧化反应完成。还原型辅酶Ⅱ（NADPH）可提供电子使细胞色素 P450 还原，从而使细胞色素 P450 在 MFOS 催化的氧化反应中得以循环利用。

3. 第一相反应及其对生态毒性作用的影响

虽然第一相反应包括氧化、还原、水解三种反应，但不是每一种环境污染物都要经受这三种反应，有的污染物只经受其中的一种或两种。在此以 DDT 的生物转化为例来阐述第一相反应及其对生态毒性作用的影响。

进入体内的 DDT 在 MFOS 的催化下，先形成不稳定的中间代谢产物，即 DDT- 醇类化合物，再在 DDT- 脱氯化氢酶催化下发生水解脱卤反应（hydrolytic dehalogenation）脱去 1 个氯原子，转化为 DDE（图 2-5）。在此催化反应过程中需要谷胱甘肽存在，以维持该酶的结构。DDT 转化为 DDE 的氧化反应和水解反应均属于第一相反应，由于产物 DDE 分子中没有极性基团，所以 DDE 不能参与第二相反应（结合反应）。DDE 的毒性远低于 DDT，且 DDE 化学性质很稳定、脂溶性也很高，可在脂肪中长期、大量储存，易于在体内蓄积，故 DDE 一般占体内有机氯化物总量的 60% 以上。

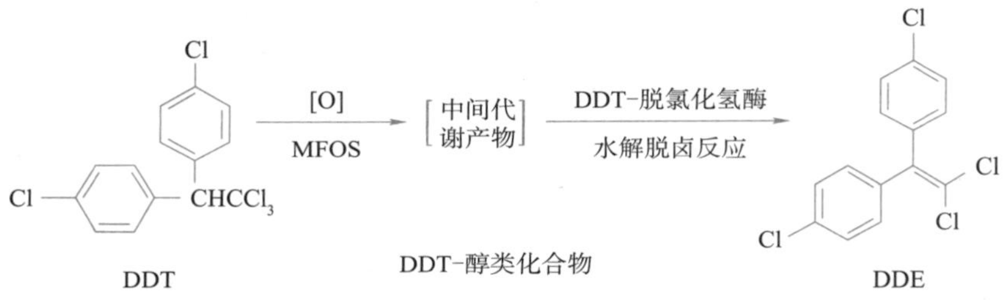

图 2-5 DDT 生成 DDE 的生物转化（第一相反应）

昆虫（特别是家蝇和蚊类），体内 DDT- 脱氯化氢酶活性较高，使 DDT 能够转化为毒性较低的 DDE，导致昆虫对 DDT 的耐药性很强。如将 DDT 与能抑制该酶活性的杀螨醇联合使用，则 DDT 不易转化为 DDE，昆虫对 DDT 的耐药性因而降低或消失，DDT 的生态毒性从而增加。

4. 第一相反应和第二相反应之间的关系

第一相反应有氧化、还原、水解等多种反应，第二相反应也有多种，因此第一相反应和第二相反应之间的关系是多种多样的。这里仅以苯的生物转化为例来说明第一相反应和第二相反应之间的关系（图 2-6）。

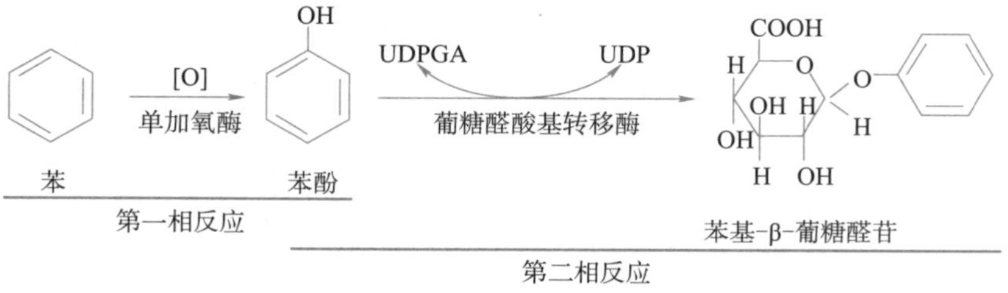

图 2-6 苯的生物转化

注：UDP 为尿苷二磷酸。

苯在第一相反应中经单加氧酶催化氧化为苯酚，后者的毒性和水溶性均大为增加。由于苯酚分子中有了极性基团（—OH），故可以参与第二相反应。在第二相反应中，苯酚可以与葡糖醛酸发生结合反应，生成苯基 -β- 葡糖醛苷（β-glucuronide），后者无毒且水溶性很大，很容易排出体外。在第二相反应中，葡糖醛酸的供体是尿苷二磷酸葡糖醛酸（UDPGA），它是糖类代谢中生成的尿苷二磷酸葡萄糖（uridine diphosphate glucose，UDPG）再被氧化而生成的。在葡糖醛酸基转移酶（glucuronyl transferase）的催化下，环境污染物及其代谢物的羟基、氨基和羧基等基团可以与 UDPGA 提供的葡糖醛酸结合而生成毒性小、水溶性大、易于排出体外的 β- 葡糖醛苷类化合物。

（二）金属和类金属的生物转化

金属和类金属进入生物体内以后的生物转化，最早在环境微生物领域受到重视，随着研究的深入，科学家逐渐发现在植物和动物体内也存在金属和类金属的生物转化。在日本水俣湾水俣病的发生与鱼类食物链的关系研究中，发现鱼类体内富集的甲基汞是由附近化工厂倾倒入水俣湾海水中的无机汞或汞离子经过海水或底泥中微生物的转化而来的。离子汞是水溶性的，很难被高等生物吸收而进入食物链，但经过微生物对无机汞的代谢转化而生成甲基汞以后，有机汞就随着微生物被小鱼的捕食而进入食物链，并随营养级的升高而发生有机汞的生物放大，使食物链上的多种动物因摄食甲基汞而中毒，导致食物链顶端的捕食鱼类的禽类、猫或人发生甲基汞中毒，甚至死亡。这类微生物死亡、分解之后还可向水环境中释放出甲基汞，并被水生生物摄取而再次进入食物链。微生物不但可使无机汞转化为甲基汞，也可转化为乙基汞，统称为烷基汞。

进入动物和植物的三价砷（As^{3+}）和五价砷（As^{5+}）可以在生物体内相互转化。特别是三价砷的毒性很高，转化为五价砷以后毒性大为降低，利于在生物体内蓄积。在生物体内无机砷也可以被甲基化为毒性很小的有机砷（如单甲基胂酸、二甲基次胂酸、三甲基胂化乳酸盐等）。这些有机砷的毒性小、脂溶性高，容易在生物体内富集或生物放大。

越来越多的研究证明，微生物、植物和动物对进入体内的不同金属和类金属发生甲基化或乙基化的反应比较普遍，其烷基化的水平随生物种类的不同而有很大差异。从生物吸收、排泄以及生物富集、生态毒性作用出发，研究金属和类金属的烷基化无疑是生态毒理学的一个重要方面。

三、生态毒理学作用的基本概念

生态毒理学是生态学、毒理学及环境科学等多种学科相互交叉而形成的一门现代新型学科。在这些学科的长期交叉融合中形成了生态毒理学特有的基本概念和理论，了解这些概念和理论，对于生态毒理学的学习或研究非常重要。

（一）毒物、毒性、中毒

毒物（toxicant）是指在一定条件下，较小剂量就能引起生物机体功能性或器质性损伤的化学物质。环境化学污染物，又称环境毒物（environmental toxicants），是指环境中以较小剂量作用即能对人类或其他生物体产生损害效应的化学污染物。

毒性（toxicity）是指一种物质能引起生物体损害的性质和能力。毒性越强的化学物质，导致机体损伤所需的剂量就越小。

中毒（toxication）是指生物体受到环境污染物的作用而产生功能性或器质性损伤的现象或病变。根据中毒发生发展的快慢，可分为急性中毒、亚急性中毒、亚慢性中毒和慢性中毒。

（二）剂量（dose）

剂量的概念较广泛，既可指生物体暴露（或接触）的污染物在环境中的数量，又可指环境污染物被吸收进入生物体内的数量，也可指给予生物体的环境污染物的数量，还可指环境污染物在关键组织器官和体液中的浓度或含量。由于环境污染物被吸收的量或在体内组织中的浓度或含量不易准确测定，所以剂量的一般概念是指给予生物机体或生物体暴露或接触的环境污染物的数量。环境污染物的剂量通常以生物的单位体重中环境污染物的质量［如 mg/kg（体重）］来表示，或以生物生存环境中污染物的质量浓度［如 mg/m^3（空气）、mg/L（水）］来表示。在生态毒理学中这两种表示方法均较为常用，二者的换算公式如下：

$$D=\frac{K\times C\times V}{\mathrm{BW}} \tag{2-1}$$

式中：D——剂量，即生物的单位体重中环境污染物的质量，mg/kg（体重）；

C——污染物在环境中的质量浓度，mg/m^3（空气）或 mg/L（水）；

K——生物对环境污染物的吸收速率；

V——生物摄入环境介质的总体积，m^3（空气）或 L（水）；

BW——生物体重，kg。

剂量是决定环境污染物对生物体造成损害作用的最主要因素。同一种污染物在不同剂量下对机体作用的性质和程度不同。

生态毒理学常用剂量概念如下：

①半数致死剂量（half lethal dose，LD_{50}），指引起一群个体 50% 死亡所需环境污染物的剂量，一般以 mg/kg（体重）来表示。半数致死浓度（LC_{50}），即能引起一群个体 50% 死亡所需的环境污染物浓度，一般以 mg/m^3（空气）或 mg/L（水）来表示。

半数耐受限量（median tolerance limit，TLm），也称半数存活浓度，是指在一定时间内一群水生生物中 50% 个体能够耐受的某种环境污染物在水中的质量浓度，单位为 mg/L。一般用 TLm_{48} 表示在一定质量浓度（mg/L）下，暴露 48 h 50% 的鱼可以耐受，即有 50% 的鱼死亡。如暴露 96 h，即为 TLm_{96}。

由于 LD_{50} 和 TLm 方法简便，所以这类剂量的测定常常被用作化学物环境基准值或环境标准制定的主要参考数据。

②半数效应剂量（median effective dose，ED_{50}）或半数效应浓度（median effective level，EC_{50}），指环境污染物引起生物体某项生物效应发生 50% 改变所需的剂量。例如，以环境污染物对某种酶的活性影响作为效应指标，试验所测得抑制酶活性 50% 时的该污染物剂量为半数效应剂量（ED_{50}）；如果以该污染物在环境介质中的浓度来表示，则为半数效应浓度（EC_{50}）。

③最小有作用剂量（minimal effect level，MEL），也称中毒阈剂量（toxic threshold level）或中毒阈值（toxic threshold value），指环境污染物以一定方式或途径作用于生物体，在一定时间内，使某项灵敏的观察指标开始出现异常变化或机体开始出现损害所需的

最低剂量。这个概念如果以该污染物在环境介质中的浓度来表示，则可称为最小有作用浓度、中毒阈浓度。

通常，MEL 也称观察到的最低作用剂量或浓度（lowest observed effect level，LOEL）或观察到的最低有害作用剂量或浓度（lowest observed adverse effect level，LOAEL）。同一项观察指标所测得的剂量或浓度，随观察指标或方法的不同而有所变化。因此，最小有作用剂量或浓度有一定的相对性。

④最大无作用剂量（maximal no-effect level，MNEL），又称未观察到有作用剂量（no observed effect level，NOEL）或未观察到有害作用剂量（no observed adverse effect level，NOAEL），指环境污染物在一定时间内按一定方式或途径暴露于生物体，采用最为灵敏的方法和观察指标，未能观察到任何对机体损害作用的最高剂量。这个概念如果以污染物在环境介质中的浓度来表示，则可称为最大无作用浓度（maximal no-effect concentration，MNEC）、未观察到有作用浓度（no observed effect concentration，NOEC）或未观察到有害作用浓度（no observed adverse effect concentration，NOAEC）。

（三）效应、反应及剂量－效应（反应）关系

（1）效应（effect），指一定剂量的环境污染物与生物体接触后所引起的机体生态毒理学变化，其变化程度可用计量单位（或计量强度）表示。由于这类效应的变化可用数量描述或表示，故称为量效应（quantity effect）。例如，有机磷化合物对哺乳动物血液中胆碱酯酶活力的抑制作用可以采用测定该酶活力下降的数量来描述，因此这种胆碱酯酶活力下降的现象被称为效应，且是一种量效应。

（2）反应（response），指一定剂量的环境污染物对生物体引起的生态毒理学效应，不能用某种可测定的定量数值来表示，而只能以“有或无”“阴性或阳性”定性地表示，这种效应就称为反应，又称为质效应（quality effect），如死亡、致癌、中毒等。因此，反应的大小一般用百分率或比值表示，如死亡率、发病率、反应率、肿瘤发生率等。但是，反应和效应的区别不是绝对的，二者的表示方法在一定条件下是可以相互转化的。例如，若对有机磷农药引起人群中胆碱酯酶活力下降人数的比率进行统计，该效应就转变为反应了。

（3）剂量－效应关系（dose-effect relationship）是指环境污染物的剂量大小与其在生物个体或群体中引起的量效应强度之间的相关关系。剂量－反应关系（dose-response relationship）是环境污染物的剂量与其引起的效应发生率之间的关系。一般来说，环境污染物对生物引起的一般毒性作用应存在明确的剂量－效应关系或剂量－反应关系，否则很难肯定其中的因果关系。但是，对于一些特殊的毒性作用，往往不存在明显的剂量－反应关系，例如，小剂量的致敏原便可引起剧烈的甚至致死性的全身过敏症状或过敏反应。

不同环境污染物在不同条件下，其剂量与效应（或反应）的相关关系也不同，可呈现不同类型的曲线，常见的有直线型曲线、抛物线型曲线、S 型曲线（图 2-7）。S 型曲线又可分为对称与非对称两种。非对称 S 型曲线两端不对称，一端较长，另一端较短。如将非对称 S 型曲线横坐标（剂量）用对数表示，则可成为对称 S 型曲线，若再将反应率换成概率单位（probit），则成直线（图 2-7D）。

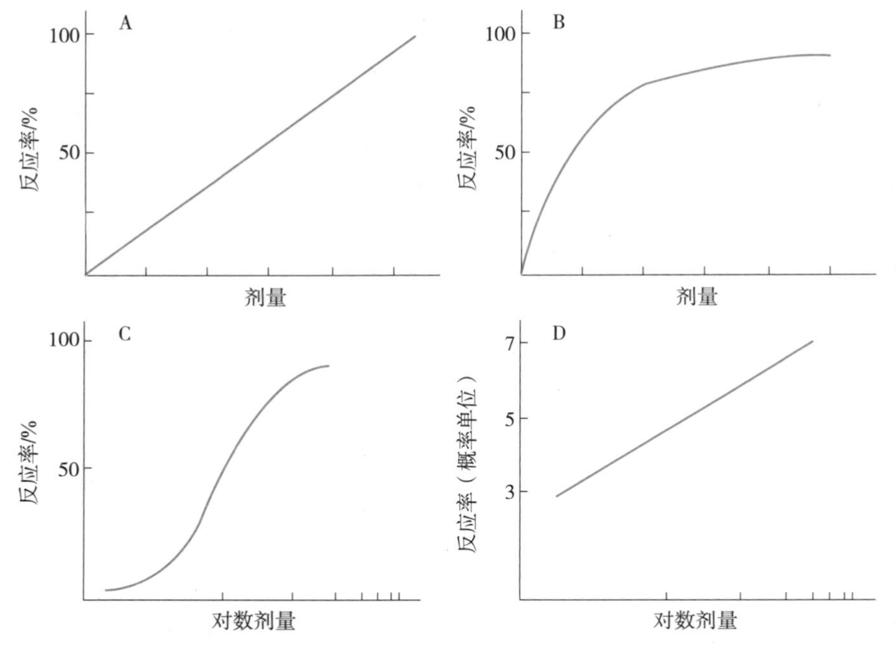

A—直线型曲线；B—抛物线型曲线；C—S型曲线；D—概率-对数剂量直线型曲线

图 2-7 剂量 - 反应曲线图

（四）生态毒性作用的类型

环境污染物及其代谢物与生物体或其生态系统相互作用而产生有害生态毒理效应的过程被称为环境污染物的生态毒性作用（ecotoxic action）。对于生态毒性作用的类型可以从不同的角度进行不同的分类，常见的分类如下。

（1）按毒性效应呈现的时间分类

①急性生态毒性作用（acute ecotoxic action）：环境污染物在一次或多次接触生物体或其生态系统以后，在短时间（＜24 h）内便引起生态毒性效应（包括死亡效应）。

②迟发性生态毒性作用（delayed ecotoxic action）：指生物体或其生态系统一次或多次暴露于某些环境污染物以后并没有立即或在短期内引起明显的异常，但经一段时间后才导致生物体或其生态系统发生生态毒性效应。

③慢性生态毒性作用（chronic ecotoxic action）：由于生物体或其生态系统长期暴露于低浓度环境污染物而逐渐缓慢产生生态毒性效应。环境污染物一般浓度较小，对生物体或其生态系统的作用一般属于慢性生态毒性作用。

亚慢性生态毒性作用（subchronic ecotoxic action）：是指生物体或其生态系统在一段时期内连续多日暴露于环境污染物之后而逐渐产生的生态毒性作用。

④远期生态毒性作用（remote toxic action）：是指环境污染物与机体接触，经若干年之后出现突变、畸变或癌变的“三致”作用。

（2）按毒性作用的部位分类

①局部生态毒性作用（local toxic effect）：环境污染物对生物体或其生态系统直接接触或暴露的部位引起的损伤作用，称局部生态毒性作用。例如，接触腐蚀性物质对生物体

直接接触部位的损伤为局部毒性作用；又如，重金属对局部土壤污染而在生态系统的局部引起的生态毒理学作用。

②系统性生态毒性作用（systemic ecotoxic effect）：环境污染物被生物体吸收后，分布到全身而呈现的毒性作用，称为系统性生态毒性作用，也称全身性生态毒性作用或全身性毒性作用。对于生态系统而言，环境污染物引起的整个食物链（网）损伤，或环境污染物大面积扩散引起的整个生态系统损伤，也称为系统性生态毒性作用。

（3）按毒性作用损伤的恢复情况分类

①可逆生态毒性作用（reversible ecotoxic action）：环境污染物对暴露生物体或其生态系统引起的损伤，在停止暴露后可逐渐消退的毒性作用，称为可逆生态毒性作用。如果环境污染物浓度低、接触时间短、损伤轻，一般是可逆生态毒性作用，如果及时采取措施可以得到修复。

②不可逆生态毒性作用（irreversible ecotoxic effect）：指环境污染物对暴露生物体或其生态系统引起的损伤，在停止暴露后，其毒性作用继续存在，甚至损伤可进一步发展。如环境污染物对动物的致突变、致畸变、致癌变作用往往是不可逆毒性作用。环境污染物的毒性作用是否可逆，还与受损伤组织的再生能力有关。例如，肝脏的再生能力较强，故大多数肝损伤是可逆的；反之，中枢神经系统的损伤，由于神经细胞大多没有再生能力，其损伤往往是不可逆的。对于环境污染物对生态系统的严重损伤，一般不能或很难完全修复，在长期自然修复或人工治理下，仅可以得到部分修复，属于不可逆生态毒性作用。因此，对环境污染物危害生态系统的情况，要早预警、早修复，防止生态系统发生严重破坏。

（五）生态毒性联合作用

凡两种或两种以上的环境污染物，同时或短期内先后作用于生物体或其生态系统所产生的综合毒性作用，称为环境污染物的联合毒性作用（joint toxic effect 或 combined toxic effect）。环境污染物的生态毒性联合作用可分为以下几类：

（1）相加作用（additional joint action 或 additive effect）：两种或两种以上的环境污染物同时作用于生物体或其生态系统之后所产生的生态毒理效应的强度是各自单独作用强度相加的总和，这种作用称为相加作用。化学结构相似的化学物或同系物，或毒作用靶器官、靶分子相同，或作用机理类似的几种化学物同时存在时，往往发生相加作用。例如，大部分刺激性气体的刺激作用为相加作用；两种有机磷农药对胆碱酯酶的抑制作用往往为相加作用。

（2）协同作用（synergisic joint action 或 synergism 或 synergistic effect）：两种或两种以上环境污染物同时作用于生物体或其生态系统之后，所产生的生态毒理效应的强度远远超过各化学物单独作用强度相加的总和，这种作用称为协同作用。这可能与化合物之间相互促进吸收、延缓排出、干扰体内代谢过程等作用有关。例如，马拉硫磷与苯硫磷的协同作用，是由于在肝脏中降解马拉硫磷的酯酶活性可被苯硫磷抑制而产生协同作用。

（3）增强作用（potentiation）：一种环境污染物本身对生物体或其生态系统并无毒性作用，但能使与其同时进入生物体或其生态系统的另一种环境污染物的毒性作用增强，这种作用称为增强作用或增效作用。例如，异丙醇对肝脏无毒，但与四氯化碳同时进入机体时，可使四氯化碳的毒性作用大于其单独作用时的毒性。有人也将增强作用归于协同作用。

（4）拮抗作用（antagonistic joint action 或 antagonism 或 antagonistic effect）：两种环境污染物同时作用于生物体或其生态系统时，其中一种化学物可干扰另一种化学物的生态毒性作用，或两种化学物相互干扰，使混合物的生态毒性作用强度低于各自单独作用的强度之和，这种作用称为拮抗作用。凡能使另一种化学物的生态毒性作用减弱的化学物称为拮抗物或拮抗剂（antagonist），在毒理学和药理学中所指的解毒剂（antidote）即属此类。

（5）独立作用（independent joint action）：两种或两种以上的环境污染物作用于生物体或其生态系统时，这些污染物所产生的生态毒理效应的总强度是这些污染物单独作用强度相加的总和，但是它们不是相加作用，因为这些污染物各自产生毒性作用的物种对象不同或者对同一物种的作用方式、途径、受体和部位不同，彼此的毒性作用互无关联，并没有发生联合毒性作用，将污染物的这种毒性作用称为独立作用。独立作用与相加作用的区别往往很难发现。例如，乙醇与氯乙烯同时对大鼠染毒，导致肝匀浆脂质过氧化作用增加，从二者效应的表面分析来看，似乎是相加作用，但在亚细胞水平研究发现，乙醇引起肝细胞线粒体脂质过氧化，而氯乙烯引起肝细胞微粒体脂质过氧化，彼此无明显影响，应为独立作用。在生态系统生态毒理学研究中往往可以发现两种污染物对同一食物链产生的毒性作用在最终效应上具有相加作用的效果，但是仔细研究发现，一种污染物作用于该食物链的物种与另一种污染物作用的物种并不相同，说明二者的生态毒性作用属于独立作用，而不是毒理学意义上的相加作用。

（六）环境污染物生态毒性作用的影响因素

环境污染物的生态毒性作用是污染物、生物及环境三方交互作用的结果，因此任何一方的改变都可能对生态毒性作用产生影响。

1. 环境污染物的化学结构和物理性质

环境污染物的生态毒性与其化学结构的关系密切。例如，在烷烃中甲烷和乙烷的化学反应性和生物活性很小，从丙烷至庚烷，随碳原子数增加，其麻醉作用增强；在非烃类污染物分子中引入烃基，可使该污染物脂溶性增高，易于透过生物膜，从而毒性增强；分子中不饱和键增多，可使污染物活性增大、毒性增加；在污染物分子结构中增加卤素可使分子极性增加，使毒性增强；芳香族污染物中引入羟基，分子极性增强，毒性增加；将羧基（$—COOH$）或磺酸基（$—SO_3H$）引入污染物的分子中时，污染物水溶性和电离度增高，脂溶性减小，毒性降低。此外，由于生物体内的酶对化学物质的构型有高度特异性，所以当环境污染物为不对称分子时，其不同构型的毒性可能不同。总之，研究环境污染物的结构与毒性之间的关系，有助于通过化学结构比较的方法来预测新化合物的生物活性、作用机理和安全限量范围。

环境污染物的物理性质，如脂 / 水分配系数、电离度、挥发度、蒸气压、分散度、纯度，以及分子量、熔点、折射率等均可能对其生态毒性作用有影响。

2. 生物机体状况

不同种属的动物和同种动物的不同个体之间对同一毒物的感受性有差异，这主要是由毒物在体内的代谢差异（如代谢酶的差异）所致。例如，食草动物因为长期接触氰化物而产生了适应酶，所以对氰化物的解毒能力较食肉动物和杂食动物强。

性别（sex）差异主要与性激素（sex hormone）有关，故性别对环境污染物毒性作用的影响主要表现在成年动物中。一般来说，雌性动物和雄性动物对毒物的感受性相似，但对一些类型的化学物会出现性别差异。

新生动物、幼年动物和老年动物通常对毒物较中青年动物敏感，这是因为在动物发育的初期或老龄阶段某些代谢酶的活性较低。因此，凡经代谢转化后毒性增大的污染物，对这些阶段的动物的毒性较对中青年动物小；反之，凡在体内可迅速代谢失活的污染物，对这些阶段的动物的毒性就可能较对中青年动物大。

此外，生物节律（biothythm）、营养不足或失调等生物因素也将影响污染物的生态毒性作用。

3. 环境因素

许多环境因素可影响环境污染物的生态毒性作用，如气温、气湿、气压、昼夜或季节节律以及其他物理因素（如光照、噪声）、化学因素（如化学反应、联合毒性作用）等。

四、环境污染物生态毒性作用的特点

1. 环境污染物危害的生物种类多、数量大

环境污染物一般具有在环境中扩散范围大、环境浓度低及存留时间长等特点，因此环境污染物的生态毒性作用涉及的生物种类多、生物数量大。在污染区域内几乎所有的物种，从低等生物到高等生物，从水生生物到陆生生物，从微生物、植物到动物甚至人类，均有可能遭受环境污染物的毒害作用，导致受污染物危害的生物种类和数量均很多。

2. 环境污染物可通过多种途径进入生物体内

对于组织和器官分化显著、具有呼吸道和消化道的动物，如两栖类、爬行类、鸟类和哺乳类动物，环境污染物可通过呼吸道、消化道、皮肤等多种途径进入体内。对于高等植物，环境污染物可通过根系、叶片、茎、花及果实进入植物体内。对于低等动物、植物和微生物，环境污染物可通过与这些生物直接接触的部位进入体内。因此，环境污染物可通过多种途径进入生物体内。

3. 环境污染物的种类繁多、毒性作用复杂

在生态环境中往往有多种形态不同、化学性质各异的污染物同时存在，且它们的组成还可进一步发生化学变化，产生二次、三次污染物。不同污染物在物理性质、化学性质和毒理性质等方面的差异，也使它们的危害性质和程度彼此不同。多相、多种化学物质在环境中同时存在，它们在对生物体的毒性作用中，可能同时呈现相加、协同、增强、拮抗、独立等不同类型的联合作用。在同一生态系统中，甚至对于同一种生物，由于环境污染物种类繁多，所以其生态毒性作用的类型多种多样，既有急性毒性作用，又有慢性毒性作用；既有一般毒性作用，又有特殊毒性作用，其毒性作用的机制更为复杂、更具多方向性。加之，不同环境污染物之间的组成比例受多种因素的影响而处于不间断的动态变化之中，更增加了其对生物体毒性作用及其机制的复杂性。

4. 环境污染物对不同年龄或发育阶段生物的生态毒性作用不同

在污染的环境中，不同年龄或不同生长发育阶段的生物均可受到环境污染物的影响。同一物种在不同生长发育阶段，对污染物的敏感性可能有很大的差异。对于动物来说，动物年龄不同，组织器官发育、免疫功能和代谢酶的活力也不同，导致对环境污染物的敏感性有差异；尤其是对于在个体生活史的不同发育阶段而形体变化显著的动物，如鱼类、两栖类、爬行类、节肢类动物等，在不同发育时期对于环境污染物毒性作用的敏感性和反应

性也会不同。对植物来说，发芽期、幼苗期和开花期对环境污染往往比其他生长发育期敏感，新嫩叶片的抗性往往不如成熟的叶片等。对于微生物来说，如细菌和真菌，在不同的生殖发育时期，对环境污染的忍耐力不同，例如，孢子体比菌丝体对环境污染物的胁迫有更强的忍耐能力。

5. 环境污染物的全身性或系统性生态毒性作用

进入机体的环境污染物对体内的所有器官和组织都有潜在的毒性，对不同器官毒性作用的区别主要在于作用的性质、阈值和强弱不同。在环境污染物很低剂量下就可以产生毒性作用的器官称为敏感器官，随环境污染物剂量由低向高递增，该污染物对不同器官的损害作用就可能由最敏感的器官逐渐扩大到一般敏感器官、不敏感器官，甚至发展到对全身所有器官均有毒性作用。因此，环境污染物往往是对多种器官均具有毒性作用的全身性有毒物质。例如，空气主要污染物 SO_2 和细颗粒物都是全身性有毒物质，它们在低浓度下可能只对实验动物的呼吸器官产生毒性作用，随着暴露浓度的增加，将会引起越来越多的组织和器官受到损伤，直到全身所有组织和器官受到不同程度的损伤。

此外，生物体是一个统一的整体，环境污染物对一种组织细胞或器官的作用往往会牵涉至其他组织细胞，甚至全身。因此，对环境污染物的生态危害应该有一个生物整体观。

6. 环境污染物对生物的低浓度、长时间、反复作用

一般情况下，环境污染物释放入环境后受到环境不同介质的稀释，从而在环境中的浓度降低，但由于它们存在于生物赖以生存的环境中，所以生物体与它们的接触时间长，甚至终生接触。环境污染物低浓度、长时间、反复地对生物体产生毒性作用，往往导致以下结局：①引起慢性毒性作用。环境污染物长期暴露可影响生物体的生理代谢过程而引起慢性损伤，还可干扰免疫功能，使机体对病原微生物感染的抵抗力降低，从而导致动物慢性疾病的发病率和死亡率增高；对植物可影响其生长发育，减弱植株对生物性和非生物性胁迫的抵抗或适应能力，降低生产量和品质，甚至引起种群或生态系统的损伤。②引起突变、癌变和畸变发生。某些环境污染物可进入怀孕母体，并通过胎盘进入胎儿引起胚胎中毒，导致死胎或流产，或者影响胎仔生长发育而发生畸形。有的化学致突变物进入机体后，可使细胞遗传物质发生改变，导致细胞突变、产生突变个体，例如有些杀虫剂的不合理施用可诱发昆虫发生基因突变而出现新的抗性种群。

有些环境污染物的低浓度暴露，可对生物引起某种刺激效应（或称兴奋效应），被称为低剂量刺激效应或低剂量兴奋效应。例如，20 世纪 50 年代德国科学家发现 $HgCl_2$ 对人血淋巴细胞 DNA 合成有低剂量刺激效应；70 年代美国科学家发现羰基镍对人血淋巴细胞 DNA 合成也有低剂量刺激效应；90 年代我们的研究发现，无机砷化合物对人血淋巴细胞转化和 DNA 合成的作用是双相性的，在极低浓度下起促进作用，而在较高浓度下起抑制作用。环境毒物的低剂量生物刺激效应似乎已经成为一个常见的普遍规律。一般认为，低剂量的化学物使生物的某一生化反应或某一生理功能加强，可能有利于生物对环境的适应性、耐受性或抵抗性。然而，也有人认为这种刺激效应，既然能使某些生化反应或功能加强，这就扰动了生物体内原有的平衡，即使在短时间内对生物是有利的，但其长期效应可能是不利的。因此，环境因素小剂量刺激效应的生态毒理学意义尚待进一步研究。

7. 环境污染物对生物在不同水平上的生态毒性作用——生态毒理效应谱

环境污染物对生物体的毒性作用往往在不同层次、不同水平（如分子水平、亚细胞水平、细胞水平、组织水平、器官水平、个体水平、种群水平、群落水平、生态系统或更大尺度水平等）发生，构成了一个环境污染物的生态效应谱或生态毒理效应谱（图 2-8）。因此，生态效应谱或生态毒理效应谱（ecotoxicological effect spectrum，或 spectrum of ecotoxicological effect）是指环境污染物对生态系统的生物组分产生不同层次（从分子水平到生态系统水平）且密切级联的毒性作用效应谱。

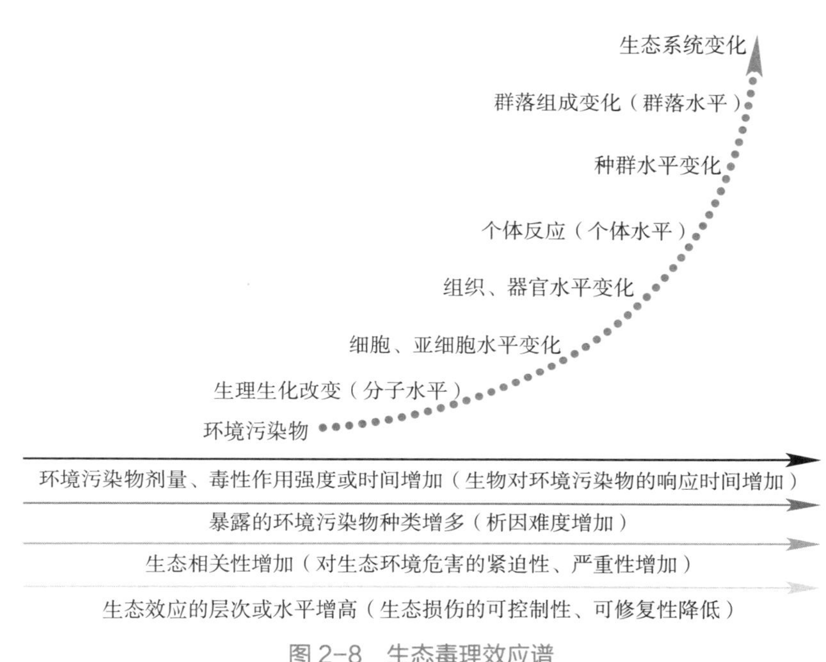

图 2-8　生态毒理效应谱

生物在低浓度环境污染物的短时间暴露下，其中大多数生物对环境污染物的生理负荷增加，生理变化不明显，属于正常生理调节范围，但对生物健康已存在潜在的不利影响；而有些对污染物敏感的生物个体则处于生理代偿状态，即生物机体处于亚健康状态。在这两种情况下，环境污染物的这些生态毒理学作用是可逆的，当停止或减少污染物的接触时，生物体就可以恢复正常，不会发生负面生态效应。

但是，如果生物在较高浓度环境污染物的长期持续作用下，生物体个别敏感的组织器官将向病理状态发展而出现病变，甚至引起个别敏感的生物个体死亡。在这种情况下，如果停止或减少污染物暴露，虽然个别敏感的、受害严重的生物个体发生了不可逆性中毒而最终死亡，但仍然有一些耐受性强的个体受害较轻而存活下来，从而经过一定时间的修复、繁衍可以恢复正常，这对于种群仍是一种可逆性损害，这将会避免种群生态毒性效应发生。

随着环境污染物浓度的增高和暴露时间的延长，生物个体死亡数量将会急剧增加，继而引起种群、群落甚至生态系统发生改变，此时的生态损伤的可控制性、可修复性将大为降低，环境污染物对种群，甚至生态系统的损伤效应将可能发生（图 2-8）。

由生态毒理效应谱可知，环境污染物对生态系统中每一个生物层次的危害均来源于前一个层次的损伤，整个生态毒理效应谱形成了一个环环相扣的级联关系。因此，环境污染物对生物种群和群落乃至生态系统的各种危害均源于对生物分子水平的损伤。

生态毒理效应谱发生的机理主要在于：环境污染物对于生物体的毒性作用，在环境污染物浓度较低、暴露时间较短时，可能只发生在生物的分子水平；如果损伤的生物分子及时得到生物修复或清除，环境污染物的毒性作用就会随之消失。如果环境污染物浓度较高，或者暴露时间较长，环境污染物对生物分子特别是生物大分子的损伤未能修复，毒性作用就有可能向更高、更严重的生物层次发展，即由分子损伤向亚细胞损伤、细胞损伤、组织器官损伤、个体死亡，甚至向影响种群密度或更严重的方向发展。此外，高浓度的环境污染物也可引起暴露生物在两个或多个生物水平或层次同时发生毒性作用，从而对生物体甚至对生态系统造成严重损伤。因此，在生态毒理效应谱中，每一层次的生态效应都包含有分子效应，这为从生物化学和分子生物学效应中筛选生态标志物的工作提供了科学依据。通过生态标志物对不良生态变化进行预测预报，尽早采取生态保育或修复措施，对于维持和保护生态系统的健康发展非常重要。

思考题

1. 名词解释

生物转运、生物膜、被动转运、简单扩散、特殊转运、主动转运、易化扩散、膜动转运、生物转化、生物解毒、混合功能氧化酶、代谢饱和、昼夜节律、酶的诱导、毒物、毒性、毒物暴露、中毒、剂量、LD_{50}、TLm、ED_{50}、EC_{50}、效应、反应、剂量 - 效应关系

2. 简述生物膜及其转运方式在环境污染物生态毒性作用中的意义。

3. 生物转化包括哪些反应类型，其对污染物的生态毒性作用有何影响?

4. 举例说明环境污染物对代谢酶的作用及其生态毒理学意义。

5. 环境污染物的生态毒性作用有哪些类型?

6. 环境污染物对生物体或其生态系统的联合生态毒性作用有哪些类型?

7. 影响环境污染物生态毒性作用的因素有哪些?

8. 试论环境污染物生态毒性作用的特点。

9. 举例说明生态毒理效应谱的含义及其应用价值。

第三章　环境污染物的生物富集、生物放大及生物积累

一般来说，环境中的化学污染物浓度均比较低，但是有的化学物质可在生物体内富集，甚至还可通过食物链、食物网的营养级传递逐步转移和放大，使有毒有害化学物质积累达到环境浓度的几倍、几十倍、几万倍或更高，从而对不同营养级生物特别是对生态系统中食物链或食物网顶端的高营养级生物引发毒性效应，甚至造成生态危害。例如，有机氯农药 DDT 的生物放大使英国的雀鹰和美国的白头海雕（图 3-1）繁殖力下降，一度几近灭绝。又如，20 世纪 50 年代和 60 年代，日本水俣湾附近的一家大型化工株式会社常年向海洋排放含汞污水，海底微生物将无机汞转化为甲基汞，后者再通过浮游生物→小鱼→大鱼食物链的生物放大，导致各营养级生物体内甲基汞浓度逐级增高，不但使食物链顶端的食鱼海鸟发生中毒、死亡，而且使整个食物链不同营养级生物的健康受到危害，致使生态繁荣的水俣湾一度变成死亡之海。水俣湾海洋生态系统遭受严重损害，并引起以鱼为生的当地渔民发生震惊世界的公害病——水俣病，成为环境污染物通过生物富集（bioconcentration）、生物放大（biomagnification）及生物积累（bioaccumulation）而引发生态灾难和人群危害的典型案例。

图 3-1　白头海雕（***Haliaeetus leucocephalus***）

注：白头海雕又称美洲雕，大型猛禽，成年体长可达 1 m，翼展 2 m 多长。以大马哈鱼、鳟鱼等大型鱼类和野鸭、海鸥等水鸟以及小型哺乳动物等为食。

近年来的研究发现，持久性有机污染物（persistent organic pollutants，POPs）往往具有生物富集、生物放大和生物积累的特性。例如，有机氯杀虫剂狄氏剂在鳝鱼和苍鹭中的生物放大作用可达到很高的程度。实际上，生活在污染环境中的很多种类的野生动物通过生物富集、生物放大，在体内已经积累了多种环境污染物，有的污染物甚至达到了较高的水平，这不但对野生生物及其生态系统会造成威胁，而且人类食用这些野生生物也可能会损害健康。

生物富集、生物放大及生物积累是环境低浓度有害化学物质对生物引发生物化学损害、细胞损伤、个体死亡，以致生态环境破坏，甚至危及人体健康的非常重要的途径。因此，环境污染物的生物富集、生物放大及生物积累乃是生态毒理学的一个基本法则。

生物富集、生物放大和生物积累是三个既有区别，又相互联系的生态毒理学概念。简单地说，生物富集是指生物对环境介质中污染物的浓缩过程，生物放大是指生物通过食物链使污染物增加的过程，生物积累是生物通过生物富集和生物放大的综合作用而使体内污染物浓度上升的过程。本章将逐一对这三个生态毒理学概念及其内涵进行论述。

第一节 生物富集

一、生物富集的概念

经济合作与发展组织（简称经合组织，Organization for Economic Cooperation and Development，OECD）在有关生物富集测试导则中，把生物富集定义为：在达到稳态平衡时，相对于周围介质中的外源化学物质浓度而言，生物体内或其特殊组织中该化学物质浓度的增加。外源化学物质在生物体内的富集水平，可用生物富集系数（bioconcentration factor，BCF）表示，BCF 只有通过严格的实验室测试才能获得。

对于动物来说，从生物获取周围介质中化学物质的主要途径出发，动物对化学物质的生物富集是指生物通过呼吸和皮肤接触方式从环境介质中吸收外源化学物质并在生物体内或其特殊组织中该化学物质浓度比环境浓度增加的现象或过程。对于鱼类来说，生物富集是指腮和表皮吸收水体中溶解态的外源化学物质并导致其在鱼体内浓度比环境浓度高的过程。对于以肺呼吸为主的生物（如人和陆生高等动物）来说，生物富集是指通过肺吸入及皮肤接触吸收周围介质中的外源化学物质，导致外源化学物质在生物体内浓度比环境浓度高的过程。由此可知，这个定义没有考虑动物消化道对环境污染物的吸收和富集作用。

环境污染物被生物富集的基本条件有三：①容易被生物吸收；②在生物体内降解和排泄速度较慢；③在积累过程中对生物体本身未达到致命伤害。甲基汞和有机氯制剂（如 DDT）等就是容易被生物富集的环境污染物。

二、生物富集动力学

环境污染物的生物富集动力学是运用数学方法定量地研究环境污染物在生物体内的吸收、分布、排泄和代谢转化中，其浓度在生物体内随时间动态变化的规律和过程。环境污染物的生物富集是生物体对环境污染物吸收和消除过程的净结果。因此，环境污染物生物富集的基本过程是环境污染物在生物体内不断吸收又不断消除的动力学过程。要了解环境污染物在体内的富集情况，就必须通过研究生物体内该环境污染物的动力学变化，了解其在生物体内浓度变化的态势，从而确定其生物富集的特点。因此，生物富集动力学理论和方法是生态毒理学的重要内容之一。

（一）生物吸附动力学

吸附作用（adsorption）是环境污染物附着于生物表面或细胞膜（对于植物细胞是细胞壁）外表面的动态过程及其相互作用。对于某些种类的生物来说，吸附作用是生物吸收环境污染物的第一步，也是生物富集的第一步。例如，浮游生物和昆虫机体表面配位体上的氢离子可与金属离子发生交换吸附，植物可通过蒸腾拉力和离子交换而使根系表面吸附土壤和水中的化学物质。

固体颗粒物很微小时，其表面的原子、离子和分子中的化学力的不平衡可产生一些过剩的表面能，对周围的化学物质分子或离子产生吸附。这种现象在溶液中尤为突出。因此，吸附一般是指溶液中固体颗粒物表面上溶质浓度升高的现象。如果把水环境中细小的水生生物比作颗粒物，这些水生生物对水环境中的离子和分子也会产生吸附作用，成为吸收这些化学物质的第一步。水生生物是有生命的活体，不断进行着新陈代谢，所产生的 H^+ 及其他离子和代谢物也可分泌到生物体的外表面，参与对化学物质的吸附过程。

吸附作用可分为表面吸附、离子交换吸附和专属吸附等类别。表面吸附是一种物理吸附，是颗粒物表面存在的表面能引起的。离子交换吸附是一种物理化学吸附，是颗粒物表面的带电离子引起的，每吸附一部分阳离子的同时，要放出同等当量的阳离子（如 H^+）。这种吸附过程是迅速的、可逆的，以当量关系进行，不受温度影响，在酸碱溶液中均可发生，其交换吸附能力与溶质及吸附剂的性质、浓度等有关。这种吸附作用可解释水合金属离子的吸附，但对于在吸附过程中表面电荷发生符号改变，甚至吸附同号电荷离子的现象则无法解释；而专属吸附则能很好说明这一现象。专属吸附是指在吸附过程中，除了化学键的作用外，还有加强的憎水键、范德华力或氢键等也在起作用。这一吸附，不但可使表面电荷符号改变，而且可使离子化合物吸附于同号电荷的颗粒物表面上。

吸附是一个动态平衡的过程，在温度固定的条件下，吸附达到平衡时，颗粒物表面上的吸附量 G 与溶质浓度 c 之间的关系，可用吸附等温线（或吸附方程式）来表达。不同吸附剂或吸附物的吸附曲线往往不同，一般在水中常见的吸附等温线（或吸附方程式）有三类，即 Henry 型、Freundlich 型、Langmuir 型，分别简称 H 型、F 型、L 型，见图 3-2。

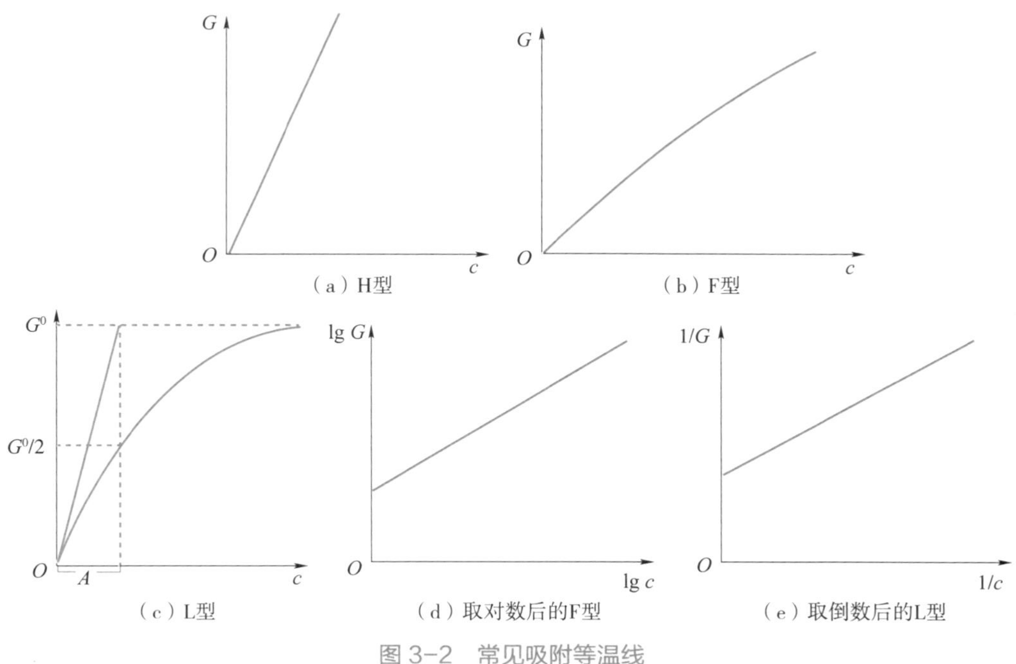

图 3-2　常见吸附等温线

资料来源：王晓蓉．环境化学．南京：南京大学出版社，1993。

（1）H 型吸附等温线为直线［图 3-2（a）］，其方程为

$$G=kc \tag{3-1}$$

式中：G ——吸附平衡时，单位质量颗粒物对溶质的吸附量，$G=X/M$，X 为被吸附溶质的

总量，M 为吸附剂的总量；

k——被吸附化学物质的固－液相间的分配系数；

c——吸附平衡时溶质的浓度。

（2）F 型吸附等温线为指数曲线［图 3-2（b）]，其方程为

$$G = kc^{\frac{1}{n}} \tag{3-2}$$

上式两侧取对数，变为直线［图 3-2（d）]，方程则为

$$\lg G=\lg k+\frac{1}{n}\lg c \tag{3-3}$$

式中：$\lg k$——截距；

$\frac{1}{n}$——斜率。

（3）L 型吸附等温线为一曲线［图 3-2（c）]，其方程为

$$G=G^0c/(A+c) \tag{3-4}$$

上式两侧取倒数，变为直线［图 3-2（e）]，其方程为

$$1/G = 1/G^0 + (A/G^0)(1/c) \tag{3-5}$$

式中：G^0——饱和吸附量；

A——常数，相当于吸附量达到 $G^0/2$ 时的溶液平衡浓度。

上述三种类型的吸附方程式，反映了不同吸附剂与被吸附物的特性，但也与吸附剂和被吸附物的浓度有关。被吸附物浓度较低时，往往是 H 型方程式，浓度较高时往往是 F 型方程式，而 L 型方程式既反映了 H 型（低浓度）区段，又反映了 F 型（高浓度）区段，是 H 型与 F 型的统一。

影响吸附作用的因素很多，其中溶液 pH 是主要因素。例如，水中颗粒物对重金属的吸附，随 pH 的升高总吸附量呈直线上升。颗粒物的粒径和浓度对吸附也有重要的影响。一般来说，颗粒物越小、表面能和表面积越大，吸附作用就越大；在溶质浓度固定时，每单位颗粒物的吸附量一般随颗粒物浓度增大而减小，虽然总吸附剂的吸附总量是增加的。此外，温度变化，离子间的相互作用等对吸附作用也有很大影响。

F 型和 L 型吸附方程已被广泛用于研究小型生物对环境污染物的吸附作用。例如，对单细胞藻类，对水中附着生物和浮游生物，甚至对鱼鳃吸附水中化学物质的作用进行研究时，均可采用上述模型确定化学物质在生物表面的吸附过程及与生物表面之间的相互作用。研究发现，金属离子与 H^+ 以较快的速度发生离子交换而被吸附于单细胞藻类的表面，之后再以扩散的方式逐渐进入细胞。

（二）生物富集动力学

环境污染物在生物体内的富集可以用质量平衡方程描述，即生物体内化学物质富集的净速率取决于生物体对该化学物质的吸收与排出的差值大小，吸收速率比排出速率越大，生物富集的速率就越大。由于生物体是由多种组织器官构成的复杂的有机体，为了描述化学物质浓度在体内的动力学变化，药理学家们建立了一些模型，如一室模型、二室模型、多室模型及生理模型等。在实际工作中要根据所研究问题的具体情况选择适当的模型，并结合对化学物质的化学分析，对体内化学物质的浓度进行估算。本节只对环境污染物生物

富集动力学的基本理论和一室模型进行介绍，为进一步学习和研究生物富集动力学较复杂的模型打好基础。

1. 基本概念

（1）室（compartment）

室又称房室，其含义是假设机体是由一个或多个室组成。在室内，外来化学物质的浓度随时间而变化。在线性动力学模型中，室不代表解剖学的部位，而是理论假设的机体容积。

（2）一级速率过程（first-order rate process）

对于从体内消除化学物质来说，一级速率过程指化学物质在体内随时间变化的速率与其浓度成正比；对于从体外吸收化学物质来说，在体外化学物质浓度恒定的情况下，一级速率过程指化学物质在体内的浓度与吸收时间成正比。线性动力学模型符合一级速率过程。环境污染物在机体内增加的速率（$\mathrm{d}\,c/\mathrm{d}\,t$）与其在体外环境的浓度（$c$）成正比，这与线性动力学模型一致，为一级速率过程，可表达为：

$$\mathrm{d}\,c/\mathrm{d}\,t = k_a c \tag{3-6}$$

式中：$\mathrm{d}\,c/\mathrm{d}\,t$——体内的环境污染物浓度随时间的变化率；

k_a——吸收速率常数；

c——环境污染物在体外环境的浓度。

2. 一室富集动力学模型

一室模型又称单室模型（one compartment model），该模型把机体视为单一的室。一室富集动力学模型认为环境污染物进入机体后能够均匀分布于整个机体之中（图 3-3），环境污染物在体内的浓度为吸收浓度与排出浓度之差，如式（3-7）所示。

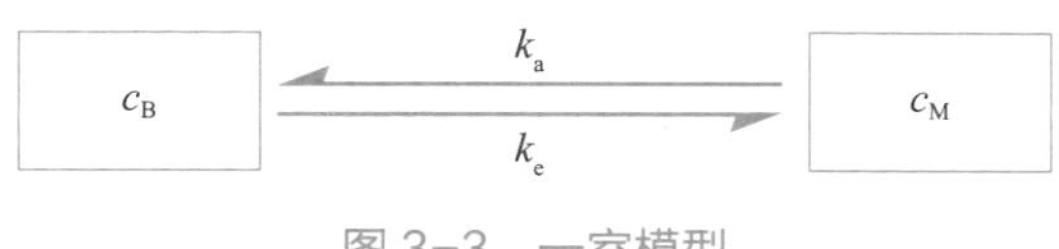

图 3-3 一室模型

$$\frac{\mathrm{d}c_B}{\mathrm{d}t} = k_a c_M - k_e c_B \tag{3-7}$$

式中：c_B——生物体内环境污染物的浓度；

c_M——环境中环境污染物的浓度；

k_a——吸收速率常数；

k_e——消除速率常数。

对式（3-7）进行积分得

$$c_B = \frac{k_a}{k_e} c_M (1 - e^{-k_e t}) \tag{3-8}$$

当环境污染物在环境中的浓度较低时，吸收是一级速率过程，生物富集速率与该环境污染物在环境中的浓度成正比［图 3-4（a）］。当环境污染物在生物体内和体外环境均达到一个稳定状态时，吸收和排出速率相等，环境污染物在体内的浓度与在环境中的浓度达到动态平衡［图 3-4（b）］，即：

$$k_a c_M = k_e c_B \tag{3-9}$$

也即

$$\frac{d\,c_B}{d\,t} = k_a c_M - k_e c_B = 0 \tag{3-10}$$

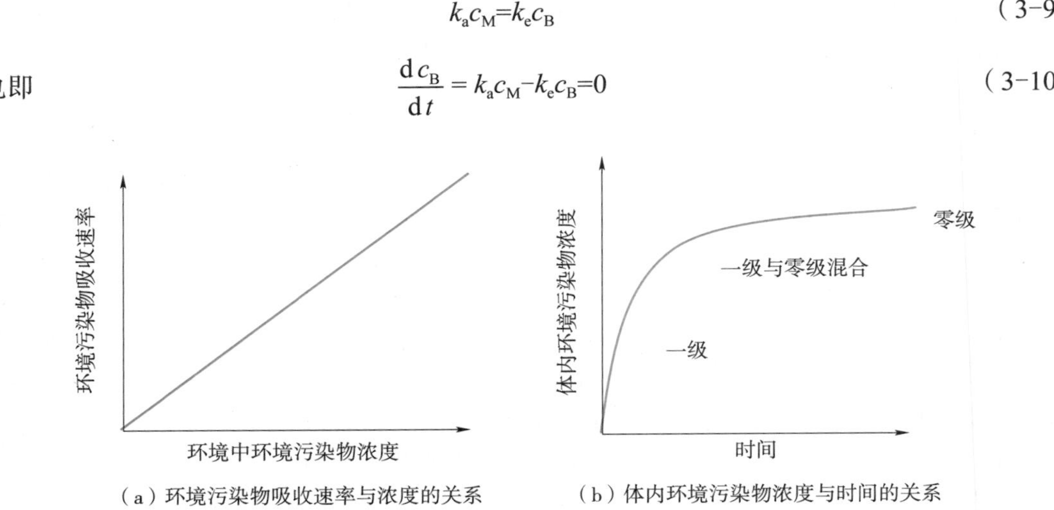

（a）环境污染物吸收速率与浓度的关系　（b）体内环境污染物浓度与时间的关系

图 3-4　生物对环境污染物的吸收速率与动态平衡

此时，系统处于零级反应速率过程。在这种平衡状态下，c_B 与 c_M 之比即为该生物体对该毒物的富集系数。

3. 一室消除动力学模型

此处的消除是指进入体内的环境污染物的排出与代谢转化导致其在体内的量减少的过程。这一消除过程虽然非常复杂，但也可以用房室模型来进行简化描述。

一室消除动力学模型可以用来描述当动物通过消化系统吸收环境污染物后，在不再进食该环境污染物的条件下，动物体内该环境污染物逐渐削减的过程；也可以用来描述生物在污染环境中吸收环境污染物后，再把该生物转移到清洁环境中时，环境污染物从体内消除的动力学过程（图 3-5）。在此模型中，环境污染物从机体内消除的速率（$d\,c_B/d\,t$）与其在体内的浓度（c_B）成正比，为一级速率过程，可表达为：

$$d\,c_B/d\,t = -k_e c_B \tag{3-11}$$

式中：$d\,c_B/d\,t$——环境污染物浓度在体内随时间的变化率；

k_e——消除速率常数；

c_B——环境污染物在体内的浓度。

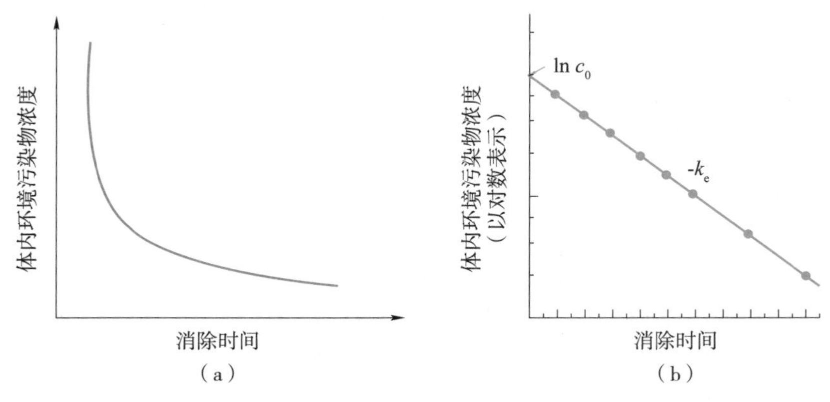

（a）　（b）

图 3-5　环境污染物从体内消除的动力学过程

将式（3-11）积分得式（3-12），用于预测消除过程中从起始浓度（c_0）到任意时间（t）的消除，表示如下式：

$$c_t=c_0\mathrm{e}^{-k_e t} \tag{3-12}$$

式（3-12）描述了环境污染物的指数消除过程［图 3-5（a）］。把体内环境污染物浓度的自然对数对消除时间作图［图 3-5（b）］，所得直线在 y 轴的截距等于体内该环境污染物起始浓度的自然对数值，斜率即为消除速率常数（k_e）的绝对值。所获得的 k_e 值可用于生物富集阶段的非线性拟合，以从上述有关方程式求得吸收速率常数 k_a。

体内环境污染物消除 50% 的时间称为生物半减期（biological half-time，$t_{1/2}$），单位为 min 或 h，公式为：

$$t_{1/2}=(\ln 2)/k_e\approx 0.693/k_e \tag{3-13}$$

一室模型是将整个生物体假设为一个均匀的室，环境污染物在体液（如血液）与组织之间或者是没有障碍的自由扩散，或者是体液中的环境污染物不能被组织吸收（或者非常缓慢地被吸收），二者必居其一才是应用一室模型的理想条件。对于多细胞生物来说，只有在一定条件下才能近似地达到这种要求，这使一室模型的应用受到极大限制。因此，在一室模型的基础上，开发解剖学和生理学相关多室模型的研究受到学术界的重视，但这些新模型很复杂，对数据的采集要求严格而不易满足，从而限制了它的应用。由于生物富集模型的应用对于预测或估计环境污染物生物富集的动态过程十分重要，所以引进计算机科学等的计算理论和方法开展生理学多室模型（又称生理毒代动力学模型，physiologically based toxicokinetic models，PBTK）的研究是生态毒理学生物富集领域的热点研究之一。

三、生物富集系数的测定

生物对外源化学物质的生物富集程度，可用 BCF 来表示，它是在达到平衡时生物体内外源化学物质的浓度与其环境浓度的比值。BCF 只有通过严格的实验室测试才能获得，国际上已制定了标准的实验操作流程，不论理论研究或是应用研究都应当按照国际或国内的标准方法进行，这样获得的结果才有可靠性和可比性。

当生物体中的化学物质浓度与环境中该化学物质的浓度达到动态平衡时，BCF 的计算如下：

$$\mathrm{BCF}=c_B/c_M \tag{3-14}$$

式中：c_B——生物体中化学物质浓度；

c_M——环境中该化学物质浓度。

如用鱼类作为受试生物，上式中 c_B 为鱼类体内化学物质浓度（c_f，mg/kg），c_M 为水中该化学物质浓度（c_w，mg/L），BCF 以 L/kg 表示，如下式所示：

$$\mathrm{BCF}=c_f/c_w \tag{3-15}$$

BCF 只考虑化学物质净吸收，即进入体内的化学物质量减去排出、代谢转化和生长稀释（growth dilution）的数量。生长稀释是指由于生物生长使其体积和体重增加，从而导致化学物质在体内的浓度下降的现象。在生物富集中生物吸收与生物清除之间的关系，对于水生生物（如鱼类）来说，可用以下数学方程式表示。

$$\frac{\mathrm{d}c_B}{\mathrm{d}t}=k_1c_{WD}-(k_2+k_E+k_M+k_G)c_B \tag{3-16}$$

式中：c_B——在生物体内某外源化学物质的浓度，g/kg；

t——时间，d；

k_1——通过呼吸道和皮肤从水中吸收该外源化学物质的速率常数，L/（kg·d）；

c_{WD}——水中该外源化学物质的自由溶解态浓度，g/L；

k_2、k_E、k_M、k_G——分别指体内该外源化学物质通过呼吸道及皮肤排出速率常数、排泄物排出速率常数、代谢转化速率常数、生长稀释的速率常数。

当吸收与清除达到平衡时，外源化学物质在生物体中浓度及在水体中的浓度均不再发生变化，则 $\mathrm{d}\,c_B/\mathrm{d}\,t=0$，式（3-17）就可以计算生物富集系数：

$$\mathrm{BCF}=\frac{c_B}{c_{WD}}=\frac{k_1}{k_2+k_E+k_M+k_G} \qquad (3\text{-}17)$$

BCF 的大小与化学物质、生物及环境因素等有关，但生物是这个过程的主体。不同种类的生物对同一化学物质的 BCF 不同。同一生物对不同化学物质的 BCF 也不同，如海洋浮游类生物对碳、磷、氮的 BCF 分别为 10^4、10^5、10^6，而对不同重金属的 BCF 在 10^2～10^5 变化。同一生物体的不同部分对化学物质的富集能力也不同。例如，DDT、六六六等脂溶性强的有机化学物质可大量积累在脂肪组织中；全氟有机化学物质对蛋白质有较强的亲和力，主要储存于蛋白质丰富的组织器官；铅、锶、钡等重金属元素容易与骨质中的羟基磷灰石化学物质结合，故主要在骨骼中储存；而甲状腺对碘的亲和力强，故进入机体中的碘主要储存在甲状腺。

目前，关于 BCF 的测试，绝大部分集中于对水环境的研究，并已经形成了系统的理论和方法，认为水生生物对化学物质生物富集的理论基础是建立在被动扩散基础上的相平衡分配理论。该理论把生物体看作一个相，把水体看作一个相，在未达到分配平衡时，化学物质从高浓度的水体向低浓度的生物体内渗透扩散，直到化学物质在两相间达到平衡。由于只有溶解态的化学物质才能由水相自由扩散渗透进入生物体 / 相，而化学物质在水中的溶解态浓度受多种因素（如颗粒物、有机质、温度、酸碱度等）的影响，所以由此引出了对化学物质可利用性（bioavailability）研究的领域（详见本章第三节）。关于陆生生物对化学物质生物富集的研究还很少，故其 BCF 测试有待进一步完善。

四、生物富集预测模型

由于进入生态环境中的化学污染物种类繁多，因此对每一种化学物质都进行实验室试验和野外测定以评判其有无生物可富集性是不可能的。为此，人类只能采用生物富集模型对环境污染物的可富集性潜力进行预测。常见的生物富集模型主要有两类：一类是根据生物对目标化学物质的各种吸收和清除系数而建立起来的模型，被称为机理模型，如上所述，可分为单室模型和多室模型；另一类模型是根据一些生物富集系数已知的化学物质的化学结构和理化特性，进行生物富集潜力与化学结构（或理化特性）之间的相关分析，建立定量关系模型，被称为经验模型，也称为化学物质的定量结构 - 活性关系（quantitative structure-activity relationship，QSAR）模型。对于未知生物富集系数的化学物质，可通过 QSAR 模型，根据其化学结构和理化特性对该化学物质的富集潜力进行预测。

生物富集的机理模型通过生物对环境污染物吸收和清除过程的定量参数来预测该环境

污染物在生物体内的浓度。生物对环境污染物的吸收主要通过呼吸途径（如鱼类主要通过鳃吸收水环境污染物、陆生高等动物主要通过肺吸收大气环境污染物等）、消化道途径和皮肤；而生物对进入体内的环境污染物主要通过呼吸、皮肤扩散、排泄物（如粪、尿、汗液等）进行消除，还可以通过体内代谢转化、生长稀释及代际传递（母体产仔、产卵）进行消除或稀释。在明确生物对某种环境污染物的吸收和消除（包括生长稀释，下同）速率的前提下，根据质量平衡原理可预测该环境污染物在生物体内浓度的变化。对于水生生物（以鱼类为主）一般采用一室模型，假设化学物质的吸收和清除符合一级动力学方程，求出各个过程的速率常数，故又称速率常数模型。对于陆生高等动物，多室模型更符合实际情况，但其建模和应用比较复杂。至今不同作者对水生生物和陆生生物均构建了多种生物富集的机理模型，足见生物富集模型研究的重要性和复杂性。

经验模型包括疏水性模型、分子连接性指数法、分子片段常数法、量子化学描述法等。其中，大家最熟知的是疏水性模型，它是关于生物富集潜力与环境污染物正辛醇/水分配系数（octanol-water partition coefficient，K_{OW}）之间相关关系的模型。在疏水性模型中，关于 lg BCF-lg K_{OW} 模型研究最多，例如，尼利（Neely W. B.）等（1974）通过虹鳟鱼对一系列化学物质生物富集的研究，获得化学物质 K_{OW} 与 BCF 值之间的回归方程为：

$$\lg BCF = 0.542 \lg K_{OW} + 0.124 \quad (3\text{-}18)$$

维茨（Veith G. D.）等（1979）用更多的化学物质进行了上述试验，获得的回归方程为：

$$\lg BCF = 0.85 \lg K_{OW} - 0.70 \quad (3\text{-}19)$$

这些模型可以较好地预测鱼类对 lg K_{OW}<6 的化学物质的 BCF，但不适于疏水性过强的化学物质。

除鱼类外，对于无脊椎动物（如蚯蚓）也有关于 lg BCF-lg K_{OW} 模型的研究报道，表明 lg BCF 与土壤间隙水中化学物质 lg K_{OW} 存在相关关系。至于鸟类和哺乳类动物这方面的研究较少。

总之，机理模型是以生物为主的模型，而经验模型是以化学为主的模型，二者的有机结合可能是今后生物富集模型研究的一个重要方向。

第二节 生物放大

一、生物放大概念及其生态毒理学意义

（一）生物放大概念

生物放大是指相对于食物（或被捕食者、猎物）中的外源化学物质浓度而言，在生物（捕食者）体内或其特殊组织中该化学物质浓度的增加。也就是说，生物放大是表征生物通过食物获得外源化学物质并导致其在体内增加的过程。生物放大的水平可用生物放大系数（biomagnification factor，BMF）来表示。

食物链放大（trophic magnification）是与生物放大密切相关的一个专业术语，它是指生物体内的外源化学物质浓度由于食性关系随着食物链生物营养级的增高而增加的现象和过程。在存在两个或以上营养级的食物链中，环境污染物食物链放大的结果可使食物链高

营养级生物机体中某种或某些化学物质的浓度大大超过环境浓度，甚至导致高营养级生物（如人类、食肉禽类等）发生急性或慢性中毒。环境污染物的食物链放大程度可用食物链放大系数（trophic magnification，TMF）来表示。

由于生物放大和食物链放大两个术语的相似性，所以有的文献定义二者均是指在食物链中由于高营养级生物以低营养级生物为食，某种元素或难降解物质在不同营养级生物体内浓度随营养级提高而增大的现象。图 3-6 显示了 DDT 在食物链（网）的放大现象。

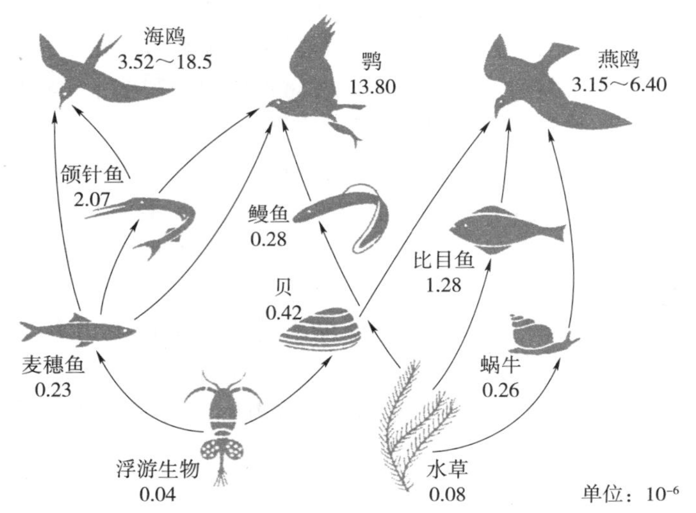

图 3-6 从浮游生物（或水草）到水鸟的食物链中 DDT 质量分数的增加

根据生态系统的不同，存在有水生食物链、陆生食物链及两栖食物链等。不同食物链由于生态环境、化学物质暴露、吸收和清除途径各不相同，所以化学物质在不同食物链上的传递及积累规律有很大差异。目前，以鱼为核心的水生食物链研究较多，而对外源化学物质在陆生食物链及两栖食物链上传递规律的研究很少，有待进一步加强。

（二）生物放大的生态毒理学意义

环境污染物进入生物体以后，可以通过食物链或食物网传递。在每一次传递中，环境污染物在捕食者体内的命运都要受其摄食速率、代谢转化及排泄、消除等生物过程的影响。因此，环境污染物在捕食者体内的浓度比在被捕食者体内的浓度是增加还是减少，随环境污染物的种类而不同，也随捕食者的种类而改变。进入生物体内的环境污染物浓度随营养级传递的变化有三种：一是生物放大，即环境污染物从一个营养级（被捕食者）到下一个营养级（捕食者）的传递中浓度增加；二是生物缩小（biominification），即环境污染物在生物体内的浓度随营养级的增加而减少，又称营养稀释（trophic dilution）或食物链稀释；三是生物稳定，即环境污染物在生物体内的浓度不随营养级的升高而改变，在捕食者与被捕食者体内的浓度是相似的，在统计学上没有显著增加或减少。

环境污染物在营养级传递中的结局不同，其生态学意义也不同。对于生物缩小和生物稳定的环境污染物来说，如果其在生物体内的浓度很低，其生态毒理学的作用可能只局限在一定营养地位的生物种类，对顶级捕食者的影响可能不大；但是对于毒性大、浓度高的化学物质来说，即使没有生物放大，仅仅在初级生产者的生物富集也可能对捕食者，包括对人类造成危害，如水稻对水田土壤环境中镉的富集导致产出含镉量很高的大米，长期食用者可引起痛痛病。对于具有生物放大特性的环境污染物，其生态毒害作用广泛，可能危及整个食物链或食物网，直至危害到顶级捕食者，包括人类。对于这类化学物质，往往是生态毒理学研究首要关注的，如 DDT、六六六、甲基汞等。有些环境污染物，如 DDT、六六六、多氯联苯（polychlorinated biphenyls，PCBs）等不仅是持久性有机污染物（POPs），而且属于环境内分泌干扰物，随着营养级传递而逐渐放大，由环境中低浓度演变成高营养地位生物体内的高浓度，甚至达到中毒浓度，对于捕食者不仅引起一般毒性作用，有的还可引起“三致”作用，甚至引起生殖异常、雄性功能减弱、子代性别比例改变等严重生态毒理学问题。由于环境污染物的生物放大对生态系统包括对人体健康的危害如此严重，所以在环境污染物的生态风险评价中，必须考虑环境污染物生物放大的可能性。

二、金属和类金属的生物放大

环境中的许多重金属和类金属元素可被生物直接吸收并富集，甚至还可以随生物年龄的增加而在体内增加，但在金属生物放大问题上尚存在争议。有的学者认为，大多数金属和类金属在生物体内的浓度不因营养地位的升高而增加，即不存在生物放大；而有的学者却报道多种金属有生物放大作用。这可能与不同研究者对金属生物放大概念的理解不同或所采用的研究方法不同有关。

在水生生物系统中，汞的生物放大作用早已被发现。有的认为，硒、砷及锌随营养地位的增高而增加。但是，主张金属没有生物放大的研究者推测只是甲基汞而不是无机汞在生物体内的浓度随生物营养地位的增高而增加。

食物链是生物放大的生物学基础，例如，桡足类动物、藤壶及牡蛎等动物很难吸收和积累水中溶解的砷。但是，如果有浮游生物存在，由于浮游生物能够吸收和富集砷化合物，上述桡足类、藤壶及牡蛎等动物可以通过食用这些浮游生物而将砷吸收在体内。另外，这些浮游生物能把从环境中吸收的高毒的砷无机化合物演变成低毒的有机砷，而有机砷在生物体内可以高浓度储存并随着食物链传递而放大。

不同生物对金属和类金属的富集能力不同，从而影响金属的生物放大。在一个海洋模式生态系统中研究藤壶、蛤、牡蛎、蓝蟹及沙蚕等五种动物对 Hg、Fe、Be、Zn、Mn、Cd、Cr、Cu、Se、As 10 种金属和类金属的生物富集作用，结果证明，藤壶和沙蚕的生物富集能力较大，牡蛎和蛤次之，蓝蟹最小。这种差异就会导致以它们为食的动物对这些金属和类金属的吸收和放大。

生物对金属和类金属的放大作用不仅与对金属和类金属的吸收速率有关，而且与金属和类金属的消除速率有关。例如，钾（K）与铯（Cs）被生物吸收的效率相似，均很高，但 Cs 的消除速率比 K 慢得多，所以 Cs 在每次营养交换中均有净增长的可能，这使得 Cs 在几条不同的食物链中均有生物放大作用。如在植物→黑尾鹿（*Odocoileus hemionus*）→美洲狮（*Puma concolor*）这条食物链中，^{137}Cs 表现有生物放大作用，且从黑尾鹿到美洲狮，^{137}Cs 有 3～4 倍的增加。

金属和类金属的生物放大作用还与被捕食者对金属和类金属的抗性机制有关。在无脊椎动物细胞内有形成某种颗粒物质将金属和类金属包于其中的防护机制，这降低了金属和类金属对被捕食者的毒性作用，同时也降低了捕食者对该颗粒中金属的生物可利用性，从而阻碍了金属的生物放大作用。例如，黍螺（*Littorina littorea*）能在细胞内形成颗粒物将吸收的 Zn 包裹起来，使捕食黍螺的生物对颗粒中的 Zn 很难同化而随粪排泄到体外。

三、环境有机化学物质的生物放大

许多 POPs 是生物体不易代谢和消除的有机化合物，可随营养级传递而发生生物放大。有机氯杀虫剂 DDT 是一种脂溶性的、不易分解的 POPs，具有典型的生物放大作用。DDT、DDE、DDD 或者它们的总和可随每次营养级传递而增加。在 20 世纪 60 年代，美国长岛河口区的大气中 DDT 的浓度为 0.03×10^{-10}，水中 DDT 的浓度或更低，然而水中浮游生物体内的 DDT 含量为 0.04×10^{-6}，富集系数为 1.3 万（以大气中 DDT 的浓度为基数）；以浮游生物为食的小鱼体内浓度为 0.5×10^{-6}，以小鱼为食的大鱼体内浓度为 2×10^{-6}，以大鱼为食的海鸟体内浓度为 25×10^{-6}，它们的富集系数分别为 16.7 万、66.7 万及 833.3 万（图 3-7）。早在 1963 年，生态毒理学的早期研究就已发现，DDT 的生物放大给食肉性鸟类带来灭顶之灾，这些鸟类吃了富集 DDT 的小虫或鱼类，体内的 DDT 或其衍生物浓度增高，导致产下的卵的卵壳很薄，在孵出小鸟之前很易破碎，严重影响鸟类繁殖。美国国鸟白头海雕（*Haliaeetus leucocephalus*）曾因此几近灭绝，英国雀鹰（*Accipiter nisus*）也曾因此而显著减少。

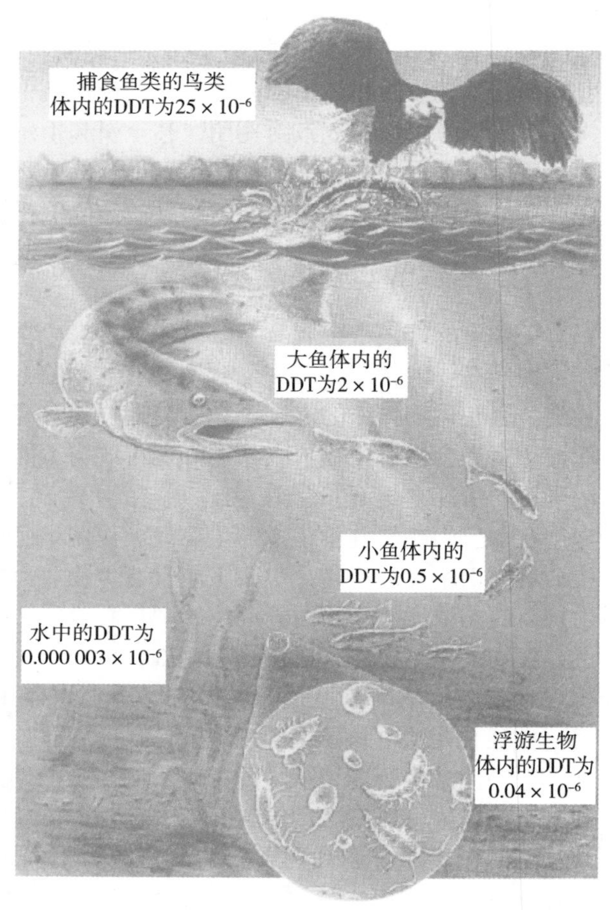

图 3-7　DDT 通过食物链的生物放大

多氯联苯（PCBs）的生物放大也经常可见。对加拿大 83 个湖中的虹鳟鱼食物链不同营养级生物体内 PCBs 浓度进行研究，发现每一次营养级传递均使 PCBs 的浓度提高 3.5 倍左右，生物放大非常明显。对北波罗的海的食物网进行的研究发现，既是 POPs 又是内分泌干扰物的二苯并 - 对 - 二噁英和二苯并呋喃也随营养地位的增高而在生物体内浓度增加。湖泊底泥的研究发现，二噁英可通过生物放大对水生生物和人体健康造成不利影响。

有机化学物质的生物放大与其物理化学性质有关。有机化合物的 K_{OW} 与生物可利用性有关，从而影响它的生物放大作用。因此，从化合物的 lg K_{OW} 值可以预测其生物放大的可能性。汤曼（Thomann，1989）指出 lg K_{OW} 值在 5～7 的化学物质一般可被生物放大。他认为，对较低营养级的生物来说，如浮游植物，对 lg K_{OW} 值在 7 以上或 5 以下的化合物的吸收效率较低，不利于生物放大。

生物放大还与有机化合物的结构有关，不容易被代谢分解的异构体往往容易生物放大。例如，在某种淡水营养链中，由于氯丹的反式异构体不易被代谢消除而比顺式异构体易于生物放大。我国一项关于新型溴代阻燃剂（novel brominated flame retardants，NBFRs）在南海西沙群岛海域珊瑚礁食物网中的富集和营养级传递研究表明，NBFRs 在海参、蟹类、贝类、草食性鱼和肉食性鱼等物种及其组成的不同食物链中均有富集或营养放大，且与其疏水性呈正相关，而与其代谢速率呈负相关，证明 NBFRs 的生物富集或放大与其分子结构相关。

同一同系物中的不同化合物可表现不同的生物放大。例如，北冰洋的北极鳕（*Boreogadus saida*）→环斑海豹（*Phoca hispida*）→北极熊（*Ursus maritimus*）各营养级对 PCBs 同系物的放大不同。具有 3 个或 4 个氯的 PCBs 在鳕鱼体内浓度最高，有 5 个或 6 个氯的 PCBs 在海豹体内浓度最高，而有 6 个或 7 个氯的 PCBs 在北极熊体内浓度最高。对波罗的海的绒鸭（*Somateria mollissima*）食物链的研究发现，虽然二苯并 - 对 - 二噁英和二苯并呋喃的总浓度没有随营养级传递而增加，但毒性最大的同系物在绒鸭生物放大到很高的程度。这也说明，生物放大是一个生物学过程，它对化学物质的结构有很精细的选择。

生物年龄可影响生物放大对化学物质的选择性。年龄大的海豹比年龄小的海豹体内高度氯化的 PCBs 的浓度更高，其原因可能与该生物体对氯化程度越高的 PCBs 消除越慢有关。另外，动物在不同年龄往往选择不同的食物，也会影响富集的化学物质种类。

生物体脂的含量与脂溶性有机物的生物放大有关。虹鳟鱼体内 PCBs 的生物放大与体脂含量呈正相关，这主要是因为脂肪组织是脂溶性有机物储存库。

四、生物放大测定技术与方法

（一）概述

生物放大系数（BMF）又称生物放大因子，是用以表示外源化学物质生物放大水平的重要参数。BMF 是指在稳态下捕食者体内某种物质的浓度与被捕食者（猎物、食物）该物质浓度之比。BMF 的数学表达式为生物与其食物中外源化学物质的浓度比。

$$\mathrm{BMF} = c_{\mathrm{B}}/c_{\mathrm{food}} \qquad (3\text{-}20)$$

对于 BMF 更精确的计算，例如，对于亲脂性有机污染物通常用脂肪归一化浓度表示，而对于与蛋白质亲和力强的物质（如全氟辛烷磺酸类化学物质）则常用蛋白质归一化的浓度表示。

BMF 可以通过严格排除生物富集的实验研究获得，而野外研究获取的 BMF 实际上包含了生物富集的作用。例如，OECD 关于生物放大测定导则中指出，由于在实验中小心地避免了环境污染物通过水相对鱼的暴露，因而由此实验获得的该化学物质的 BMF 值不可以与来自野外研究取得的 BMF 值进行直接比较，这是因为在野外该化学物质可能既通过食物暴露，同时也通过水相暴露而进入鱼体。也就是说，野外鱼体中的环境污染物，既可来自周围水环境（属于生物富集），也可来自食物（属于生物放大）。

（二）生物放大系数的测定方法

环境污染物 BMF 的测定方法有多种，以下介绍几种常见的基本方法。

1. 对 BMF 测定的实验室方法

一个化学物质准确的 BMF，可以通过严格控制的室内实验获得。OECD 2012 年发布了化学物质在鱼中通过食物暴露造成的生物富集的室内实验标准方法。利用该方法可以测得化合物的生物放大系数。该方法首先将待测化学物质定量加入食物中制成染毒食物，再将测试鱼类暴露在染毒食物下 7～14 d（暴露期），然后用清洁食物继续喂养 28 d 左右（清除期）或至测试鱼体内化学物质浓度低于检测限。于暴露期和清除期不同的时间点采集鱼样品，测定化学物质的浓度，然后根据下列公式计算，求出化学物质的 BMF。

首先，求出在清除期化学物质的清除速率（k_2）。一般化学物质的清除符合一级动力学方程。因此将清除期各采样点鱼体内化学物质的浓度进行对数转换，然后对清除时间作图。二者线性回归方程的斜率即为化学物质的清除速率（k_2）。

求得清除速率后，利用如下公式求出化学物质的同化效率（a）。

$$a=\frac{c_{0,\mathrm{d}}\cdot k_2}{I\cdot c_{\mathrm{food}}}\cdot\frac{1}{1-\mathrm{e}^{-k_2 t}} \tag{3-21}$$

式中：$c_{0,\mathrm{d}}$——清除期开始时测试生物体内化学物质的浓度，mg/kg；

k_2——化学物质的清除速率，d^{-1}；

I——喂食的速率，$\mathrm{g}_{食物}/(\mathrm{g}_{鱼}\cdot\mathrm{d})$；

c_{food}——染毒食物中化学物质的浓度，mg/kg；

t——暴露期的时间，d。

如果在暴露期化学物质浓度直线上升期间采集生物样品，也可以利用如下方程求出化学物质的同化效率：

$$a=\frac{c_{\mathrm{fish}}(t)}{I\times c_{\mathrm{food}}\times t} \tag{3-22}$$

式中：$c_{\mathrm{fish}}(\mathrm{t})$——暴露期间 t 时刻鱼体内化学物质的浓度，mg/kg；

I——喂食的速率，$\mathrm{g}_{食物}/(\mathrm{g}_{鱼}\cdot\mathrm{d})$；

c_{food}——染毒食物中化学物质的浓度，mg/kg；

t——暴露期的时间，d。

生物放大系数（BMF）由下式求得：

$$\mathrm{BMF}=\frac{I\times a}{k_2} \tag{3-23}$$

2. 对 BMF 测定的野外监测技术

首先需要明确的一点是利用野外监测数据计算得到的 BMF 实际上是包含了生物直接从环境而非食物中获取的化学污染物。因此，当非生命环境（如水、空气、土壤等）中该化学物质浓度很低时，才可以采用本计算方法。野外监测测定化学物质生物放大系数最简单的计算方法就是用捕食者（营养级 n）体内环境污染物浓度（c_n）除以比其低一个营养级的被捕食者（营养级 n-1）体内该环境污染物的浓度（c_{n-1}）。据此，生物放大系数（BMF）的估算如下式所示：

$$\mathrm{BMF}=\frac{c_n}{c_{n-1}} \tag{3-24}$$

BMF 也可以用两个相邻营养级（n，n-1）的多个个体样本的体重（W）加权平均浓度来估算：

$$\mathrm{BMF}=\frac{\left(\sum_{i=1}^{x}c_{n,i}W_{n,i}\right)\left(\sum_{j=1}^{z}W_{n-1,j}\right)}{\left(\sum_{j=1}^{z}c_{n-1,j}W_{n-1,j}\right)\left(\sum_{i=1}^{x}W_{n,i}\right)} \tag{3-25}$$

式中：n 与 n-1 ——分别代表两个相邻营养级生物，即捕食者与被捕食者；

W_n ——捕食者（营养级 n）个体样本的体重；

W_{n-1} ——被捕食者（营养级 n-1）个体样本的体重；

c_n ——捕食者（营养级 n）体内环境污染物浓度；

c_{n-1} ——被捕食者（营养级 n-1）体内环境污染物的浓度。

3. 水生生物 BMF 的野外测定与估算

在野外调查研究中，对于水生动物，其体内环境污染物实际上既来源于食物又来源于水中。一般来说，环境污染物在水生食物链的 BMF 估算，可以采用不同营养级生物体内化学物质的浓度（c_B）与其水中浓度（c_W）的比值（R）来估算：

$$R=\frac{c_B}{c_W} \tag{3-26}$$

式中：c_B——生物体化学物质浓度；

c_W——水中化学物质的浓度。

对同一个食物链的不同营养级生物的 R 值进行比较，可以了解某化学物质的浓度是否随营养级地位的提高而增大，从而判断该化学物质是否有生物放大作用。

$$\mathrm{BMF}=R_n/R_{n-1} \tag{3-27}$$

式中：R_n —— 捕食者（营养级 n）的 R 值；

R_{n-1} —— 被捕食者（营养级 n-1）的 R 值。

4. 利用动力学方法求解 BMF

除可以利用平衡时捕食者和被捕食者体内化学物质的浓度来计算 BMF 值外，还可以利用动力学的方法直接求解。对于只通过取食造成的化学物质的增加，生物体内化学物质的浓度随时间存在如下微分方程：

$$\frac{\mathrm{d}c_n}{\mathrm{d}t}=A\cdot R\cdot c_{n-1}-(k_e+k_g)c_n \tag{3-28}$$

式中：c_n —— n 营养级生物体内该化学物质浓度；

c_{n-1} —— n-1 营养级生物体内该化学物质浓度；

R —— n 级生物对 n-1 级生物的摄食率；

A —— n 级生物对 n-1 级生物中该化学物质的吸收率；

k_e —— n 级生物体中该化学物质的消除速率常数；

k_g —— n 级生物的生长速率常数。

当生物富集速率达到平衡时，$\mathrm{d}c_n/\mathrm{d}t=0$，式（3-29）即为：

$$A\cdot R\cdot c_{n-1}=(k_e+k_g)c_n \tag{3-29}$$

生物放大系数则为：

$$\mathrm{BMF}=\frac{c_n}{c_{n-1}}=\frac{A\cdot R}{k_\mathrm{e}+k_\mathrm{g}} \tag{3-30}$$

从上式可知，$A\cdot R/(k_e+k_g)$ 大于 1 时，该化学物质才有生物放大作用。通常 $R>k_g$，故 R/k_g 总大于 1，k_e 越小、A 越大的物质，生物放大也越显著。

值得注意的是，任何营养级的生物都离不开对水的摄取，如果水被化学物质污染，在估算 BMF 时不仅要考虑食源化学物质，还要考虑水源化学物质，这在野外调查测定中是必须要考虑的。但是，如果环境污染物在水中的浓度很低时，在一定情况下，可忽略不计。如果环境污染物在水中的浓度高时，则需要进行室内实验，在可控条件下，对野外测定结果进行验证。

（三）物种营养级确定与 BMF 测定的联合方法

在野外调查中，对于环境污染物生物放大的估算，物种营养级（trophic level，TL）的确定很重要，但很复杂，有时也很困难。目前对于物种在生态系统中营养级的确定及其对化学物质生物放大的研究，一般采用二者联合的方法。

1. 确定物种营养级的生态学经典方法

对于野生动物物种在食物链中营养地位的确定，生态学的经典方法一般多从生态学文献资料中提取信息，但其准确性有一定的局限性。这是因为一个物种对食物的摄取策略往往随其年龄、季节、生态系统的变化而改变。为此，调查者不得不通过观察物种间相互作用及分析肠中的残留食物来减少这些不确定性。然而，大多数这样的调查及 BMF 的计算都把特定物种的营养级粗放地简化为生产者（1 级）、初级消费者（2 级）及次级消费者（3 级）。这种方法对于在几个营养级里取食的生物来说往往是不精确的，在对此类方法获取的 BMF 结果进行分析时，一定要采取去伪存真、谨慎鉴别的策略。因此，在这一方法获得的物种营养级基础上进行的 BMF 研究结果，一般尚需进一步验证才能最终确定。对于这一经典方法而言，经验丰富的研究者往往可以得到较为正确的结论。图 3-8 为不同动物从不同营养级取食的例子。

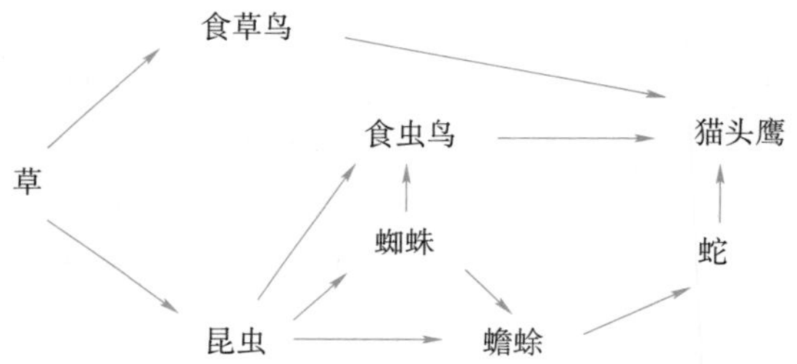

图 3-8 不同动物从不同营养级取食的例子

注：食虫鸟或蟾蜍可以从第 2 营养级（草—昆虫）取食，也可以从第 3 营养级（草—昆虫—蜘蛛）取食；而猫头鹰可从第 2、3、4、5 营养级取食。

为了解决食物来源多样化和食物处在不同营养级秩列等对生物营养级的定位所带来的困惑，科学家提出对物种营养级按下面公式进行计算：

$$\mathrm{TL}=1+\sum_j \mathrm{TL}_j f_{ij} \tag{3-31}$$

式中：TL——动物所处的营养级；

TL_j——第 j 种被捕获动物（食物）的营养等级；

f_{ij}——第 j 种被捕获动物（食物）占该捕食者食物的比例。

但在实际应用过程中，由于对各种食物所占的比例往往很难得到精确的量化，因此，用上述方法进行物种营养级的精确定位仍然存在较大的困难。

2. 确定物种营养级的实验室方法

生物营养级的确定问题也可以根据对文献分析和现场调查的结果进行实验室研究，在实验室可控条件下选择适宜的捕食者和被捕食者研究某种环境污染物有无生物放大作用。实验室研究对于野外现场调查的结果具有验证作用。

在实验室研究中，虽然实验物种的营养地位是确定的，但是这种人为设计的营养结构相较于自然生态系统中这些生物的营养动态可能会发生偏差。

因此，实验室研究虽然对于野外关于营养级的调查结论有一定的验证作用，但它是在野外调查的基础上设计的，所以实验室研究不能代替野外调查。为此，在实际工作中二者均应受到重视，相互补充、相互验证。

3. 稳定同位素技术

稳定性同位素（stable isotope）是指元素周期表中天然存在的具有相同原子序数、不同的原子量、化学性质基本相同，而半衰期大于 10^{15} 年的元素。例如，^{12}C 和 ^{13}C、^{14}N 和 ^{15}N 就分别是碳和氮的两个稳定同位素。任一元素的两个稳定同位素在自然界中的相对丰度基本上是一定的，如 ^{13}C 的相对丰度为 1.1%，^{12}C 的相对丰度为 98.9%。但当它们进入生物体内后，由于不同质量的元素在代谢速率、消除速率上存在差别（一般轻元素比重元素有更快的代谢速率），因此，当代谢达到平衡时，留在体内的重元素的相对丰度会增加。这一过程也称同位素的质量分馏效应。随着元素的不同同位素（如 ^{14}N、^{15}N）由低营养级进入高营养级，每升高一个营养级其重同位素的相对丰度就相应增加一次，营养级越高的物种其体内该重同位素的相对丰度就越大。稳定同位素技术（stable isotope techniques）就是测定元素的重 / 轻同位素比值的一整套方法和技术。稳定同位素技术使准确定位物种的营养级、定量研究化学物质的生物放大成为可能。

除少数元素（如氯、溴等）外，多数元素的重同位素的丰度都远低于其轻同位素。因此，重 / 轻同位素比值的绝对数值一般都很小，重 / 轻同位素比值变化的绝对数值更小。因此，在实际检测中，并不是直接给出重 / 轻同位素比值的绝对值，而是给出一个经过标准物质进行标准化处理的相对值，如对于氮元素，其标准物质就是氮气。以当地空气中的氮气作为标准，其他物质的稳定氮同位素比值（δ^{15}N）标准化处理为：

$$\delta^{15}\mathrm{N}=\left(\frac{\delta^{15}\mathrm{N}_{样品}/\delta^{14}\mathrm{N}_{样品}}{\delta^{15}\mathrm{N}_{空气}/\delta^{14}\mathrm{N}_{空气}}-1\right)\times 1\,000 \tag{3-32}$$

研究发现，δ^{15}N 是最适合用于物种的营养级定位的一个指标。这是因为氮的同位素质量分馏效应很明显，随着物种营养地位的提高，体内 δ^{15}N 值的差异更大。第 n 级生物与其食物 n-1 级之间 δ^{15}N 值的差异称为营养级富集系数（$\Delta\delta^{15}$N）。物种每升高一个营养级，其 δ^{15}N 值就相应增加一个营养级富集系数。因此，对某一特定食物链 / 网或生态系统中物种的营养级可利用如下公式进行计算：

$$\mathrm{TL}=\lambda+(\delta^{15}\mathrm{N}_{消费者}-\delta^{15}\mathrm{N}_{基底})/\Delta\delta^{15}\mathrm{N} \tag{3-33}$$

式中：TL——物种所处的营养级；

λ——食物链中基底生物所处的营养级［基底生物指能准确定位营养级的生物，如基底生物为植物（初级生产者）的，则 λ=1；若基底生物为初级消费者，则 λ=2］；

$\delta^{15}N_{消费者}$——消费者的稳定氮同位素比值；

$\delta^{15}N_{基底}$——基底生物的稳定氮同位素比值；

$\Delta\delta^{15}N$——该生态系统中氮的营养级富集系数。

$\Delta\delta^{15}N$ 可以在严格控制的条件下通过实验室试验获得，也可由野外大量样本的采样分析经统计后得到，还可以通过文献查阅获得。不同物种、不同生态系统中这种氮的营养级富集系数可能存在差别，一般位于 2‰～5‰。水生食物链的氮营养级富集系数平均约为 3.4‰。

在实际应用中常见到直接利用生物的 $\delta^{15}N$ 来表示生物所处营养级的相对高低。值得注意的是，如果直接用 $\delta^{15}N$ 比较不同物种营养级的高低，则需要所采集（比较）的不同物种的基底生物（如植物）氮稳定同位素相同。否则，由于互相不在同一个食物链或生态系统里，是不能直接进行比较的。但是，如果按式（3-33）换算成 TL 后，则可直接进行比较。为了说明这一问题，下面举两个例子。

例 1：在某一池塘采得了田螺、虾、鲮鱼、鲫鱼、水蛇和乌鳢样品，测得上述 6 种生物肌肉中的 $\delta^{15}N$ 分别为 6.3‰、9.4‰、10‰、10.7‰、12.7‰和 14.1‰，如果不换算成 TL，这里的 $\delta^{15}N$ 的值可以直接用来比较各种生物在此池塘（特定生态系统）相对营养级的高低。通过式（3-33）换算成 TL 时，田螺是这些物种的基底生物。由于田螺是植食动物（初级消费者），故其营养级为 2，如上所述水生生物中的氮营养级富集系数平均为 3.4‰，则通过式（3-33）换算得到田螺、虾、鲮鱼、鲫鱼、水蛇和乌鳢的营养级分别为 2、2.91、3.15、3.38、3.88 和 4.59。

例 2：在某一湿地捕得 5 种水鸟：白胸苦恶鸟、蓝胸秧鸡、赤眼田鸡、扇尾沙锥和池鹭。测得 5 种鸟肌肉组织的 $\delta^{15}N$ 值分别为 9.01‰、7.04‰、8.5‰、9.4‰和 10.7‰。由于没有可以直接定级的基底生物，所以无法将上述 $\delta^{15}N$ 直接换算成 TL，但这 5 种鸟的 $\delta^{15}N$ 可以直接用来比较它们在本生态系统中的相对营养级高低，如池鹭比蓝胸秧鸡高近一个营养级（以 3.84‰作为营养级富集系数）。

上述例 1 中的 $\delta^{15}N$ 值不能直接用来和例 2 中的 $\delta^{15}N$ 值比较生物营养级的高低。例如，不能说例 1 中的鲫鱼与例 2 中的池鹭处在同一营养级（$\delta^{15}N$ 均为 10.7‰），因为其基底生物的 $\delta^{15}N$ 可能并不相同。假如采集并测得了例 2 中基底生物的 $\delta^{15}N$ 值，并按式（3-33）计算出了例 2 中 5 种水鸟的 TL，则例 1 与例 2 中的 TL 值就可以直接进行比较了。

有了各个物种的 $\delta^{15}N$ 的数据后，可以将不同物种的营养级高低确定下来，也可直接使用 $\delta^{15}N$ 来表征同一个生态系统中不同物种营养级的相对高低，然后再将其与各物种体内的化学物质浓度进行相关分析，就可以判断化合物是否存在食物链放大的问题（图 3-9）。

在实际应用过程中，并不是直接利用浓度和营养级进行回归分析，而是利用浓度的对数值与营养级进行回归分析。因为浓度的对数值与营养级间往往存在线性相关性，即：

$$\ln c = a + b \times \mathrm{TL}\ (或\ \delta^{15}N) \tag{3-34}$$

式中：c——生物体内化学物质浓度；

a 和 b——估算参数，其中 b 为食物链放大系数，其为正值时表示随营养级的增高，化学物质浓度成比例增加，即表明该化学物质随食物链放大；若 b 为负值，表示随营养地位的增高，该化学物质浓度降低，即说明该化学物质有食物链稀释问题。

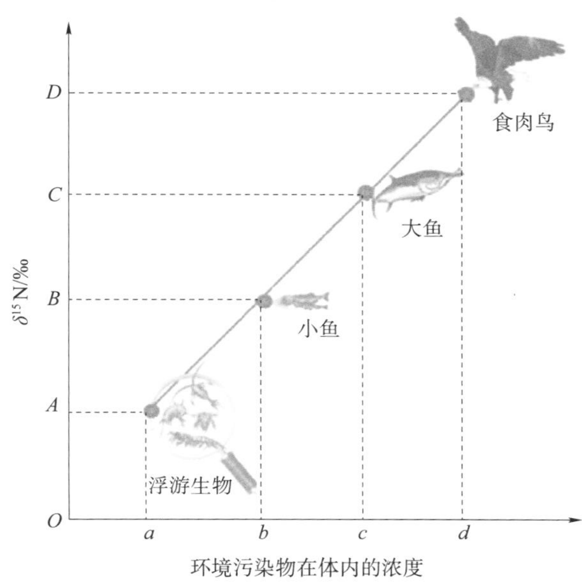

图 3-9 用稳定氮同位素技术研究环境污染物生物放大的理想模式图

注：A、B、C、D 代表随 δ^{15}N 值由小到大排列的不同物种样品，代表它们的营养地位由低到高；a、b、c、d 代表某环境污染物分别在 A、B、C、D 物种样品体内的浓度。理想的生物放大模式图是：不同生物样品的 δ^{15}N 值由小到大排序为 $A<B<C<D$，同时相应生物样品体内某化学物质的浓度由小到大排序也为 $a<b<c<d$。

δ^{15}N 不仅能够揭示多变的野外群落的营养结构，而且能够判断化学物质在生态群落中的迁移状况；不仅可以确定野生物种的营养地位，而且可以避免简单地把一个物种置于某一营养级的粗放划分的问题。用该方法可以把许多不同物种按其 δ^{15}N 值的大小连续排序，从而解决了处于中间营养位置物种的营养地位问题，也解决了从几个不同营养级取食的物种的营养地位的问题。经典的方法是把不同物种分配到不连续的营养级中，而同位素鉴别技术是把群落中不同物种体内化学物质浓度及相应 δ^{15}N 值联系起来进行相关分析，对研究化学物质的生物放大问题比经典方法更为有效。

应当注意的是，δ^{15}N 可随生态环境的不同、取食习惯的改变和动物年龄的变化而变化。生态环境对动物 δ^{15}N 值的影响往往与在不同生态系统中的同一种动物捕获的食物不同，以及同一种植物在不同生态环境中对环境污染物的吸收、代谢不同等因素有关。动物年龄的影响除了是由于对环境污染物的暴露时间长短不同外，还由于随着年龄的增长，动物的取食习惯和体形大小均会发生改变。因此，在野外调查设计中要设法避免这些因素的影响，使调查研究的结果更为符合客观情况。此外，在对 δ^{15}N 测试结果的应用上，也应考虑野外调查采样的设计是否科学合理，参加分析的生物是否存在直接或间接的捕食与被捕食的关系，即是否符合生态学逻辑。因此，同位素鉴别方法应与实地观察、文献查阅、实验室研究等传统的、经典的方法相结合，这样才能得出准确的结论。

（四）影响估算 BMF 的因素

在化学物质 BMF 的估算中，应当正确分析影响估算的各种因素，才能去伪存真，得出正确的结论。影响这种估算的因素很多，例如寿命的长短，寿命长者有更多的时间富集化学物质，使体内浓度增高。形态变异也可影响生物放大，体型大者可能有利于化学物质富集。体脂含量高者有利于脂溶性有机物的富集，使体内浓度增高。食物网较低层的生长快，可能发生生长稀释作用。生物富集的野外研究对化学物质的来源难以区分水源和食源，也会造成结果的偏差。生物营养地位判断困难，尤其是动物随年龄不同和季节改变，其摄食策略发生变化等问题，都会影响化学物生物放大的野外调查结果。总之，对生物放大有影响的因素都会影响 BMF 的估算，在调查和估算的设计中对这些因素的考虑越周密，所获得的估算结果就越可靠。

第三节　生物积累

一、生物积累的概念

生物积累，又被称为生物蓄积 / 累积，一般是指生物通过不同途径（如呼吸道、消化道、皮肤等）从周围介质、食物中吸收和积累外源化学物质，从而使生物体内该化学物质的浓度超过在呼吸介质、饮食或二者中该化学物质水平的过程。也就是说，生物积累包含了生物富集和生物放大，是二者综合作用的结果。因此，生物积累是生物对其呼吸介质和饮食中外源化学物质的吸收速率大于清除速率，从而导致生物体对该化学物质净增加的过程。

生物可通过呼吸器官、消化器官和皮肤对其暴露的水、食物、空气、土壤中的环境污染物进行吸收，并经血液或体液循环分布全身，由于化学物质与不同组织器官（或不同生物大分子）的亲和力不同，其在全身的分布并不均衡。与此同时，进入生物体内的环境污染物又可通过呼吸道、消化道、皮肤及其他方式从体内清除，同时还可通过生长稀释和体内代谢转化使体内外源化学物浓度降低。如果外源化学物质在体内浓度的增加不至于危及生命、引起死亡，它就可以在一定时间内继续积累，使生物体内外源化学物质的浓度远高于其周围环境中的浓度，导致外源化学物质生物积累的发生，最终对生物造成严重损伤甚至死亡。

水生动物（如鱼类）对于外源化学物质的生物积累过程，可用数学方程式表达为

$$\frac{\mathrm{d}c_{\mathrm{B}}}{\mathrm{d}t}=k_1c_{\mathrm{WD}}+k_{\mathrm{food}}c_{\mathrm{food}}-(k_2+k_{\mathrm{E}}+k_{\mathrm{M}}+k_{\mathrm{G}})c_{\mathrm{B}} \tag{3-35}$$

式中：c_{B}——生物体中外源化学物质的浓度，g/kg；

t——时间，d；

k_1——通过呼吸道和皮肤从水中吸收外源化学物质的速率常数，L/（kg · d）；

c_{WD}——水中外源化学物质的自由溶解态浓度，g/L；

k_{food}——生物通过食物吸收外源化学物质的速率常数，kg/（kg · d）；

c_{food}——食物中外源化学物质的浓度，g/kg；

k_2、k_{E}、k_{M}、k_{G}——分别指体内外源化学物质通过呼吸道及皮肤排出，机体排泄，代谢转化，生长稀释的速率常数。

当外源化学物质在生物及其环境介质中达到平衡时，由式（3-36）就可以获得生物积累系数（bioaccumulation factor，BAF）：

$$\mathrm{BAF}=\frac{c_{\mathrm{B}}}{c_{\mathrm{WD}}}=\left(k_1+k_{\mathrm{food}}\frac{c_{\mathrm{food}}}{c_{\mathrm{WD}}}\right)/(k_2+k_{\mathrm{E}}+k_{\mathrm{M}}+k_{\mathrm{G}}) \tag{3-36}$$

式中：各种参数代表的意义同式（式 3-35）。

与生物积累密切相关的另外两个现象是外源化学物质的生物稀释（biodilution）和生理放大（bioamplification）。生物稀释与生长稀释发生的机理相似，故二者的稀释速率常数（k_g）一致。生物稀释是指在一定情况下，虽然动物体内化学物的消除速率没有增加、化学物质在体内的绝对量没有减少，但由于生物生长使其体积和体重增加，导致了体内浓度下降的现象，这是一种伪清除现象。在这种情况下，即使体内外源化学物浓度下降，但也不能排除该外源化学物具有生物积累的潜力。

生理放大则与生物稀释不同，它是在外界和内部各种压力胁迫下，例如，饥饿、疾病、受伤、长途迁徙及严寒等对健康不利因素的作用下，导致体内营养物质和能量大量消耗，造成身体消瘦、体重减轻，使原来储存于组织器官中的外源化学物质浓度增加的现象。在生理放大情况下，虽然外源化学物质在体内的绝对量没有增加，但其相对浓度的增加如果达到一定程度也会对机体造成毒性作用，故对此也应引起足够重视。

二、生物积累的评判标准与基准值

环境污染物有无生物积累性是其有无环境危害的决定因素之一。定量分析生物积累程度的指标主要有生物富集系数（BCF）、生物积累系数（BAF）、生物放大系数（BMF）和食物链放大系数（TMF）等。在《斯德哥尔摩公约》中，将 BCF 或 BAF 大于 5 000，或者相关数据缺乏时，其 K_{OW} 大于 100 000 的化学物质确定为具有潜在生物积累性的物质。公约同时指出，如果存在其他需要关注的理由，如在特定生物中有高的生物积累性、高毒性或者生物监测数据表明该化学物质的生物积累潜力需要引起关注时，也可将相应化学物质作为可生物积累化学物质。目前，世界主要环境保护部门都采用了基本相同的评判标准和基准值，但其间也存在一定的差别（表 3-1）。

表 3-1　世界主要环境管理机构关于化学物质生物积累性的评价指标和基准值

管理机构	评价指标	基准值	相关法规
加拿大环境部	K_{OW}	≥100 000	CEPA，1999
	BCF	≥5 000	
	BAF	≥5 000	
欧盟（生物可积累物质）	BCF	≥2 000	REACH
欧盟（生物高度可积累物质）	BCF	≥5 000	
美国（生物可积累物质）	BCF	1 000 ～ 5 000	TSCA、TRI
美国（生物高度可积累物质）	BCF	≥5 000	
联合国环境规划署	K_{OW}	≥100 000	《斯德哥尔摩公约》
	BCF	≥5 000	

注：CEPA：《加拿大环境保护法案》（*Canadian Environmental Protection Act*）；REACH：欧盟《化学品注册、评估、授权和限制制度》（*Registration*，*Evaluation Authorization and Restriction of Chemicals*）；TSCA、TRI：美国国家环境保护局《有毒物质控制》（*Toxic Substances Control Act*）和《有毒物质排放清单》（*Toxic Release Inventory Programs*）。

资料来源：罗孝俊，麦碧娴 . 新型持久性有机污染物的生物富集 . 北京：科学出版社，2017。

由表 3-1 可知，目前广泛采用的生物积累性评判指标及基准值均以化学物质的 BCF 为基础，而 BCF 作为基准值存在较多缺陷，这表现在：① BCF 是描述环境污染物生物富集程度的，不能反映生物放大潜力，而生物积累不但包含生物富集而且也包含生物放大潜力。②当前的 BCF 值大多来自对水生生物（特别是鱼类）的测试，故更多适用于水生生物。对于陆生高等动物而言，更多的是通过呼吸道从空气中吸入外源化学物，而不是从水体吸入，如果依据 BCF 对环境污染物在陆生高等动物的积累潜力进行判断就可能存在误判。因此，有一些化学物质不能依据 BCF 来判断其有无生物积累性。例如，林丹、全氟辛烷磺酸类物质等的 BCF，虽然均小于 5 000，但均有生物积累性，均为《斯德哥尔摩公约》规定的 POPs。

基于上述原因，国际环境毒理与化学学会于 2008 年召开了专门研讨会，并提出了新的有关生物积累性评判框架和指标建议。该建议提出，只有能够随着食物链放大的化学物质才应是生物可积累性物质，评判的首要标准是 TMF 是否大于 1。在缺乏 TMF 的情况下，应考虑 BMF，如果 BMF＞1，则可评定为极有可能为生物可积累性物质。如果该化学物质没有测定 BMF，这时可利用 BCF，按表 3-1 标准进行评判。在上述参数均缺乏的情况下，可从化学物质的本身参数 $\lg K_{OW}$ 和 $\lg K_{OA}$（正辛醇 / 空气分配系数，octanol-air partition coefficient，K_{OA}）及生物积累模型推导的相关参数进行评判。一般认为，$\lg K_{OW}<4$ 的化学物质在水生生物中不存在生物放大现象，$\lg K_{OW}<5$ 的化学物质在陆生生物中不存在生物放大现象。但是，由于目前化学物质 TMF 的数据远少于 BCF 数据，所以为了获取 TMF 数据需要进一步加强室内试验和野外调查研究。鉴于此，该框架体系尚未被管理部门广泛采用，仍然处于研究阶段。

三、影响生物积累的因素

生物积累的主体是生物，生物积累的实质是一个生命活动过程，因此任何影响生物生理代谢的因素都可能影响生物对环境污染物进行生物积累的能力。此外，生物积累也是环境污染物、生物机体和环境三者交互作用的非常复杂的过程，对这三者的任何影响也将会对生物积累的结局产生影响。由于生物积累是生物富集和生物放大综合作用的结果，因此影响生物积累的因素包含了对生物富集和生物放大影响的因素。

（一）环境污染物的物理化学性质

1. 一般规律

（1）环境污染物的稳定性和脂溶性

环境污染物的稳定性、脂溶性和水溶性是决定其生物积累特性的主要方面。一般来说，在体内难降解的脂溶性高、水溶性低的化合物，其生物积累系数较高；反之，则低。例如，DDT 在水中的溶解度仅为 0.02 mg/kg，而在脂类中的溶解度可达 1.0×10^5 mg/kg，故其易透过生物膜而被吸收，并储存在体内脂肪中，其 BCF 值可达 3.3×10^6。

（2）环境污染物的生物可利用性

环境污染物的生物可利用性是指该环境污染物可以被生物吸收的程度。一般来说，环境污染物的生物可利用性越高，对其生物积累就越有利。如果某环境污染物在生物体内富集，且这种环境污染物可通过食物链传递到更高的营养级，表明其生物可利用性很高，在这种情况下不论是否观察到它的不利效应，均应对此类环境污染物的富集和影响引起重视。

（3）环境污染物在体内的转化与消除

环境污染物在生物体内的生物转化与其消除或积累有密切关系。一般来说，不易被转化和消除的环境污染物则易于被积累。生物转化以后的代谢产物不容易进一步转化和排出体外的也易于在生物体内积累，如 DDT 在体内的代谢产物 DDE 极难被进一步代谢转化而易于被储存于体脂中。又如，大多数酚类化学物质脂溶性很低而水溶性很高，不但不容易被生物吸收，而且在体内易于被生物转化而排泄，故大多酚类化合物不能在生物体内积累。

（4）气味

动物可因某种化学物质不悦的气味而离开，从而不利于动物对该化学物质的摄取而影响富集。

2. 环境无机化合物的性质与生物可利用性

（1）水溶性和脂溶性

金属无机化合物的水溶性对生物的吸收影响很大，一般来说，难溶于水的金属和类金属无机化合物不易被生物摄取和吸收，不利于该化合物的生物积累；水溶性较大的金属无机化学物质比难溶的金属无机化合物一般容易被生物吸收，而脂溶性的金属有机化合物（如氯化甲基汞，$HgCH_3Cl$）比水溶性的金属无机化合物（如氯化汞，$HgCl_2$）更容易被生物吸收和积累。

（2）金属离子

一般来说，金属的自由离子形态是金属最可生物利用的形态。金属的自由离子可以通过细胞膜上的离子通道进入细胞，有的还可通过细胞膜主动转运的方式（如离子泵）进入细胞。但是，有些 B 族金属的中性络合物比其带电离子更加亲脂，从而极大地提高了它们的生物可利用性。

不同金属离子的物理化学性质不同，导致其与生物体相互作用的效应有别，即不同金属离子的生物学效应不同，故同一种生物对不同金属离子的吸收和富集能力不同。例如，水稻对多种重金属有富集作用，但 BCF 因金属种类而异，表现为 Cd＞Hg＞Zn＞Pb。

（3）颗粒物中的化学成分

悬浮在空气颗粒物中的金属和类金属的生物可利用性不仅与其化学形式有关，还与颗粒物大小及该元素在颗粒中的分布有关。例如，煤燃烧逸出的砷，容易沉积在煤炭飞灰颗粒的表面从而更加容易被生物吸收；再如，汽车废气中的卤化铅由于主要在细颗粒物的表面沉积，它比在平均直径较大的路尘颗粒物中沉积的硫酸铅更容易进入呼吸道深部且更容易被生物吸收。

（4）底泥中的金属和类金属

底泥中的金属和类金属的生物可利用性，一方面与其在底泥中的水相和固相中的浓度有关，另一方面与底栖生物对固体物质的摄入量有关。此外，还与金属和类金属存在的化学形态有关。因此，底泥中金属和类金属的总浓度并不能很好地反映生物可利用性。在底泥中，有机碳含量越高，金属的生物可利用性越低。这是因为有机碳可以结合、络合和吸附金属离子，从而影响金属被生物吸收。在缺氧底泥中，金属（如镉、铬、汞、镍等）的生物可利用性与硫化物有关，底泥中的硫化物可与金属反应生成高度不溶性金属硫化物，使金属的生物可利用性降低，因而也降低了这些金属对底栖生物的毒性作用。

（5）气体分子的性质和形式

环境气态污染物的化学性质及其分子存在的形式与生物可利用性有关，中性气态分子与其水化后形成的离子在生物吸收上有很大不同。例如，中性的气态 NH_3 比带电荷的 NH_4^+ 更易透过细胞膜，因此 NH_3 比 NH_4^+ 的生物可利用性更大。气态化学物质的脂 / 水分配系数越大，越容易穿透生物膜而被吸收，因此生物可利用性就越大，也就越有利于生物积累。

3. 环境有机化学物质的性质与生物可利用性

（1）定量结构 - 活性关系

有机化学物质的生物吸收与其分子结构密切相关。因此，在生态毒理学上常用有机化合物的结构 - 活性关系（structure-activity relationship，SAR）来描述该化合物的生物可利用性。如果定量地表示这一关系，就称为定量结构 - 活性关系（QSAR）。也就是说，QSAR 是指化学物质分子性质与其生物活性（生物可利用性或毒性）之间的一种定量关系。化学物质分子性质包括亲脂性、空间构型、分子体积及反应活性等，其中有关亲脂性方面的特性如有机化合物的 K_{OW}、K_{TW}（甘油三酯 / 水分配系数）及水中溶解度等是生态毒理学上最常用的化学性质或参数。一般来说，脂溶性较高的化学物质，即 K_{OW} 较高者较易通过生物膜而被吸收，而脂溶性和水溶性均较高的化学物质最易透过生物膜。但是，非常大的分子（有文献认为是直径超过 0.95 nm 的分子）即使脂溶性很高也不能通过生物膜。

此外，有机化学物质离子化程度也影响其生物可利用性。由于溶液 pH 对离子化程度影响较大，所以 pH 对可离子化的有机化合物的生物可利用性有影响。不同研究者将不同影响因子（如亲脂性 / 亲水性、离子化程度、分子体积、形成氢键能力、被极化能力等参数）引入 QSAR 模型，建立了环境污染物的各种生物可利用性模型。QSAR 是生态毒理学备受关注的研究领域。

（2）电离常数（pK_a）

环境污染物的电离常数或电离度（ionization constant，pK_a）以及体液的 pH 对化学物质以简单扩散通过细胞膜的方式影响很大。大多数化学毒物为弱的有机酸或弱的有机碱，在体液中可部分解离。以解离型存在的化合物往往脂溶性较小，难以通过细胞膜扩散，而非解离型（分子型）极性小，脂溶性较大，容易跨膜扩散。弱酸或弱碱性化学毒物的非解离型比例，取决于该化合物的解离常数 pK_a 和体液 pH。当体液 pH 与该化合物的 pK_a 相等时，则化合物一半以解离型（离子型）存在，一半以非解离型存在。化学物质的离子化程度可根据 Henderson-Hasselbach 式（3-37）、式（3-38）算出：

$$\text{有机酸：} pK_a - pH = \lg\frac{[\text{非离子型}]}{[\text{离子型}]} \tag{3-37}$$

$$\text{有机碱：} pK_a - pH = \lg\frac{[\text{离子型}]}{[\text{非离子型}]} \tag{3-38}$$

由上两式可知，弱的有机酸在酸性环境中非解离型比例较高而更易以简单扩散的方式通过细胞膜而被吸收，而弱的有机碱在碱性环境中非解离型比例较高而更易以简单扩散的方式通过细胞膜而被吸收。然而，必须指出的是，化学毒物即使不是以脂溶性形式存在，仍会有一定程度的透过性而进入细胞并产生毒性作用。对具有高度毒性的化合物，即使少量吸收也可能对机体产生严重的毒害作用。如解磷啶、百草枯等化合物，即使在离子状态下也会有一定程度的吸收，并产生很强的毒性作用。

环境介质中的化学物质进入生物体的途径，除呼吸系统外，消化系统也有重要作用。一般认为，胃肠道对化学物质的吸收是以简单扩散的方式进行的，而化学物的离子和非离子形式各占的比例则与该化学物的 pK_a 和消化道腔液 pH 有关。因此，可离子化有机化学物质的生物可利用性受胃肠道腔液 pH 的影响，影响的程度与该化学物质 pK_a 有关。

环境污染物的生物可利用性受肠中 pH 的影响较复杂，因为肠的不同区段 pH 很不同。一般来说，弱碱性药物在小肠的吸收比在胃的吸收更快，因为胃液呈酸性，而小肠液呈微碱性（相对于胃液）。胃液是酸性的，故有利于胃对酸性化学物质的吸收；然而也有许多酸性化学物质在小肠比在胃能更有效地吸收，这是因为小肠的吸收表面积远大于胃。

此外，环境污染物在消化道内停留的时间也影响该化学物质的生物可利用性，例如胃排空速率（gastric emptying rate），即胃中物质被排空到小肠的速率越大其被胃吸收的数量就越少；反之，胃排空速率越小，胃中物质被胃吸收的数量就越多。与此相似，小肠蠕动越快，环境污染物在肠内停留的时间越短，其被小肠吸收的就越少。

（3）脂 / 水分配系数

常用的脂 / 水分配系数为 K_{OW}。生物对有机化学物质的吸收率与该化学物质的 K_{OW} 值关系密切。一般来说，脂溶性高、K_{OW} 值大的环境污染物的生物可利用性比较高（表 3-2）。但是，在某些条件下，并不是化学物质的 K_{OW} 值越大越容易被吸收，而是具有一定 K_{OW} 值范围的环境污染物才易于被生物吸收。例如，斯佩西（Spacie）等报道，环境污染物的 lg K_{OW} 值为 6 者，其生物可利用性最大，而水溶性过小的化学物质其吸收率反而较低。唐纳利（Donnelly）等的研究指出，土壤中有机化学物质的 lg K_{OW} 值为 4～7 者易被土壤所固定，如 PCBs，因此不易被陆地植物所吸收；相反，lg K_{OW} 值为 1～2 的化学物质，如许多杀虫剂，则易被植物吸收。由此可见，K_{OW} 值对环境污染物的生物可利用性的作用受多种因素的影响。

表 3-2 有机酸和有机碱的 K_{OW} 与肠吸收关系

化学毒物	肠吸收百分率 /%	K_{OW}	化学毒物	肠吸收百分率 /%	K_{OW}
硫喷妥	67	100.00	乙酰水杨酸	21	2.0
苯胺	54	26.4	巴比妥酸	5	0.008
乙酰苯胺	43	7.6	甘露醇	＜2	＜0.002

资料来源：TIMBRELL J A. Principles of biochemical toxicology. London：Taylor and Francis Ltd.，1991。

（4）非极性有机物被底泥吸附

在底泥中，底栖生物对环境污染物的吸收率一般随其 lg K_{OW} 的增加反而减小。这是由于脂溶性的非极性有机化合物主要分配在底泥的固相中，其在底泥的空隙水中的浓度减小。一般来说，底泥中有机碳含量增加可降低非极性有机化合物的生物可利用性，可能与底泥有机物能强烈吸附环境有机化学物质有关。

（二）生物特性

1. 生物种类、性别、器官及发育阶段对生物积累的影响

（1）生物种类

生物种类不同，代谢功能不同，在同样条件下对同一种化学物质的富集能力不同。研

究指出，在同样条件下，黑鲷（*Sparus macrocephalus*）和石鲽（*Platichthys bicoloralus*）骨骼对 ^{137}Cs 的 BCF 分别为 11.02 和 8.95；金枪鱼和海绵对 Cu 的 BCF 分别为 100 和 1 400；肉食性鱼类对有机化学物质的富集能力高于杂食性和草食性鱼类等。

不同植物对环境污染物的富集能力不同。例如，蕨类和双子叶植物对镉的富集能力较强，而单子叶植物较弱（但作为单子叶植物的水稻对镉有很强的富集能力）。桑树有较高的富集氟的能力，这对家蚕的饲养非常不利；而茶树对氟有更强的富集能力，可使常饮高氟茶的人的健康受到危害。

（2）动物性别

动物对环境污染物积累的性别差异主要与雌性动物的繁殖行为有关。雌性动物可以通过产蛋、产卵及生产子代等方式将体内的化学物质传递给下一代，从而减少母体的积累。例如，雌野鸭产蛋以后体内 DDE 的浓度下降；鳗鱼等鱼类在产卵期体内 DDT 含量下降；雌长须鲸和海豹等在分娩和哺乳期体内有机氯化物浓度下降；太平洋雄性和雌性逆戟鲸体内，PCBs 含量分别为 59 mg/kg 和 2.5 mg/kg。

（3）器官差异

同一生物的不同器官对同一种化学物质的积累能力往往不同。对于脂溶性较高的有机化学物质主要积累在脂肪组织内，故不同组织器官的脂肪含量与其对有机物的积累能力关系密切。此外，还与某种污染物对不同器官的亲和力不同有关，例如，氟主要富集在骨骼和牙齿中，而鱼体内 PCBs 含量以肝脏中的浓度最大，其次为鳃、心、脑及肌肉。

植物不同器官对化学物质的富集能力也有很大不同。一般来说，陆生植物器官之间的富集差异大于水生植物。例如，水稻各器官对铅的富集能力差别很大，其含铅量从大到小依次为根＞叶＞茎＞谷壳＞米。通常情况下，植物根的锌、镉、镍的浓度比茎叶大 10 倍以上；然而对于能够超量富集化学物质的植物，由于其向上运输的能力很大，茎叶中的浓度则往往大于根。

（4）发育阶段

生物不同发育阶段的生物积累能力不同。水稻根、茎、叶对铅的富集能力以拔节期最高，而谷壳和糙米则以结实期为高，其中根对铅的富集规律为拔节期＞分蘖期＞苗期＞抽穗期＞结实期。一般禾谷类作物籽粒对化学污染物的富集能力以结实期最高，所以小麦在扬花期以后施用六六六，麦粒中含该农药最高。

（5）代谢酶的种类和活性

不同生物种类对环境污染物富集能力的差异也往往与体内代谢酶的种类和活性有关。一般来说，体内分解和代谢化学物质的酶的活性越强，化学物质越容易分解和消除，越不容易在体内富集。相反，如果化学物质的分解和代谢酶缺乏或活性降低，则该化学物质便易于在体内富集。

2. 生物形体大小对生物积累的影响

生物形体的大小对生物积累的影响很重要。一般来说，随着动物体重的增加，环境污染物在体内的积存量也增加。人们设想，体内环境污染物总量或浓度的变化与生物形体的大小成比例。对此，许多研究者尝试用经典的幂模型进行生物积累的估算，如式（3-39）所示。

$$Y=aX^{b-1} \qquad (3\text{-}39)$$

式中：Y——体内环境污染物的浓度；

a、b——回归分析获得的常数；

X——生物个体形体大小，一般以体重表示，g 或 mg。

生态毒理学家对上述简捷的估算方法有极大兴趣，对式中 b 的估计做了许多工作。20 世纪 70 年代中期，博伊登（Boyden）对软体动物体内金属累积量与形体大小的关系进行分析，建立了按动物形态大小估算环境污染物生物积累的幂模型。根据 b 值的大小，他确定了三组模型。一组模型的 b 值为 1，则 $Y=a$，代表体内环境污染物总量随形体的增加而增加，而体内环境污染物浓度不随形体大小的变化而改变；另一组 b 值为 0.75，代表体内环境污染物总量随形体的增加而增加，而体内环境污染物的浓度随形体大小的增大而减小的一类；第三组 b 值为 2 或更大，代表体内环境污染物的浓度与形体大小的幂指数成正比，他设想易于迅速离开循环系统（主要指血液）且易于与另一些组织结合的元素（如镉等）的生物积累属于这种类型。后来，其他研究者发现，b 值随时间和空间的变化很大，认为博伊登的 b 值分组缺乏明显证据。尽管这种幂模型有很多不足之处，但如果对具体环境、具体生物和具体环境污染物进行幂模型分析，还是可以获得一些形体与生物积累关系的规律的。目前，博伊登的幂模型常用于对不同形体大小生物体内环境污染物储蓄量或浓度等调查分析数据的标准化。

生物形体大小与生物积累相关的本质可能很复杂，一方面，随着生物的生长，形体在增长，与环境中化学物质的接触时间在增加，吸入体内的化学物质随之增多；另一方面，生物形体的大小，对生物形态解剖、生理和生化等特性都有影响，使环境污染物的吸收、转化和消除速率随着形体的变异而改变。总之，对于生物形体大小与生物积累的内在规律及其机制尚需进一步研究。

3. 元素之间通过生物而发生的相互作用

生物体内一些元素可通过对生物体功能的作用而对另一些元素的生物可利用性产生重要影响。生物体内不同元素之间的相互作用有的是直接的化学作用，而更普遍的是一种元素通过对生物体的作用导致间接影响另一种元素的可利用性。金属毒理学研究指出，体内不同元素同时存在时，它们毒性作用之间的关系主要有 4 种，即拮抗作用、协同作用、相加作用、独立作用。一种元素可以对另一种元素的吸收、代谢及毒性作用产生影响。例如，体内过量的锌可抑制镉的肠吸收和毒效应，过量的镉可抑制锌的吸收，导致锌缺乏。铜和锌之间对藻类细胞也存在类似的相互抑制的作用。环境中磷缺乏，可导致其类似元素——砷的吸收和生物积累。

（三）环境因素

环境因素一方面通过影响生物的生命活动和代谢过程而影响化学物质的生物积累，另一方面环境因素通过影响环境污染物的化学转化而影响其生物可利用性。环境因素包括温度、湿度、盐度、硬度、pH、溶解氧、光照、风向、风速、水流、土壤的组成与结构等。这些环境因素对环境污染物的生物可利用性的影响均在相应的章节做介绍，这里仅对温度、pH 及配位体对生物积累的影响作简要阐述。

温度是影响生物生命活动和体内代谢最重要的环境因素之一。在生理范围内，温度的增高会引起生物生命活动即细胞生物化学反应速率的明显增加；同时，温度的升高也会引起生物积累的增加。在生理范围内，随着温度的升高，浮游类生物对汞、软体动物对镉和汞、彩虹鳟鱼对 DDT 的生物积累均增加了。然而也有报道，淡水蛤对甲基汞的吸收和消除不受温度的影响。海洋紫贻贝（*Mytilus edulis*）对锌的生物积累随水温的增高（从10℃增加到25℃）而增加，但是也发现在水温波动（15～25℃）的状况下该贝类对锌的富集比稳定的25℃水温下更高。这些研究表明，生物积累受生物体内、外多种因素的影响，温度只是诸多因素中的一种，多种环境因素对生物积累的影响均不可忽视。

水环境的pH，包括底泥和土壤中的水相，对生物积累的影响也很重要。水的酸度对有机物的电离有影响，使分子型和离子型的比率改变，从而影响对膜的通透性。例如，水的pH对平衡 $NH_3+H^+ \longrightarrow NH_4^+$ 有重要影响，从而影响氨或铵盐的生物吸收。pH也对 $H^++CN^- \longrightarrow HCN$ 的平衡有很大影响，从而通过影响氢氰酸（HCN）的形态分布而影响其生物吸收。此外，水的酸度对金属化合物的溶解度有很大影响，而溶解的金属化合物才容易被生物吸收。

环境介质中的化学物质有些是环境污染物的配位体，对环境污染物的生物可利用性有很大影响。环境中能够络合金属的配位体，如某些有机化合物和无机物，可与金属离子结合生成难以被生物吸收的络合物。水体和土壤中存在大量的、多种类型的天然有机物，最为常见的如腐殖酸具有多种化学官能团，其中羧基和酚类基团对金属有很强的络合作用。在淡水和咸水中可与金属络合的主要无机物形态有 $B(OH)$、$B(OH)_4^-$、Cl^-、CO_3^{2-}、HCO_3^-、F^-、$H_2PO_4^{2-}$、HPO_4^{2-}、NH_3、OH^-、$Si(OH)_4$ 及 SO_4^{2-} 等。配位体 HS^- 及 S^{2-} 在缺氧的水体（如底泥）中可与金属离子形成难溶的硫化物而不利于生物吸收。水也是重要的配位体，在阳离子周围形成水合圈，其电荷和大小影响其通过细胞膜的滤孔，从而影响生物吸收。

思考题

1. 名词解释

吸附作用、表面吸附、离子交换吸附、专属吸附、一室模型、生物富集、富集系数、生物积累、生物放大、生长稀释、生理放大

2. 试论生物积累与生物富集、生物放大的关系。
3. 哪种吸附方式常被应用于小型生物对环境污染物的吸附模型?
4. 生物富集动力学模型和生物富集预测模型各有什么特点?
5. 环境污染物生物放大的生态毒理学意义如何?
6. 举例说明金属、类金属及有机化学物的生物放大问题。
7. 如何研究环境污染物的生物放大问题?
8. 影响环境污染物生物积累的因素有哪些?

第四章　环境污染物的生态毒理学效应（一）：分子水平

生态环境中的物理、化学、生物性污染物，特别是化学污染物对动物、植物、微生物及其生态系统的损害作用以及这些生物对环境污染物的反应，统称为环境污染物的生态效应（ecological effect）或生态毒理学效应（ecotoxicological effect）。由于目前环境污染以化学污染更为严重，所以环境化学污染引起的生态毒理学效应是生态毒理学研究的重点。

环境污染物引起生物体内生物分子的结构、数量及功能改变的效应称为分子水平的生态毒理学效应，简称分子效应（molecular effect）。环境污染物进入机体以后将与内源性靶分子交互作用，产生分子效应，进一步引起细胞功能和/或结构的异常，随之启动分子、细胞和/或组织水平的修复机制。

一般来说，同一种环境污染物其浓度越大引起的分子效应越大，即存在剂量－效应关系；同时也存在时效关系（时间－效应关系），即随着生物暴露该化学物时间的延长，其引起的分子效应也将增大。如果毒物引起的异常不能得到及时修复或者在修复中发生错误，则可导致细胞功能紊乱直至细胞死亡。细胞异常或死亡又可引起组织器官功能异常甚至坏死，严重者可以导致个体繁殖失败，甚至死亡。大量个体死亡就会导致种群结构改变，生态系统的健康受损。因此，环境污染物在不同水平上的毒害作用均始于它的分子效应。

但是，不是所有分子效应都可以导致个体死亡和种群数量改变。这是因为分子效应只是一种生态毒理效应中最早期、最灵敏的效应。在环境污染物停止作用后，轻微的、短期的分子效应往往可以及时修复而恢复正常。这时，分子效应就不会发展为细胞、组织和个体水平的生态毒理学效应了。因此，如果我们及时发现这些分子效应后，立即追查原因并采取措施，停止污染物对环境的继续污染，这种分子效应就可能停止发展甚至向正常方向逆转，生态系统的破坏就可得到避免。由此可见，这些分子效应往往可以作为指示生态健康状况的生物标志物，能对污染物的生态影响做出预测或早期警报，提示是否有生态风险发生的可能。从众多分子效应中，探索和筛选能够满足环境保护需要的生物标志物是分子生态毒理学的主要任务之一。此外，研究分子效应还能揭示环境污染物生态毒性作用的机制，探讨保护生态系统的分子生态毒理学方法和对策。

随着现代分子生物学技术的发展，基因组学、转录组学、蛋白质组学及代谢组学等组学技术已被广泛应用于分子生态毒理学研究并获得了一些重要发现，但是传统的生化和分子生物学研究在分子生态毒理学领域仍占据重要地位。因此，本章将从传统的生化研究开始，逐渐扩展到现代组学技术的应用，对环境污染物引起的分子生态毒理学效应进行论述。

第一节　环境污染物对 DNA 和基因表达的损伤效应

一、环境污染物对 DNA 的损伤效应

环境污染物攻击细胞 DNA，引起 DNA 结构损伤和功能障碍，是最常见的分子遗传效应，历来为生态毒理学研究所重视。DNA 损伤有多种类型，其中以 DNA 加合物（DNA adducts）的形成最引人注目，其次 DNA- 蛋白质交联（DNA-protein crosslink）、DNA 氧化损伤（DNA oxidative damage）等也很受关注。DNA 损伤如果没有及时修复或者修复错误，就可能导致基因突变，基因突变也属于分子水平的生态毒理学效应，但由于基因突变与细胞突变关系密切，所以关于 DNA 损伤导致基因突变的问题详见第五章第一节“三、细胞突变与癌变”的论述。

1. DNA 加合物

亲电的环境污染物或其亲电的代谢物分子中的亲电基团，可与核酸或蛋白质分子中的亲核基团，发生共价结合反应形成 DNA 加合物。这种共价结合反应一般是不可逆的，可导致持久地改变生物大分子的结构和功能，因此具有重要的生态毒理学意义。

DNA 加合物是一个受到最多关注的生物标志物，因为它与环境污染物的遗传毒性直接相关。环境污染物与核酸发生的最常见的共价结合反应是烷化剂对 DNA 的烷化反应。烷化剂是带有烷化功能基团的有机化合物，它可以通过共价结合反应把自身的烷基转给生物大分子，使生物大分子烷化而发生结构和功能损伤。

大多数烷化剂需经过生物转化形成亲电子活性代谢产物，才可攻击 DNA 上的亲核中心，与碱基发生共价结合，生成 DNA 加合物。DNA 加合物的形成可导致 DNA 碱基改变和链断裂，从而干扰 DNA 的模板功能，使其在复制中碱基配对错误、碱基排列顺序改变，如果不能及时修复，将导致基因突变，继而产生癌变、畸变，甚至细胞死亡。如生殖细胞基因发生改变，可影响后代，甚至累及生物的基因库。此外，RNA 也有亲核部位，也可与亲电子化合物结合，影响 RNA 的功能（如蛋白质合成等）。

目前已经发现，多环芳烃、芳香胺、黄曲霉素及各种烷化剂等 100 余种化合物可与 DNA 形成加合物。DNA 加合物的形成是生物对环境污染物吸收、代谢及大分子损伤与修复等多种生物化学过程的综合结果。野外调查研究发现，动物肝脏的 DNA 加合物与环境污染物之间存在剂量 - 效应关系。血液淋巴细胞 DNA 加合物的水平也与遗传毒物的暴露有关。鱼、软体动物接触苯并 [*a*] 芘和芳香胺后形成的加合物其水平可很好地反映这些有机污染物的污染状况。

有些环境污染物本身不是烷化剂，但是可以促进烷化剂与 DNA 发生共价结合，如 SO_2 对苯并 [*a*] 芘与 DNA 的共价结合有促进作用。

2. DNA- 蛋白质交联

某些环境污染物可直接或间接地引起 DNA 与蛋白质之间发生交联，形成一种稳定的结合。例如，双功能的烷化剂或亲电化合物（如氮芥烷化剂、丙烯醛、二硫化碳等）可以使 DNA 与蛋白质发生交联。DNA- 蛋白质交联很难修复，可在体内长期保留，作为一种生物标志物具有独特价值。紫外线、电离辐射、各种烷化剂、醛类化合物、铂类抗癌物以

及某些重金属等均可引起 DNA- 蛋白质交联。研究发现，SO_2 也可引起 DNA 与蛋白质之间发生交联。

DNA- 蛋白质交联也是一种遗传损伤，可导致基因突变，细胞突变甚至癌变，细胞周期失调，细胞信号转导和基因表达异常等。

3. DNA 氧化损伤

见本章“第四节 环境污染物的氧化损伤效应”。

二、环境污染物对基因表达的效应

基因表达（gene expression）是指细胞在生命过程中，把储存在 DNA 碱基顺序中的遗传信息经过转录和翻译，转变成蛋白质的过程。在 RNA 聚合酶的催化下，以 DNA 为模板合成信使 RNA（mRNA）的过程称为转录（transcription）。翻译（translation）是将成熟的 mRNA 分子中“碱基的排列顺序”（核苷酸序列）解码，并生成对应的特定氨基酸序列，即蛋白质分子的过程。因此也可以说，从 DNA 到蛋白质的过程叫基因表达，对这个过程的调节即为基因表达调控（gene expression regulation）。

基因组中许多基因的表达对环境污染物的作用非常敏感，所以环境污染物对基因表达的影响是非常普遍的，这种影响能否对细胞造成损伤、损伤的程度有多大，主要取决于基因的类别、化学物质的种类、浓度和作用时间。在此类研究中，一般是精确研究环境污染物对某个或某几个基因表达的影响，实时定量聚合酶链式反应（quantitative real-time polymerase chain reaction，qRT-PCR）检测等分子生物学方法被广泛应用。

1. 对动物基因表达的影响

环境污染物对基因表达的影响是非常普遍的。多种环境污染物如大气环境气态污染物（如氮氧化物、O_3、SO_2 等）、农药、重金属、POPs（如 PCBs、苯并 [*a*] 芘等）、环境内分泌干扰物（如二噁英等）及环境生物毒素（如微囊藻毒素）等均可引起多种实验动物的基因表达发生改变，这对于阐明环境污染物毒性作用机理、制定防护方法及筛选生物标志物等都有一定的科学价值。例如，铅、镉、抗生素诺氟沙星和四环素等均可引起斑马鱼不同器官不同基因的表达下调或上调，有的基因表达变化还与其行为异常、胚胎畸变，甚至死亡有关。例如，铅暴露可以引起斑马鱼神经元轴突蛋白 2a（neurexin 2a，NRXN 2a）基因表达下调，同时引起神经元发生凋亡和斑马鱼自发运动行为改变。

2. 对植物基因表达的影响

为了阐明环境污染物对植物的毒性作用机理和植物对化学物质胁迫的适应机制，外源化学物质对植物，特别是对农作物基因表达影响的研究发展很快。例如，一项研究表明，玉米田常用除草剂异丙甲草胺对玉米谷胱甘肽硫转移酶（glutathione S-transferases，GSTs）基因表达有显著影响，同时对玉米花青素合成相关基因的表达也有影响，而花青素有抗氧化作用。因此，这些研究结果在阐明异丙甲草胺对玉米的毒性作用机理及制定防护措施方面均有一定的价值。

又如，十字花科蔬菜中硫代葡糖苷（glucosinolate）（图 4-1）的种类和含量与植物的自我保护机制密切相关，与蔬菜的风味及营养价值也密不可分。一项对十字花科蔬菜小白菜的研究显示，杀虫剂和除草剂等环境污染物可诱导小白菜叶片几种硫代葡糖苷合成相关基因的表达，且其

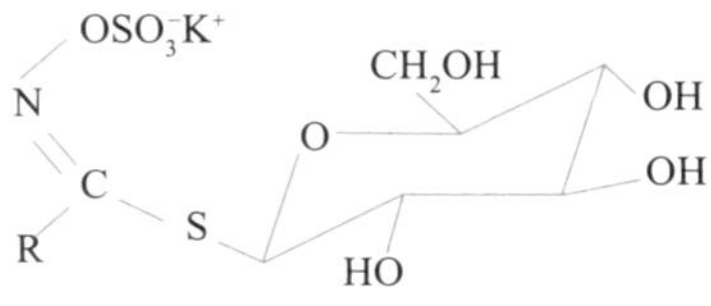

图 4-1 硫代葡糖苷的分子结构

表达水平与硫代葡糖苷的种类和含量一致。这些研究表明，在植物生态毒理学领域基因表达的研究受到广泛关注。

第二节　环境污染物对酶和蛋白质的损伤与诱导效应

一、环境污染物对酶和蛋白质的损伤效应

酶的化学本质是蛋白质，酶是在生物化学反应中有催化作用的蛋白质。因此，环境污染物对酶和蛋白质的损伤作用往往具有相同或相似的机制。发生在组织细胞内的生物化学反应是生命活动及新陈代谢的基础，而生物化学反应之所以能在常温下在生物体内快速进行，主要依靠各种生物酶的催化作用，因此生物化学反应一般都是酶促反应。如果酶的活性受到破坏，新陈代谢就有可能发生紊乱，从而影响细胞和组织的正常功能。环境污染物进入生物体以后可对酶的结构或活性发生直接或间接的作用，产生各种不同类型的酶效应。根据环境污染物对生物体引起的酶效应的性质和强度可以判断化学物质暴露的水平和生物体受害的特征与轻重。因此，环境污染物引起的一些酶效应可以作为一种生物标志物，在生态保护中起预警作用。除此之外，由于非酶性蛋白质也具有重要的生物功能，所以环境污染物对非酶性蛋白质的损伤作用也常常对生物体引起毒害效应。

1. 酶抑制效应（enzyme inhibition effect）

某些环境污染物进入生物体后可对多种酶直接或间接产生毒性作用，使酶活性降低，从而影响正常新陈代谢的进行。

（1）酶的活性与巯基

还原型巯基（—SH）是蛋白质和酶分子中的亲核基团，而许多重要的细胞酶分子中的巯基往往是酶的活性中心。体内含量丰富的谷胱甘肽（glutathione，GSH）分子中含有巯基，所以 GSH 是内源性的亲核化学物质。

一些亲电的环境污染物或其亲电代谢产物可与细胞内的亲核化学物质（如 GSH）共价结合，从而使亲电子毒物的毒性降低或消除。这一反应既可以在谷胱甘肽硫转移酶的催化下进行，也可以自发进行。当细胞内 GSH 耗竭时，可导致亲电子毒物与蛋白质或酶的巯基结合，使蛋白质或酶的巯基氧化形成二硫键，引起蛋白质损伤或酶的活性丧失。

环境污染物在体内代谢过程中形成的自由基也可以夺取酶分子结构中巯基（—SH）的氢原子，使巯基去氢而形成硫基自由基（R—S），进一步氧化形成次磺酸（R—SOH）和二硫化物（R—S—S—R）。酶分子结构中的巯基去氢后可引起该酶失活或酶活性下降，从而引起一系列分子毒理学效应。

此外，有毒金属（如铅、汞、镉、砷等）可与酶蛋白质的巯基结合，使酶的活力损失而产生毒性效应。

（2）对几种常见酶的抑制效应

某些环境污染物对 ATP 酶（ATPase）、乙酰胆碱酯酶（acetylcholinesterase，AChE）及 δ- 氨基酮戊酸脱氢酶（δ-aminolevulinic acid dehydrogenase，δ-ALAD）等多种常见酶的活性具有抑制效应。

①ATP 酶：ATP 酶又称为三磷酸腺苷酶，是一类能将三磷酸腺苷（ATP）催化水解为二磷酸腺苷（ADP）和磷酸根离子的酶，这是一个释放能量的反应。ATP 酶是生物体内极为重要的酶，存在于生物的所有细胞中，与细胞的能量代谢和离子平衡密切相关。多种环境污染物对 ATP 酶有抑制作用，使该酶活性降低，导致细胞代谢紊乱，甚至死亡。例如，铜对鱼鳃 Na^+/K^+-ATP 酶有抑制作用，从而导致鱼鳃泌氯细胞死亡。此外，有机氯农药、重金属、增塑剂、炼油废水等污染物对 ATP 酶均有抑制作用且有明确的剂量－效应关系，可以作为一种非特异性生物标志物。

②乙酰胆碱酯酶：有机磷农药、氨基甲酸酯类农药和有机氯农药等环境污染物对乙酰胆碱酯酶有抑制作用。因此，乙酰胆碱酯酶可作为这些污染物的生物标志物。

③ δ- 氨基酮戊酸脱氢酶：血红素（heme 或 haem）（又称亚铁原卟啉）为血红蛋白、肌红蛋白、细胞色素、过氧化物酶等的辅基，是血红蛋白分子的主要稳定结构。血红素主要在骨髓的幼红细胞和网织红细胞中合成。重金属铅进入动物体内以后主要储存在骨骼中，对骨髓中幼红细胞和网织红细胞中的血红素合成中的关键酶 δ-ALAD 的活性有抑制作用，使该酶活性降低，导致血红素合成障碍而出现贫血。因此，测定哺乳动物血液中 δ-ALAD 酶活性的降低情况，可以估算铅暴露水平和动物受害程度。

2. 对蛋白质结构和功能的损伤效应

环境污染物可通过共价结合、氧化损伤等作用而引起蛋白质结构和功能的损伤，主要表现为：①与蛋白质的共价结合。许多环境污染物可与蛋白质分子发生共价结合而显示毒性作用。例如，溴苯的代谢产物溴苯环氧化物可与肝细胞蛋白质共价结合而引起肝细胞坏死。②形成抗原。一些环境污染物或其代谢物是半抗原，当与蛋白质共价结合以后，就变成了一个全抗原，从而可以激发免疫系统产生过敏反应，引起免疫功能的损伤。③蛋白质氧化损伤（见本章“第四节　环境污染物的氧化损伤效应”）。

二、环境污染物对酶和蛋白质的诱导效应

1. 对酶的诱导效应（enzyme induced effect）

一些环境污染物进入生物体以后，可以诱导某些生物转化酶（biotransformation enzyme）的数量增加或活性增强，从而加速对该化学物质或其他化学物质的代谢转化速率，这种现象被称为环境污染物对酶的诱导效应。目前，环境污染物对细胞色素 P450（cytochrome P450，CYP450s）单加氧酶系和Ⅱ相反应中的某些转移酶类的诱导效应研究较多。对于酶诱导效应的研究不仅有益于对环境污染物毒性作用机理的探讨，而且对于暴露生物标志物和效应生物标志物的探讨也具有重要价值。

（1）细胞色素 P450

细胞色素 P450 是细胞微粒体混合功能氧化酶系（mixed function oxidase system，MFOS）中的主要成员，又称细胞色素 P450 单加氧酶系，该酶与多种有机污染物在体内的生物转化有关，可催化有机物发生氧化反应。细胞色素 P450 基因在各种生物体中总共有 1 000 余种，其中在生理上已经发现有功能意义的约有 50 种，根据氨基酸序列的同一性分为多个家族和许多亚家族。因此，细胞色素 P450 单加氧酶系是一个超级酶家族、具有复杂的多态性。

对细胞色素 P450 单加氧酶系不同成员与特定有机化学物转化的关系，科学家已做了大量的研究。有些有机污染物对这类酶有明显诱导作用。例如，这个酶家族的主要成

员之一——细胞色素 P4501A1 对多种有机污染物的氧化反应有催化作用，如多环芳烃（polycyclic aromatic hydrocarbons，PAHs）、PCBs 及硝基芳香化合物等。同时，这些有机污染物又对啮齿类动物和鱼类的肝细胞色素 P4501A1 有诱导作用。在这种情况下，可以通过测定 P4501A1 的酶活性被诱导的情况，来监测这类有机污染物的环境水平和暴露生物受伤害的程度。因此，细胞色素 P4501A1 可作为这些有机物污染的生物标志物。

环境有机污染物对细胞色素 P450 酶活性诱导方面的研究已发展到可在基因表达和蛋白质表达水平上进行评价。目前已有几种细胞色素 P450 被用作生物标志物。例如，有研究报道，用 7- 羟乙基试卤灵正脱乙基酶（7-ethoxyresorufin O-deethylase，EROD）活性、细胞色素 P4501A1 的 mRNA 和蛋白质表达来监测鱼类（如鲇鱼、大嘴鲈鱼等）对 PCBs 和 PAHs 暴露的毒理学反应。此外，7- 乙氧基香豆素 -O- 脱乙基酶（7-ethoxycoumarin O-deethylase，ECOD）、黄曲霉毒素 B1 2,3- 环氧酶（aflatoxin B1 2,3-cyclooxygenase）、睾丸酮羟化酶（testosterone hydroxylase，TH）等也被作为生物标志物进行研究和应用。

环境污染物对细胞色素 P450 酶系统的诱导作用可能具有一定的广泛性。例如，研究发现农药阿特拉津（Atrazine，ATR）可诱导斑马鱼肝微粒体细胞色素 P450 含量增加、NADPH-P450 还原酶活性显著增高；阿特拉津也可诱导鹌鹑肝微粒体细胞色素 P450 含量增加和多种细胞色素 P450 亚型（同工酶）mRNA 表达上调。

近年来，利用不同化学物对动、植物细胞色素 P450 酶诱导效应的研究逐年增多，随着研究的深入，将会有更多的细胞色素 P450 同工酶被探讨用作生物标志物的可能性，这也将使对环境污染物的暴露水平和毒性作用特点的认识与评价更加精准。

（2）Ⅱ相反应酶

许多环境有机污染物在体内经Ⅰ相反应后，在Ⅱ相反应酶（又称Ⅱ相代谢酶，phase Ⅱ metabolic enzymes）的催化下可发生结合反应，使有机污染物分子的极性和水溶性进一步增强，从而更易排出体外。一些Ⅱ相酶由于可以被有机污染物诱导而活性增高，因而被用作生物标志物。例如，研究发现中尾鱼暴露于 PCBs 后，体内尿苷二磷酸葡萄糖醛酸基转移酶（UDP-GT）活性增高。这种酶可以被用作 PCBs 的环境水平或中尾鱼受损伤程度的生物标志物。由于结合反应（Ⅱ相反应）是很多环境污染物在体内代谢转化的必经环节，所以环境污染物或其中间代谢产物与Ⅱ相反应酶的相互作用及其毒理学反应具有重要的研究价值。

2. 对蛋白质合成的诱导

一般来说，环境污染物在高浓度下对生物大分子——DNA、RNA、蛋白质的生物合成有抑制作用。例如，砷无机化合物可抑制 DNA、RNA、蛋白质的生物合成，但在极低浓度下有诱导这些大分子生物合成的作用。值得注意的是，有些环境污染物可诱导一些特殊蛋白质的合成，如金属巯蛋白（metallothionein，MT）和热休克蛋白（heat shock proteins，HSPs）等的合成。

（1）金属巯蛋白

MT 是富含半胱氨酸的蛋白质，一般分子量较小（6～7 kDa[①]），是绝大多数动、植物体内都含有的一种功能性蛋白质，在动、植物界广泛存在。MT 的生理功能在于清除自由基和结合重金属离子，它能够通过分子中的半胱氨酸残基与过量金属键联，调节体内游离

① 1 Da=1.660 54 × 10^{-27} kg。

的重金属（如 Cu、Zn 等）浓度不致过高，以免发生重金属中毒性危害。同理，MT 也可与进入体内的外源重金属（如 Hg、Cd 等）结合使其在生物体内的游离浓度降低，起到解毒作用。同时，进入体内的 Cd、Cu、Zn、Ni、Co 等重金属能激活 MT 基因的转录，诱导 MT 合成增加。因此，MT 合成也可作为金属暴露的生物标志物。

多种鱼体内的 MT 合成可受 Cd、Cu、Zn 等金属的诱导，其主要是对 MT 的 mRNA 转录的诱导。鱼体内 MT 的浓度与重金属在水环境或在鱼体组织内的浓度相关。无脊椎动物体内的 MT 合成也能被 Cd、Cu、Hg、Zn 等金属化合物诱导，但是无脊椎动物的 MT 分子量较大，约为 12.5 kDa，含半胱氨酸较少，而甘氨酸较多，有的还含有芳香族氨基酸（aromatic amino acids）。

MT 已被广泛用作金属污染的生物标志物。彩虹鳟鱼幼鱼肝脏的 MT 及淡水贻贝（如油螺等）的 MT 都是金属污染的有效生物标志物。

近年来对植物 MT 的研究表明，植物抗重金属污染的能力与其体内 MT 含量和功能密切相关。MT 含量高、结合重金属功能强的植物，可以用作对环境污染进行植物修复的种类。有报道将从十字花科芸苔属印度芥菜（*Brassica juncea*）分离的 MT 获得的 cDNA 克隆基因，通过分子生物学技术转移到拟南芥中表达以后，可以明显提高后者对重金属的拮抗能力；如果把该 MT 的 cDNA 克隆基因转移入原核细胞（大肠杆菌）进行表达，大肠杆菌对重金属的抵抗能力也显著增加。这些研究表明，对 MT 的深入研究不仅对阐明植物抗逆机制，特别是对阐明植物忍耐重金属毒性作用的机制有意义，而且对选择和培养具有环境修复作用（特别是对土壤重金属污染的修复）的植物种类也有一定的价值。

（2）热休克蛋白

热休克蛋白又称应激蛋白（HSPs）。从细菌、植物、动物直到人类，所有生物细胞在受到热源、病原体、物理化学因素（如重金属、有机污染物、紫外线）等应激原刺激后，发生应激反应并诱导 HSPs 合成。HSPs 有多种生物学作用，对细胞有保护作用，可提高细胞的应激能力，特别是耐热能力，可调节 Na^+-K^+-ATP 酶的活性，有些 HSPs 可促进糖原生成，使糖原储量增多，提高机体的适应能力等。

热休克蛋白家族有多种热休克蛋白，根据热休克蛋白分子量的不同，通常分为 HSP90 家族、HSP70 家族、HSP60 家族和小分子量 HSP 家族。其中，HSP70 家族的成员最多，在大多数生物中是含量最多的热休克蛋白，在细胞应激发生后一般生成也最多，是对环境污染物的应激反应最显著的一类应激蛋白。

一些环境污染物可诱导 HSP60、HSP70 及 HSP90 合成显著增加，它们的体内水平可定量反映环境污染状况和生物受损伤水平。例如，采用免疫组织化学和荧光定量 PCR 分析方法对水生生物，特别是对斑马鱼的研究表明，一些环境污染物可诱导生物体内多种组织和器官的 HSP60、HSP70 及 HSP90 合成显著增加。这些应激蛋白可作为水环境生态安全早期预警的生物标志物。

第三节 环境污染物生态效应的组学和表观遗传学研究

近年来发展起来的组学（omics）技术使对整体基因组表达水平的研究成为可能，对此按照分析目标不同主要分为基因组学（genomics）、转录组学（transcriptomics）、蛋白质组学（proteomics）和代谢组学（metabonomics 或 metabolomics）等。基因组学研究的主要是基因组 DNA，使用方法以二代测序技术为主；转录组学研究的是生物发育的某个阶段（更准确地说是某个时间点）的 mRNA 总和，可以用芯片技术，也可以用测序技术进行研究；蛋白质组学针对的是全体蛋白质总和，分析方法以双向凝胶电泳和质谱为主。这些分子生物学或系统生物学（systems biology）研究手段，可在组学水平上检测环境污染物对众多基因表达的影响，探讨环境污染物与动、植物各种生理和病理生理学反应或变化之间的关系，从而分析环境、基因、反应之间，以及基因与基因之间、不同生物反应之间的错综复杂的交互关系。因此，组学技术不仅可用于环境污染物毒性作用机理的研究，也可用于生物标志物的筛选、环境污染状况的监测和评价。

一、基因组学和转录组学研究

1. 对实验动物的研究

在动物基因组中，存在有“表达不稳定型基因群组”，它们的表达易受环境因子刺激的影响。因此，在环境污染物的作用下，基因组中许多基因的表达对环境污染物的作用非常敏感，数以百计的基因发生表达上调或下调。近年来环境污染物对基因组表达作用的研究较多，例如在 2005 年国内的一项研究发现，大气污染物 SO_2（14 mg/m^3）每天吸入 1 h，暴露 30 d 可引起大鼠肺基因组中 173 个基因表达显著上调、85 个基因表达显著下调；进一步分析指出，这些表达差异显著的基因涉及细胞能量代谢、氧化应激、信号转导、细胞凋亡等多种细胞生命活动和代谢途径。这些结果表明，在大鼠肺基因组中，不是个别基因的表达对环境污染物敏感，而是存在由很多敏感基因组成的一个基因组对环境污染物非常敏感，即表达不稳定型基因组①。

环境污染物对非哺乳类动物和植物基因组、转录组表达的影响也很大。例如，关于铝对斑马鱼胚胎转录组学影响的研究表明，有多种与神经系统退行性病变相关的基因表达发生了显著变化，证明铝对斑马鱼神经毒性作用的机理可能与这些基因的表达有关。又如，采用基因组学技术对 PAHs（菲、芘、苯并 [*a*] 芘）暴露的斑马鱼胚胎进行全基因组的差异表达基因分析，使对 PAHs 引起鱼类胚胎的发育毒性有了更全面的了解。

生物基因组中转座子的基因表达活性与环境污染密切相关。转座子是基因组中可移动和扩展的重要元件，其转座活性可受外界环境因子的调控。为了探讨环境污染物对基因组转座子表达活性的影响，用 2,3,7,8- 四氯二苯并对 - 二噁英（2,3,7,8 tetra chloro dibenzo-para- dioxin，TCDD）或重金属 Cu^{2+} 或 Cd^{2+} 处理斑马鱼早期胚胎，荧光定量 PCR 技术测定转座子转录活性变化。结果发现，这三种污染物可使不同转座子的转录活性显著上调或下调，说明环境胁迫可引起转座子的活性变化。

2. 对植物的研究

与动物类似，在植物基因组中，也存在许多基因其表达对环境因子的变化很敏感，对这群基因也可称为表达不稳定型基因组。因此，在环境污染物的胁迫下，在植物基因组中

---

① 表达不稳定型基因组的含义是：在正常细胞总基因组中存在这么一些基因或基因群，它们的表达对环境因子包括环境污染物（如 SO_2）特别敏感，环境因子在一定浓度下可能不会引起这些基因的结构改变或突变，但可以引起这些基因的表达发生显著改变，如此长期的改变可能会引起细胞功能甚至细胞结构发生改变或者导致细胞对某些有害因子（包括致癌物、致突变物、致畸物等）的敏感性增加。我们就把这些基因群称为“表达不稳定型基因组”或“表达不稳定型环境基因组”。

许多基因的表达发生明显改变，数以百计的基因发生表达上调或下调。例如，Cd^{2+} 胁迫可使树木杞柳（*Salix integra*）叶片或根系的基因表达谱发生明显改变，涉及数百个基因的表达上调或下调。其中，有的基因参与了 Cd^{2+} 的转运、解毒等生物学过程，这不仅对杞柳修复土壤 Cd^{2+} 污染的机制有所阐明，而且对选择土壤修复树种的工作有参考价值。又如，海州香薷（*Elsholtzia splendens* Nakai）为唇形科香薷属一年生草本植物，对铜有较高的忍耐力和富集能力。采用转录组学技术研究发现，在 Cu^{2+} 胁迫下，有很多基因表达上调或下调，差异显著，包括多种信号途径相关基因、逆境胁迫防御基因、金属耐性与解毒相关基因等，从基因组水平诠释海州香薷富集和修复土壤 Cu^{2+} 的分子机理。

二、蛋白质组学研究

在环境污染物对动、植物毒性作用机理的研究方面，为了探讨污染物与蛋白质组差异蛋白、特定功能蛋白之间的关系，以及污染物对蛋白质组不同蛋白质之间相互作用的影响，蛋白质组学研究技术被广泛应用。应用双向电泳技术和质谱检测技术相结合的分析方法是蛋白质组学研究的主要技术。

1. 动物方面

动物不同组织和器官中的许多蛋白质的翻译或表达对环境因子的刺激很敏感，在环境污染物的作用下，多种蛋白质的表达发生显著改变。例如，对接受持久性有机污染物苯并 [*a*] 芘和 DDT 联合暴露的热带海洋模式动物翡翠贻贝（*Perna viridis*）生殖腺蛋白质组进行研究，结果表明，翡翠贻贝生殖腺蛋白质表达谱发生了显著变化，许多蛋白质表达上调或下调，涉及细胞骨架、氧化应激、核苷酸代谢、转录因子、精子发生、蛋白质转运、物质和能量代谢、信号传导和细胞凋亡等生物学过程。一项研究指出，微囊藻毒素（microcystin，MCs）暴露使斑马鱼肝脏蛋白质组中与蛋白质降解有关的酶和超氧化物歧化酶水平发生显著变化，从中可阐明 MCs 引起斑马鱼蛋白水解和抗氧化能力异常的毒性作用机理。

2. 植物方面

与动物相似，在植物不同组织和器官中，许多蛋白质的翻译或表达对环境因子的变化也很敏感，在环境污染物的作用下，多种蛋白质的表达会发生显著改变。例如，对土壤污染有较强耐受性的海州香薷，受 Cu^{2+} 胁迫处理后，其根系对 Cu^{2+} 积累显著增加，采用蛋白质组技术研究表明，香薷根系有多种蛋白质的表达发生变化，其中有的上调，有的下调；而叶部对 Cu^{2+} 富集少，仅有少数几种蛋白质的表达发生上调或下调变化。研究证明，香薷可通过在蛋白质组水平上改变体内生化反应和代谢途径来适应 Cu^{2+} 的胁迫。

蛋白质组学技术除了广泛应用于环境污染物毒性作用机理的研究外，在评价和监测环境污染方面也得到应用。早在 2000 年克尼格（Knigge）等就利用挪威卡莫伊岛附近水体中紫贻贝（*Mytilus edulis*）的蛋白质组表达图谱对当地水域中重金属和多环芳烃的污染状况进行监测和评价。在我国，通过对金鱼肝脏蛋白质组差异蛋白分析，获得新的生物标志物，对北京高碑河污染状况进行了评价。

三、代谢组学研究

1. 概述

代谢组学是对生物体内所有代谢物进行定性和定量分析，研究代谢物与生理、病理变化相互关系的科学。具体地说，代谢组学是对某一生物或细胞在特定生理时期内所有低分子量（一般相对分子质量<1 000）代谢产物同时进行定性和定量分析的一门新学科。代谢组学与基因组学、转录组学和蛋白质组学等均为系统生物学的重要组成部分。环境代谢组学是利用代谢组学的理论和方法研究生物有机体与环境之间相互作用的科学，是代谢组学研究的一个重要方面。

基因组学和蛋白质组学分别从基因和蛋白质水平研究生命的活动，而细胞的许多生命活动是发生在代谢物层面的，如细胞信号作用，物质和能量代谢，细胞间通信等生命活动都是受代谢物调控或实施的。因此，基因变化所导致的生命活动的改变，在多数情况下是要通过代谢物的变化才能实现的，所以内源性代谢物的变化与生物体生理或病理变化有直接的关系。将代谢组学研究结果，结合转录组学、蛋白质组学和基因组学联合分析，将有利于建立基因和代谢产物之间的完整网络关系，从而为从基因—蛋白质—代谢物的角度全面阐明各种生命活动规律及其关键步骤提供了有力手段。

代谢组学方法与蛋白质组学、基因组学方法的联合，可应用于对疾病诊断、毒理学、功能基因组学、动植物生物学及营养学等复杂问题的研究和解决。代谢组学技术还可为环境污染物的生物标志物筛选、毒物作用机理的探讨以及环境污染物毒性监测和环境污染状况评价等提供分析工具。目前，核磁共振（nuclear magnetic resonance，NMR）、质谱（mass spectrum，MS）、高效液相色谱法（high performance liquid chromatography，HPLC）、气相色谱分析（gas chromatographic analyzer，GC）及色谱质谱联用［气相色谱/质谱联用（GC-MS combination）、液相色谱/质谱联用（LC-MS combination）］等技术是代谢组学研究领域应用最为广泛的研究技术。在代谢组学研究的后期，还要应用生物信息学平台进行数据分析，对代谢组学变化的生物学意义进行解读。其中常用的分析方法有多元回归（multiple regression）、判别分析（discriminant analysis）、主成分分析（principal component analysis）和层次聚类分析（hierarchical cluster analysis）等。

代谢组学在很多领域均具有很大的应用潜力。在生态毒理学研究和应用上，代谢组学特别是环境代谢组学可用于研究和阐明环境污染物引起生物机体代谢响应的特点和机制，也可用于环境污染的生态毒理学评价和环境污染物的毒性作用监测，还可用于生态系统健康问题的预警和野生动植物健康诊断及疾病预防。此外，代谢组学在生物对自然环境因子代谢响应机制的研究上也有重要作用。目前已知微生物约有 1 500 种代谢产物，动物约有 2 500 种代谢产物，植物代谢产物达 20 万种之多，仅拟南芥就有 5 000 余种代谢产物。大量的代谢产物种类也为代谢组学的研究带来了极大的挑战。

2. 环境污染物对动物代谢组学的效应

（1）环境污染物对陆生动物代谢组学的效应及应用

关于环境污染物对实验动物、野生哺乳动物或非哺乳类动物的代谢组学效应方面的研究很多，然而关于环境污染物对动物代谢组学影响的普遍的共同规律仍然知之甚少。在生态毒理学领域，蚯蚓是环境代谢组学研究较多的动物。这主要是因为蚯蚓在生态毒理学研究中占据重要地位。蚯蚓是土居动物，与土壤中各种污染物直接接触，是土壤污染的敏感指示生物，是反映生态系统健康状况的一种敏感性指标物种。因此，蚯蚓被广泛用于生态毒理学研究及土壤环境评价。对于环境代谢组学来说，对蚯蚓组织提取物的代谢组学研究，可以确定一系列代谢产物的变化，并以此作为生物标志物而用于生态毒理学评价。

应用核磁共振技术研究多种蚯蚓（*Lumbricus rubellus*、*Lumbricus terrestris* 和 *Eisenia andrei*）的代谢组学变化发现，3- 三氟甲基苯胺暴露可引起蚯蚓代谢谱中丙氨酸、甘氨酸、天冬酰胺和葡萄糖等代谢物含量增加，柠檬酸循环中间体的含量也发生了变化，这些代谢产物被认为是 3- 三氟甲基苯胺毒性作用的潜在的生物标志物。不同种类的蚯蚓代谢组学变化往往存在差异，例如，蚯蚓（*Lumbricus rubellus*）接触金属离子后，体内组氨酸的含量升高，而另一种蚯蚓（*Lumbricus terrestris*）暴露后，体内的组氨酸含量反而大幅降低。多氯联苯对土壤的污染可引起蚯蚓（*Eisenia fetida*）代谢谱中的 ATP 含量显著升高，且与土壤多氯联苯浓度有剂量 - 效应关系。总之，在以蚯蚓为指示性生物的生态毒理学研究和应用中，代谢组学发挥了重要作用。

（2）环境污染物对水生动物代谢组学的效应及应用

应用核磁共振技术，通过研究水生动物代谢谱的效应，可对环境污染物的毒性作用及其机理进行探讨。例如，虹鳟鱼暴露于雌激素类避孕药炔雌醇（ethinyloestradiol）之后，其血浆和血浆脂质提取物的代谢产物谱发生明显变化。又如，将日本青鳉（*Oryzias latipes*）的胚胎暴露于地乐酚之后，代谢谱的变化与胚胎生长抑制、心率降低和发育畸形，甚至死亡率均密切相关。此外，通过不同化学物质对同一种水生生物代谢组学影响的研究，可揭示不同化学物质的毒性作用及其机理的差异。

3. 环境污染对植物代谢组学的效应

目前植物代谢组学研究主要包括以下几个方面：①对特定种类植物的代谢组学研究；②同种植物的不同基因型植物（如突变型与野生型）的代谢组学研究；③生态环境对植物代谢组学的影响；④环境污染对植物代谢组学的效应；⑤通过代谢产物的变化推断基因表达和基因功能的变化。对于生态毒理学来说，目前较多关注环境化学污染物对植物代谢组学的影响。

随着环境污染对生态环境威胁的加剧，环境污染对植物生长发育，对农作物产量和品质的严重影响早已被大量农业科学和生态毒理学研究所证实。近年来，应用植物代谢组学技术对多种环境污染物引起农作物或野生植物代谢谱变化的研究也取得了很大进展。例如，十字花科芸薹属（*Brassica*）植物对金属的耐受性强，被广泛应用于土壤金属污染的修复中，其中一项对芜菁（*Brassica rapa* L.）代谢组学的研究发现，在 3 种金属离子（Cu^{2+}、Fe^{3+}、Mn^{2+}）暴露之后，葡萄糖酸和羟酸共轭盐类化合物、一些碳水化合物、氨基酸等初级代谢产物可作为不同金属对芜菁作用的生物标志物；Cu^{2+} 和 Fe^{3+} 暴露对芜菁引起的代谢产物的变化比 Mn^{2+} 更显著。又如，对 Cu^{2+} 胁迫栅藻属（*Scenedesmus*）植物的代谢组学研究显示，叶绿素、水溶性蛋白质及酚类化合物含量下降。值得注意的是，植物细胞培养技术也被用于代谢组学的研究，如对镉胁迫的麦瓶草（*Silene cucubalus*）细胞进行的代谢组学分析显示，代谢产物苹果酸和醋酸盐的含量明显升高，而谷氨酸及一些支链氨基酸的含量下降。

近年来，环境综合因素对植物代谢组学的影响在一些领域发展很快。例如，大量对中草药的产地 - 代谢组学 - 药效之间关系的研究显示，不同地区种植的同一种类的中草药植株，代谢产物不同，代谢组学差异很大，同时药效也有明显差异。此外，环境物理因素对植物代谢组学的影响也很明显。例如，过强的光辐射包括过强的紫外线照射会引起植物代谢谱改变。

四、环境污染物生态效应的表观遗传学研究

表观遗传学（epigenetics）是研究基因的核苷酸序列在不发生改变的情况下，基因表达发生可遗传性变化的科学。具体地说，表观遗传学是与遗传学（genetic）相对应的概念；遗传学是指基于基因序列改变所致基因表达水平的变化，如基因突变；而表观遗传学则是指基因序列未发生改变的情况下，基因表达发生了可遗传的改变，这些改变包括 DNA 的修饰（如甲基化修饰）、组蛋白的各种修饰等；表观基因组学（epigenomics）则是在基因组水平上对表观遗传学进行的研究。

由于生物在对环境的适应过程中表观遗传学机制有重要作用，而 DNA 甲基化在表观遗传学调控中占据重要地位，所以近年来生态毒理学研究对表观遗传学之 DNA 甲基化非常关注。例如，某些多环芳烃（PAHs）、农药久效磷、重金属镉以及环境内分泌干扰物双酚 A 等环境污染物均可引起斑马鱼胚胎组织 DNA 甲基化水平发生显著变化，启示环境污染物与生物基因组表观遗传学的关系值得关注。

对水稻全基因组 DNA 甲基化的一项研究表明，除草剂阿特拉津胁迫可引起水稻基因组中许多 CG 和非 CG 的甲基化位点和水平发生改变。与对照相比，在阿特拉津胁迫下有 600 多个基因的 DNA 甲基化水平发生改变，且 DNA 甲基化对基因的转录水平有显著影响。将 DNA 甲基化常用抑制剂 5- 氮杂胞苷（5-azacytidine，5-AzaC）和阿特拉津共同处理水稻幼苗，与单一阿特拉津处理相比，5-AzaC 处理促进了水稻的生长并减少了阿特拉津在其体内的积累量。这一表观遗传学的研究结果还指出，在阿特拉津的胁迫下，水稻基因组甲基化发生了改变，使参与代谢和解毒的一些基因的表达发生变化，从而导致阿特拉津降解加速，累积减少，对水稻的毒害减轻。

组蛋白修饰是重要的表观遗传修饰之一，主要包括乙酰化、甲酰化、甲基化、磷酸化和泛素化等。其中，组蛋白甲基化主要发生在赖氨酸残基上，通过赖氨酸残基甲基化状态和甲基化程度的变化，而对基因表达产生激活或抑制作用，从而调控基因的转录活性。在植物方面，植物组蛋白赖氨酸甲基化修饰对 DNA 甲基化、开花过程及逆境胁迫应答等的分子机制有密切关系。环境污染物通过对组蛋白修饰的作用而影响基因表达的表观遗传学问题，正在受到生态毒理学研究的关注。

第四节　环境污染物的氧化损伤效应

环境污染物在体内代谢过程中可以转化为自由基或者诱导自由基的产生。核酸、蛋白质和脂质均是自由基攻击的主要目标，这类攻击或反应可以导致一系列分子毒理学效应的产生。

一、自由基及其产生

自由基（free radical）是指具有奇数电子的分子，或者化合物的共价键发生均裂而产生具有奇数电子的原子或基团。自由基的共性为顺磁性、化学活性极高和生物半衰期极短（仅为 10^{-6} s 或更短）。

有的环境污染物本身具有自由基性质（如 NO_2）；有的环境污染物化学性质活泼（如

O_3），可与多不饱和脂肪酸作用后形成自由基。

环境污染物通过体内代谢转化而成为自由基的现象很普遍。有的环境污染物可通过生物转化形成有活性的亲电子中间产物，通常为自由基。例如，苯酚、对苯二酚、氨基酚以及多环芳烃苯并 [*a*] 芘、7,12- 甲基苯并蒽等可以在过氧化物酶或细胞色素氧化酶的作用下失去电子而成为亲电子的阳离子自由基；而百草枯、硝基呋喃妥因等可以从细胞色素 P450 还原酶获得电子而成为自由基，这些自由基又将电子转移到分子氧（O_2）形成超氧阴离子自由基（$O_2^{-\bullet}$），后者又可以和其他化学物质反应形成新的自由基。卤代烷烃 CCl_4、$CHCl_3$、CCl_3Br 及 $CFCl_3$ 等可通过生物转化形成自由基。

某些环境污染物可在体内发生共价键均裂而产生自由基，典型的例子如四氯化碳（CCl_4）分子中的共价键发生均裂而产生三氯甲基自由基（$CCl_3^{\bullet}$）。过氧化氢（H_2O_2）分子中的共价键也可发生均裂而产生羟基自由基（$HO^{\bullet}$）。

此外，生物圈的绝大多数生物都是有氧或好氧生物，它们均通过氧化碳氢化合物而获得推动生命活动的能量，同时在正常的生理活动中进行大量的、不间断的氧化还原反应，在这些正常生化代谢中也可以产生自由基。例如，进入机体内的氧分子，参与酶促或非酶促反应时，可接受 1 个电子转变为 $O_2^{-\bullet}$，$O_2^{-\bullet}$ 又能衍生为 H_2O_2、$HO^{\bullet}$、单线态氧（$^1O_2$，其电子处于激发状态）等。这些含有氧而又远比 O_2 活泼的化合物，称为活性氧种类（reactive oxygen species，ROS）。因此，ROS 包括处于自由基状态的氧（如 $O_2^{-\bullet}$ 和 $HO^{\bullet}$），以及不属于自由基的过氧化氢。

正常浓度的 ROS 执行着一定的生理功能和信号转导作用，然而过多的 ROS 就可能引起机体的氧化损伤。在需氧生物体内既存在强大的氧化体系，又存在健全的抗氧化系统（包括各种抗氧化酶和抗氧化剂如还原型谷胱甘肽、维生素 E、抗坏血酸等），能清除过多的自由基，将活性氧转变为活性较低的物质，使机体受到保护。例如，超氧化物歧化酶（superoxide dismutase，SOD）是一种广泛存在于细胞浆和线粒体内的抗氧化酶，能将 $O_2^{-\bullet}$ 转化为过氧化物，再经抗氧化酶——谷胱甘肽过氧化物酶（glutathione peroxidase，GSH-Px）或过氧化氢酶（catalase，CAT）催化而成为 H_2O。还原型谷胱甘肽是体内广泛存在的抗氧化物质，由于它的亲核特性，它在自由基和亲电子化学物质的清除中起重要作用。NADPH- 依赖性谷胱甘肽还原酶在自由基和亲电子化学物质的清除中也有重要作用，因为该酶可使氧化型谷胱甘肽变为还原型谷胱甘肽（GSH），从而使谷胱甘肽在自由基清除中反复使用。

但是，生物体清除自由基的功能包括抗氧化的功能是有一定限度的，加之某些环境污染物对抗氧化酶的活力有抑制作用，或者对抗氧化物质有耗竭作用，如对谷胱甘肽的大量消耗，降低了机体的抗氧化能力。当环境污染物在体内产生的自由基数量超过机体的处理能力时，自由基包括 ROS 就会攻击 DNA、酶、蛋白质及脂肪分子，导致这些生物分子发生氧化损伤即氧化应激（oxidative stress）作用，对机体造成危害。

二、氧化损伤效应

1. DNA 氧化损伤

自由基对核酸的主要攻击位点为核酸腺嘌呤和鸟嘌呤的 C-8、嘧啶 C-5 和 C-6 的双烯键，从而引起碱基置换、嘌呤脱落、DNA 链断裂、基因表达异常，导致细胞损伤，甚至发生突变和癌变。

DNA 对活性氧特别敏感，因此 ROS 能引起 DNA 发生多种类型的氧化损伤，形成多种碱基氧化产物，其中发生在鸟嘌呤 C-8 的氧化产物 8- 羟基鸟嘌呤最为常见，被视为 DNA 氧化损伤的生物标志物。

2. 蛋白质氧化损伤（protein oxidative damage）

ROS 也可攻击蛋白质，使蛋白质发生氧化损伤。许多种蛋白质是具有催化作用的酶，当酶蛋白发生氧化损伤时，酶的活性下降或丧失，可引起一系列细胞生理生化功能紊乱。结构蛋白的氧化损伤将使细胞结构破坏，导致细胞功能失常甚至死亡。

蛋白质的氨基酸侧链（一般为易受自由基攻击的带有 NH 或 NH_2 的氨基酸残基）及肽键可被 ROS 攻击而发生氧化、生成羰基。当自由基（如羟基自由基）夺取蛋白质氨基酸残基的亚甲基（$—CH_2—$）的氢原子而生成羰基化合物、引起蛋白质氧化损伤时，所形成的羰基可以与其他核酸或蛋白质分子中的氨基发生反应，从而导致 DNA- 蛋白质、蛋白质 - 蛋白质交联等分子损伤。因此，蛋白质来源的羰基化合物可以作为蛋白质氧化损伤的生物标志物。

3. 脂质过氧化损伤（lipid peroxidation damage）

（1）脂质过氧化损伤的危害

脂质过氧化是导致细胞损伤和死亡的关键步骤。细胞膜和细胞内的各种细胞器都是膜性结构，这些生物膜主要是由脂质双分子层构成的。环境污染物在氧化还原反应中形成的 ROS 可以攻击这些脂质分子，引起脂质过氧化损伤。膜脂质过氧化的直接后果是其不饱和性的改变，随之发生膜流动性降低，脆性增加，而且也改变了膜镶嵌蛋白的活化环境。如果这些镶嵌蛋白是酶、受体和离子通道的话，它们的活性和作用将受到影响。脂质过氧化还可导致脂质分子的自发性降解、分子结构破坏，使膜的完整性丧失甚至膜破裂，产生一系列病理反应，导致线粒体和溶酶体肿胀和解体，引起一些微粒体酶（如 P450 酶、葡萄糖 -6- 磷酸脱氢酶、ATP 酶、葡糖醛酸基转移酶等）活性降低，甚至引起细胞和组织坏死。

（2）脂质过氧化的启动和结局

由于自由基具有奇数、不配对的电子，所以它可迅速从内源性化合物夺取氢原子，使该内源性化合物氧化或转变为新的自由基。例如，ROS 中的 $HO^{\bullet}$ 与膜脂质接触后，可攻击多不饱和脂肪酸并从其碳链的亚甲基中夺取一个氢原子，形成脂质自由基（$L^{\bullet}$）并启动脂质过氧化（lipid peroxidation）。$L^{\bullet}$ 与分子氧反应形成脂质过氧自由基（$LOO^{\bullet}$），从而使生物膜发生一系列脂质过氧化连锁反应，并引起脂肪酸分子断裂，最终转化为乙烷、丙二醛（malondialdehyde，MDA）、4- 羟基壬烯酸（4-hydroxynonenal，HNE）、新的自由基及其他产物。

（3）脂质过氧化标志物

脂质过氧化产物丙二醛和 4- 羟基壬烯酸是脂质过氧化损伤的常用标志物。由于不饱和脂肪酸的氧化产物醛类，可与硫代巴比妥酸（thiobarbituric acid，TBA）生成有色化合物，如丙二醛（MDA）与 TBA 生成有色化合物在 530 nm 处有最大吸收值，故可用测定硫代巴比妥酸反应物（thiobarbituric acid reactive substances，TBARS）的数量来评价脂质过氧化水平。因此，硫代巴比妥酸反应物也常被用作脂质过氧化损伤的标志物。

近年来，多种环境污染物对不同种类的动、植物引起氧化损伤的大量报道，足以说明环境污染物的氧化损伤作用在生态毒理学研究中的重要性。例如，慢性镉暴露可引起斑马鱼卵巢组织抗氧化酶 SOD 和 GSH-Px 的活性显著抑制、脂质过氧化产物 MDA 水平升高，认为镉暴露可引起斑马鱼卵巢组织发生氧化损伤。也有报道，纳米 TiO_2、ZnO 可引起斑马鱼肝脏 SOD 和 CAT 活性降低、还原型谷胱甘肽含量下降，而蛋白质羰基、MDA 含量增加，同时纳米 TiO_2、ZnO 悬浮液中的羟基自由基（$HO^{\bullet}$）生成量增加。由此认为，纳米 TiO_2、ZnO 颗粒物可对斑马鱼引起氧化损伤，且与自由基有关。

持久性有机污染物全氟辛烷磺酸盐（perfluorooctane sulphonate，PFOS）和广谱有机磷杀虫剂毒死蜱（chlorpyrifos）均可引起斑马鱼发生氧化损伤、抗氧化酶活性改变、MDA 水平升高。此外，PFOS 对海洋贝类也可引起氧化损伤效应。农药高效氯氰菊酯、阿维菌素和辛硫磷可引起林木害虫天幕毛虫的抗氧化体系破坏，氧化损伤发生。在全球应用广泛的农药阿特拉津可引起鹌鹑肝脏 ROS 和 MDA 水平升高，导致肝脏发生氧化损伤。

环境污染物对植物种类特别是农作物的氧化损伤作用也被广泛研究。例如，除草剂异丙隆对水稻幼苗生长、叶绿素形成有抑制作用，同时可引起抗氧化系统紊乱、丙二醛含量增高，从而导致机体发生氧化损伤。

第五节　环境污染物对细胞信号转导的效应

一、概述

1. 信号分子（signaling molecules）

信号分子是指生物体内在细胞间和细胞内传递信息的某些化学分子，它们的功能是与细胞膜上的或者细胞膜内的受体结合并传递信息。信号分子既不是营养物质，也不是能源物质、结构物质和酶。

信号分子根据溶解性通常可分为亲水性和亲脂性两类，前者作用于细胞膜表面的受体（receptor），后者穿过细胞质膜作用于胞质中的或核中的受体。这些细胞外的信号分子就是一类特殊的配体（ligand），包括激素、生长因子、细胞因子、神经递质以及其他小分子化合物等。

2. 信号

生物细胞所接收的信号包括物理信号（如光、热、电流等）和化学信号等，但是在有机体间和细胞间的通信中最广泛的信号是化学信号。

单细胞生物可与外界环境直接交换信息，并可把外界的刺激转化为细胞内的信号，从而对环境产生适当的响应。多细胞生物中的单个细胞不仅需要适应环境的变化，而且还需要通过信号传递使细胞与细胞之间在功能上协调统一，使生物整体对环境产生适当的响应。

3. 细胞信号转导（cellular signal transduction）

细胞信号转导（又称生物信号转导）是指细胞外的信号分子（配体）通过与细胞膜上的或细胞膜内的受体（receptor）特异性地结合，引发细胞内的一系列生物化学反应和各种分子活性的变化，将这种变化依次传递至效应分子，引起相关基因表达、酶活性变化、DNA 和蛋白质合成改变，导致细胞内某些代谢过程和生理反应发生变化，从而控制或调节细胞功能，这个过程称为细胞信号转导（cellular signal transduction）。在细胞信号转导中发生的信号传递按先后顺序排成的序列构成了一种信号传递的连锁，该连锁被称为细胞信号转导途径或信号转导通路（cellular signal transduction pathway）。生物体通过细胞信号转导对细胞的增殖、分化、代谢，甚至细胞的死亡进行调控，其最终结局是使机体组织细胞对自身生长发育的需求或对外界环境的变化，在整体上发生最为适宜的反应。简言之，机体内一部分细胞接受来自体内外的刺激并发出信号，而另一部分细胞接收信号并将其转变为细胞功能上的变化，这个过程就是细胞信号转导。

二、环境污染物对细胞信号转导的效应

研究环境污染物对细胞信号转导的作用，对于阐明环境污染物毒性作用的机理非常重要，这就是近年来生态毒理学领域把信号通路作为研究热点的主要原因之一。环境污染物不同，对细胞信号转导的作用也不同，可分为以下几种类别。

1. 在信号转导的起始阶段就产生毒性作用的环境污染物

（1）与体内信号分子的化学结构类似

有的环境污染物可以在信号转导的起始阶段就产生毒理作用。例如，有的环境污染物与体内信号分子的化学结构类似，故可以模仿信号分子与其受体的结合而引起信号转导异常。例如，溴化阻燃剂四溴双酚 A（Tetrabromobisphenol A，TBBPA）的化学结构与甲状腺激素（TH）相似，可以通过干扰 TH 与其受体的结合而干扰下游 TH 响应基因（TH-response gene）的表达，通过对 TH 信号传递的干扰作用，可使脊椎动物脑发育异常。又如，一些环境污染物属于环境雌激素类化合物，如多氯联苯、有机氯杀虫剂（如 DDT、狄氏剂、毒杀酚、林丹、十氯铜和五氯酚等）及一些金属（如铅、镍等）可与雌激素受体结合，并激活雌激素受体，传递雌激素信号，使靶基因表达上调，过度引发雌激素效应，破坏了体内性激素作用的平衡，导致对机体的危害。这类对机体内分泌功能具有干扰作用的环境污染物被称为环境内分泌干扰物。

（2）抑制体内信号分子的产生

有的环境污染物可以抑制体内信号分子的产生，从而削减细胞信号的传递，破坏对细胞功能的调节。例如，除草剂杀草强（amitrole）（图 4-2）能够抑制甲状腺素的产生，而苯巴比妥可加速甲状腺素的灭活，这些作用均可导致血液甲状腺素浓度减少，使甲状腺素信号转导通路失常，对机体造成损伤。

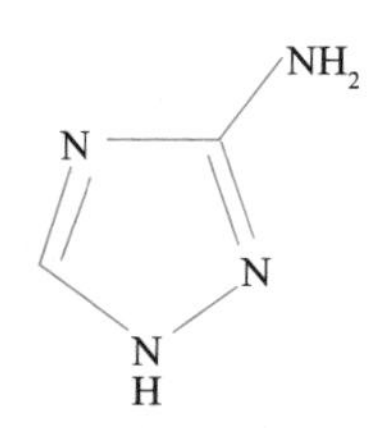

图 4-2 杀草强
（3- 氨基 -1,2,4- 三氮唑）

（3）对信号分子的受体产生毒性作用

有的环境污染物对信号分子的受体有损伤作用，从而使相关信号分子的信号作用受到抑制；而有的环境污染物能提高受体对信号分子的敏感性，从而增加信号作用的强度。这些对受体的损伤作用均可导致信号转导通路异常。

2. 在信号转导通路中间环节产生毒性作用的环境污染物

在信号转导通路中间的任何一个环节遭受环境污染物的毒性作用，均可扰动信号通路，导致细胞功能紊乱、机体损伤。对参与信号传递的各种细胞因子、酶、蛋白质、多肽等信号通路元件合成和代谢的干扰，均可扰动信号转导的正常运行，使信号通路阻断、信息的传递发生障碍。例如，有机磷杀虫剂对体内乙酰胆碱酯酶有强抑制作用，导致神经信

号传递分子乙酰胆碱大量积累，使神经元过度兴奋而后又转为抑制，从而引起一系列神经毒性症状。又如，三丁基锡、亚砷酸盐能通过干扰细胞内蛋白质酪氨酸磷酸酶（protein tyrosine phosphatase，PTP）的活性而影响细胞内信号分子的激活，从而影响信号传导对转录因子的作用，导致转录因子不能正常激活，使多种基因表达失常。

3. 改变细胞内第二信使水平的环境污染物

有些环境污染物可通过对细胞膜离子通道、ATP 酶以及其他膜成分功能的影响，而改变细胞内第二信使的水平（如 Ca^{2+}），从而导致信号转导的异常，引起细胞损伤。

4. 形成新的毒理信号通路的环境污染物

有些环境污染物可以借助细胞原有的信号通路或元件，进行重新组合形成新的、可导致毒性作用的通路，被称为毒理信号通路，这也是环境毒物毒性作用机制研究的一个重要方面。

5. 本身就是信号分子的环境污染污染

有些环境污染物本身也是生物体可以内源性合成的信号分子，如 NO、CO、H_2S、SO_2、NH_3 等，这些环境污染物进入体内以后，可以改变（主要是增强）体内同类信号的作用，引起机体细胞功能调节异常。

6. 诱导植物体内信号分子合成的环境污染物

当植物受到生物胁迫以及非生物胁迫时，可以诱导植物信号分子［如 NO、水杨酸（salicylic acid，SA）、茉莉酸（jasmonic acid，JA）、乙烯（ethylene，ET）、脱落酸（abscisic acid，ABA）和 β- 罗勒烯（β-ocimene）等］的内源性生物合成快速增加。这些信号分子可以启动植物对环境生物（如食草动物、病原菌侵染、昆虫伤害等）和非生物（如机械损伤、高盐、干旱、高温、严寒、紫外光、臭氧等）的胁迫做出防御反应，诱导抗性基因表达，这与植物抗性的变化密切相关。同时，有些受胁迫的植株还可释放某些挥发性物质吸引生物胁迫者的天敌，以减轻生物胁迫对植株自身的危害；释放出的挥发性物质还可以帮助附近的植物产生防御反应，起到间接防御保护作用。

目前，环境污染物对植物信号转导影响的研究还不系统，还有很大的发展空间。例如，臭氧处理可引起野生型拟南芥的内源茉莉酸含量明显增加，外源茉莉酸甲酯（methyl jasmonate，MeJA）对臭氧引起的细胞凋亡有抑制作用，如果阻断茉莉酸信号则会使植物对臭氧产生更强烈的过敏反应。这些研究结果显示，臭氧对茉莉酸信号转导的诱导有益于植株对臭氧胁迫的防护，但是臭氧对其他植物信号通路的影响尚待进一步研究。又如，重金属胁迫对植物 NO 信号通路影响的研究，有的研究认为内源 NO 对缓解重金属的毒性是有益的；但是，也有证据表明，内源 NO 可通过促进植物对重金属的吸收及对植物螯合素进行 S- 亚硝基化而弱化螯合素的解毒功能，从而参与重金属诱导的毒害反应和细胞凋亡过程。由此可知，NO 信号通路在重金属胁迫的危害中扮演了什么角色，尚需进一步研究。总之，植物信号分子对植物的生长、发育、生殖、衰老等生命活动和生理过程有重要调控作用，在生态毒理学研究领域开展环境污染物对植物信号转导作用的研究，将对探讨污染物引起植物毒性作用的机理及其防护有重要意义。

思考题

1. 名词解释

分子效应、生物标志物、热休克蛋白、DNA 加合物、氧化应激、信号、信号分子、信号转导

2. 为什么说环境污染物在不同水平上的毒害作用均始于它的分子效应?

3. DNA 损伤有哪些类型，各是如何形成的?

4. 简述环境污染物对酶和蛋白质的诱导效应。

5. 环境污染物对生物体引发的氧化损伤效应有哪些?

6. 举例说明环境污染物对生物体基因组、转录组和蛋白质组表达的影响。

7. 试论研究环境污染物对植物基因表达影响的重要性。

8. 举例说明环境污染物的表观遗传学效应有哪些。

9. 举例说明环境污染物对动、植物代谢组学效应研究的重要性及应用。

10. 试述环境污染物对细胞信号转导有哪些影响。

第五章　环境污染物的生态毒理学效应（二）：从细胞水平到个体水平

第一节　细胞、组织及器官水平的生态毒理学效应

当环境污染物作用于生物体时，首先在分子水平产生一系列生物化学毒性作用，严重的分子毒性作用引起的损伤如不能及时修复，则可导致细胞和组织的形态与功能改变，如细胞肥大、细胞增生和化生、组织萎缩甚至坏死等。轻微的细胞和组织损伤是可逆的、可以恢复的，而严重的损伤是不可逆的，将导致细胞、组织甚至器官受到损伤，甚至坏死。细胞水平的改变还包括细胞的突变和癌变，这是多种分子水平和细胞水平损伤综合作用的结果。当体细胞发生突变或癌变时可以影响个体发育甚至引起死亡；当生殖细胞发生突变时不但对胎儿发育有影响，还可遗传给子代。

一、细胞水平

细胞是生物体结构和功能的基本单位。植物细胞和动物细胞不同，它们的主要区别在于：植物细胞的细胞膜外围具有细胞壁，细胞质内具有叶绿体和液泡，而动物细胞没有细胞壁、叶绿体和液泡（图 5-1）。同一生物体内的不同种类的细胞具有不同的形态结构和功能，对环境污染物的敏感性也不同。环境污染物在细胞水平的生态毒理学效应可以分为一般效应和特殊效应，一般效应包括细胞变性（cell degeneration）、细胞坏死（cell necrosis）及细胞凋亡（cell apoptosis）等，而特殊效应主要包括细胞突变和癌变。

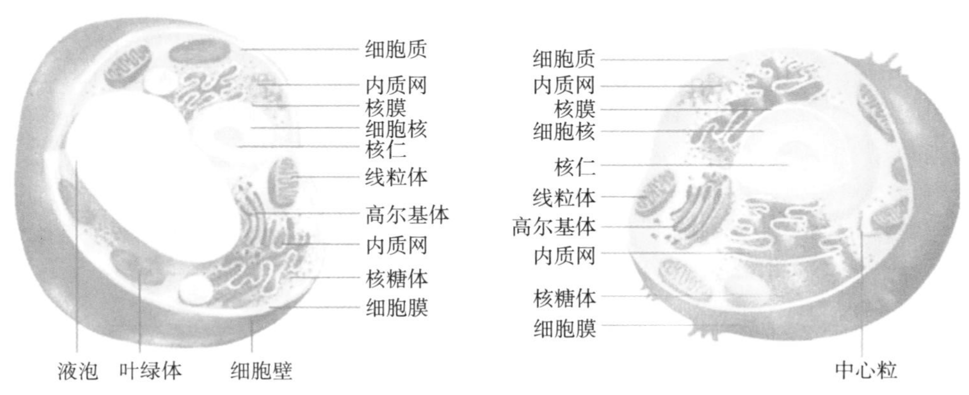

图 5-1　植物细胞（左）与动物细胞（右）结构示意图

（一）细胞变性

细胞变性是指细胞或细胞间质的一系列形态和功能的变化，表现为细胞内出现异常物

质或正常物质数量显著增多或减少。一般而言，细胞的变性是可恢复性改变，当污染源消除后，变性细胞的结构和功能仍可恢复。但严重的变性则往往不能恢复而发展为坏死。

细胞变性可分为两类：一类是细胞含水量异常增多即细胞水肿，另一类是细胞内物质的变性与异常堆积。在不同的环境条件下，不同的环境污染物可以导致多种不同物质在细胞内和细胞间质中变性与异常堆积，主要有脂肪堆积、玻璃样变性、纤维素样变性、黏液性变性、淀粉样变性、病理性色素沉积和病理性钙化。鲫鱼铜中毒后，其肝细胞呈颗粒样变性、玻璃样变性、胞浆融合、细胞间界限模糊甚至细胞坏死。

（二）细胞坏死

生物体内局部组织或细胞代谢停止，功能丧失，并出现一系列不可逆性形态学改变的状态称为坏死。细胞核的改变是细胞坏死的主要形态学标志，通常表现为核固缩、核碎裂和核溶解。形态学上可将坏死分为局灶性坏死、凝固性坏死、液化性坏死及固缩性坏死等类。生物体处理坏死组织的基本方式是溶解吸收和分离排出。坏死组织如不能完全溶解吸收或分离排出，则由肉芽组织取代坏死组织或由周围新生结缔组织包裹坏死组织使其钙化。

在多数情况下，坏死是由组织、细胞的变性逐渐发展而来的，即渐进性坏死。在此期间，如果坏死尚未发生，当病因被排除后，组织和细胞的损伤仍有恢复的可能。但一旦组织、细胞的损伤严重，代谢紊乱，出现一系列坏死的形态学改变时，则损伤不能再恢复。

（三）细胞凋亡

细胞凋亡是细胞自主发生的有序的死亡。它是多细胞生物在维持内环境稳定和多个系统的发育中，去除不需要或异常细胞的重要途径。它是细胞的主动过程，与一系列基因调控、信号转导等有关。环境污染物可以诱导、促进或抑制动物、植物细胞凋亡过程，从而干扰正常的细胞凋亡，导致毒性效应的产生，引起生物体慢性中毒、疾病，甚至死亡。

细胞凋亡与细胞坏死不同：坏死是细胞受到强烈理化或生物因素作用而引起的细胞无序变化的死亡过程，表现为细胞肿胀、细胞膜破裂、细胞内容物外溢、DNA 降解不充分，且往往引起局部炎症反应；而细胞凋亡是细胞对生理性或病理性信号、环境条件的变化或缓和性损伤的应答而导致的有序的死亡过程。由此可知，环境污染物的高浓度、强毒性作用往往引起细胞坏死，而低浓度、弱毒性作用一般可引起细胞凋亡。

细胞凋亡的形态学变化是多阶段的：首先是细胞缩小、与周围细胞脱离；继之，细胞质密度变大、线粒体膜电位消失、核浓缩、DNA 降解成为 180～200 bp[①] 片段、细胞膜结构仍然完整，最终将凋亡细胞遗骸分割包装为一些凋亡小体并很快被吞噬细胞吞噬，细胞内容物未外溢，故不引起周围发生炎症反应。

二、亚细胞水平

细胞是一个开放的但由细胞膜包裹的基本生命单元，机体的每个细胞都执行着一定的功能以维持机体的正常生命活动，为此，每个细胞都具有细胞膜、细胞器、细胞骨架及多种大分子复合体等结构元件，为细胞活动提供完整的结构基础。特别是细胞膜和各种细胞

---

① bp 为碱基对。

器（如线粒体、内质网、高尔基体和溶酶体等）分别进行着各种生化反应，行使各自的独特功能，维持细胞和机体的生命活动。细胞器的异常改变也是环境污染物对细胞毒性作用的重要表现。

除了发生在分子水平上的效应外，细胞的亚细胞组分对环境污染物的各种毒性作用也是非常敏感的，它们也可以作为生物标志物对生物损伤状况和污染物暴露水平进行评估，如环境污染物引起的各种生物膜（尤其细胞膜）以及细胞核、内质网、溶酶体、线粒体等亚细胞结构与功能的变化，还有染色体畸变（CA）和微核（MN）的形成等。

（一）细胞膜（cellular membrane）

维持细胞膜的稳定性对机体内营养物质的生物转运、信息传递及内环境稳定是非常重要的。

1. 细胞膜形态结构的改变

某些环境污染物可损伤细胞膜的结构，使细胞膜的完整性遭受破坏，如细胞膜损伤严重，可出现细胞内容物的外溢、微绒毛变短甚至消失，乃至细胞膜破裂、胞浆膨出等病理现象。

2. 细胞膜成分的改变

某些环境污染物可引起膜蛋白和膜脂质的化学变化，从而影响膜的通透性和流动性。例如，Cd^{2+}、Pb^{2+}、Hg^{2+} 等重金属可与膜蛋白的巯基、羰基、磷酸基、咪唑和氨基等作用，改变膜蛋白的结构和稳定性，从而改变膜的通透性和流动性。DDT、对硫磷等高脂溶性化学物可与膜脂相溶，从而改变膜的通透性和流动性。膜通透性的破坏可导致过多水分进入细胞而引起细胞肿胀。

有的环境污染物对细胞膜成分的损害可造成细胞主动转运功能发生障碍，从而导致细胞内 Na^+ 潴留和 K^+ 排出，且往往是 Na^+ 的潴留多于 K^+ 的排出，使细胞内渗透压升高，水分因而进入细胞，引起细胞水肿。

3. 对细胞膜酶的影响

细胞膜的功能与膜酶的活性密切相关。有的环境污染物可攻击膜酶使酶的活力下降，例如，有机磷化合物可与神经元的突触小体膜及红细胞膜的乙酰胆碱酯酶共价结合，使乙酰胆碱酯酶活性下降；对硫磷还可抑制神经元突触小体膜和红细胞膜 Ca^{2+}-ATP 酶和 Ca^{2+}、Mg^{2+}-ATP 酶的活性；苯并 [*a*] 芘可抑制小鼠红细胞膜 Ca^{2+}-ATP 酶和 Na^+、K^+-ATP 酶活性；Pb^{2+}、Cd^{2+} 可与 Ca^{2+}-ATP 酶上的巯基结合，使其活性降低。

此外，环境污染物还可以对细胞膜离子通道、受体等组分产生直接或间接影响，导致细胞膜结构和功能异常，引起细胞内 Ca^{2+} 水平过高、信号转导障碍等毒理学效应。

（二）细胞核（nucleus）

环境污染物对细胞核的影响最为引人注目的是对遗传物质 DNA、染色体的效应，这些内容主要在其他章节介绍，在此仅对环境污染物引起的细胞核形态学损伤进行论述。病理形态学改变是细胞核损伤的重要标志，应当予以高度重视。

1. 核大小的改变

细胞功能旺盛及细胞水肿均可引起核肿大，多数情况下当细胞功能下降或细胞受损时，核的体积则变小，染色质变致密。

2. 核形的改变

正常细胞核的形状随不同物种和组织而不同。不同种类的细胞大多具有各自形状独特的核，可为圆形、椭圆形、梭形、杆形、肾形及不规则形等。环境污染物作用于生物体时，细胞核的形状可能发生改变。

3. 核结构的改变

细胞在衰亡或损伤过程中的重要表征之一是核结构的改变，主要表现为核膜和染色质的改变。染色质边集、核浓缩、核碎裂、核溶解等核的结构改变是核和细胞不可恢复性损伤的标志，提示细胞已经死亡。

4. 核内包含物改变

在某些细胞损伤时可见核内出现各种不同的包含物，可为胞浆成分（线粒体和内质网断片、溶酶体、糖原颗粒、脂滴等），也可为非细胞本身的异物。

5. 核仁的改变

细胞受损时核仁变小和（或）数目减少。

（三）线粒体（mitochondrion）

线粒体（图 5-2）是细胞中由两层膜包被的细胞器，直径一般在 0.5 μm 到几微米。一个细胞内含有线粒体的数目变化很大，可以从几百个到数千个不等。线粒体是细胞中制造能量的结构，是细胞进行有氧呼吸、氧化磷酸化和合成三磷酸腺苷（ATP）的主要场所，所以有“细胞发电厂”之称。除了为细胞供能外，线粒体也参与细胞分化、信息传递和细胞凋亡等过程，还与细胞生长和细胞周期的调控有关。

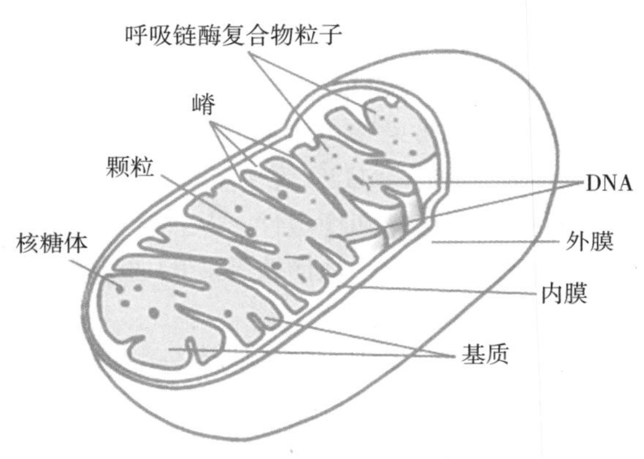

图 5-2 线粒体结构示意图

线粒体是对多种环境污染物最为敏感的细胞器之一。一些环境污染物可引起细胞线粒体内 ROS 和活性氮（reactive nitrogen species，RNS）的急剧增加，引起氧化应激、线粒体膜脂质发生氧化损伤而渗透性升高，使线粒体内蓄积的 Ca^{2+} 流到细胞质内，而细胞质内的水分子大量流入线粒体，导致线粒体膨胀，从而使在线粒体内进行的三羧酸循环受到破坏，ATP 合成的功能受到抑制，引起细胞 ATP 耗竭。进一步发展可引起细胞中的生物大分子如 DNA、RNA 和蛋白质发生降解，细胞结构破坏、功能紊乱，造成细胞坏死或凋亡。

在环境污染物的暴露之下，当细胞受到损害时，线粒体最常见的形态结构改变如下：

1. 数量改变

在细胞受损时，线粒体的增生实质上是对慢性非特异性细胞损伤的适应性反应或细胞代偿性功能升高的表现。线粒体数量减少多见于急性细胞损伤时线粒体崩解或自溶的情况。细胞慢性损伤时，由于线粒体可发生适应性增生，一般不见线粒体减少，有时甚至反而增多。

2. 大小改变

细胞受损时，最常见的改变为线粒体肿大，可分为基质型肿胀和嵴型肿胀两种类型，而以前者最为常见。当线粒体膜的损伤加重时，可引起基质型肿胀。基质型肿胀时线粒体变大变圆，基质变浅、嵴变短变少甚至消失。在极度肿胀时，线粒体可转化为小空泡状结构。嵴型肿胀局限于嵴内隙，使扁平的嵴变成烧瓶状乃至空泡状，而基质则更显得致密。如果损伤较轻，嵴型肿胀一般可以恢复正常。

由于线粒体是对各种有毒有害因子极为敏感的细胞器，所以其肿胀可由多种损伤因子引起，其中最常见的是缺氧。此外，各种环境污染物、微生物毒素、射线以及渗透压改变等也可引起线粒体肿胀。线粒体的轻度肿大有时可能是其代偿性功能升高的表现，较明显的肿胀才是细胞受损的象征。如果损伤不过重、有害因子的作用时间不过长，线粒体的肿胀仍可恢复。线粒体的增大有时是器官功能负荷增加引起的适应性肥大，此时线粒体的数量也常增多。反之，器官萎缩时，常见线粒体体积缩小、数目变少。

3. 结构改变

线粒体嵴是细胞进行能量代谢的位点和标志，在环境污染物浓度较高而引起细胞急性损伤时，线粒体的嵴常常被破坏；在化学物浓度较低而引起细胞慢性损伤时，线粒体的蛋白质合成往往发生障碍，以致线粒体不再能形成新的嵴，导致线粒体嵴数减少。研究表明，Zn^{2+}、Hg^{2+}、Cd^{2+}、Al^{3+} 等环境污染物可与线粒体膜蛋白发生反应，导致线粒体结构和功能损伤。

（四）内质网（endoplasmic reticulum，ER）

内质网是由一层生物膜所形成的囊状、泡状和管状结构而构成的一个连续网膜系统。由于它靠近细胞质的内侧，故称为内质网（图 5-3）。依据内质网膜外表面是否有核糖体附着，通常将内质网分为粗面内质网（rough endoplasmic reticulum，RER）和光面内质网（smooth endoplasmic reticulum，SER）两种类型。粗面内质网附着有核糖体，其主要功能与肽类激素或蛋白质的合成有关。光面内质网没有附着核糖体，其与脂类和糖类的代谢有关，还具有解毒功能，是一种多功能的细胞器。

1. 粗面内质网

当细胞受到损伤时，粗面内质网上执行蛋白质合成功能的核糖体（ribosome）往往脱落于胞浆内，使细胞蛋白质合成减少或消失；当损伤恢复时，其蛋白质合成也随之恢复。在细胞变性和坏死过程中，粗面内质网的池可能会出现扩张。在扩张严重时，粗面内质网互相离散，膜上的颗粒不同程度脱失，进而内质网本身可断裂成大小不等的片段、大泡或小泡。

2. 光面内质网

光面内质网又称滑面内质网。动物肝细胞的光面内质网具有生物转化作用，能对一些低分子化学污染物进行转化解毒。在细胞受到损伤时，光面内质网可出现小管裂解为小泡或扩大为大泡状的现象。例如，在某些芳香族化合物的毒性作用下，光面内质网有时可在胞浆内形成葱皮样层状结构，称为“副核”，是一种变形性改变。又如，在正常的黑藻叶细胞中，内质网多为粗糙型，核糖体遍布，当用 3 mg/L Cr^{6+} 和 4 mg/L As^{3+} 处理 3 d，可观察到黑藻叶细胞内内质网多为光滑型，核糖体明显减少，有的内质网膨胀成囊泡状。

（五）高尔基体（Golgi body）

高尔基体（图 5-3）也称高尔基复合体（Golgi complex）、高尔基器（Golgi apparatus），

是细胞内以分泌为主要功能的细胞器。它是由光面膜组成的囊泡系统，由扁平囊泡和囊泡组成。因细胞学家卡米洛·高尔基（Camillo Golgi）于1898年首次发现而得名。

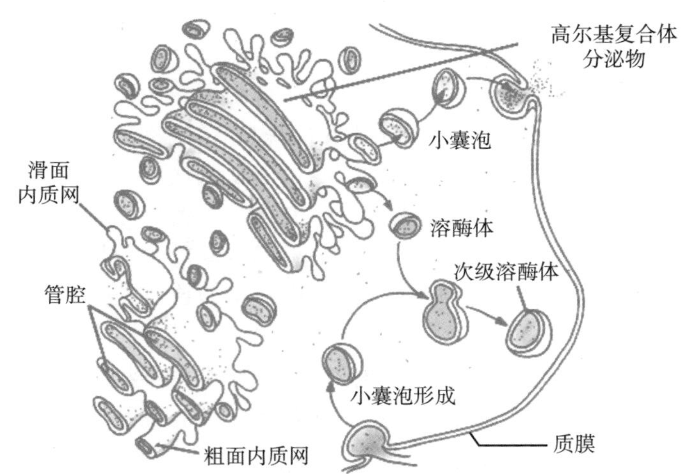

图 5-3 高尔基复合体与内质网结构及溶酶体形成示意图

1. 高尔基体肥大

高尔基体肥大见于细胞的分泌物和酶的产生旺盛时。当巨噬细胞在吞噬活动旺盛时，可见形成许多吞噬体，同时高尔基体增多，并从其分泌出许多高尔基小泡。

2. 高尔基体萎缩

在细胞受到损伤时，可见高尔基体变小、部分高尔基体消失。

3. 高尔基体损伤

在高尔基体损伤时，大多出现扁平囊扩张以及扁平囊崩解为大泡或小泡。

研究发现，在3 mg/L Cr^{6+} 和4 mg/L As^{3+} 处理3 d后，黑藻的叶细胞中高尔基体消失，高尔基体是这两种离子处理后最早消失的细胞器。由此可见，高尔基体也是对环境污染物比较敏感的细胞器之一。

（六）溶酶体（lysosome）

溶酶体是真核细胞中的一种细胞器，为单层膜包被的囊状结构（多为球形），直径一般小于1 μm，内含60余种酸性水解酶，包括蛋白酶、核酸酶、脂肪酶、磷酸酯酶及硫酸脂酶等，可分解各种外源和内源的大分子物质，为细胞内的消化器官。当物质进入溶酶体后，溶酶体内的酶类才行使分解作用。如果环境污染物使溶酶体膜通透性升高甚至遭受破损，则溶酶体内的水解酶就会大量逸出到细胞质内，从而导致细胞自溶而坏死。

环境污染物被吞噬进入细胞后，在胞浆内可形成吞噬小体，再与初级溶酶体结合形成次级溶酶体（图5-4），水解酶开始把大分子物质分解为小分子物质。如果水解酶不能将环境污染物彻底消化溶解，则次级溶酶体常转化为细胞内的残存小体。一般认为，残存小体在变形虫等细胞中可被排出细胞之外，而在其他细胞中，则长期留在细胞中，成为细胞衰老的原因之一。

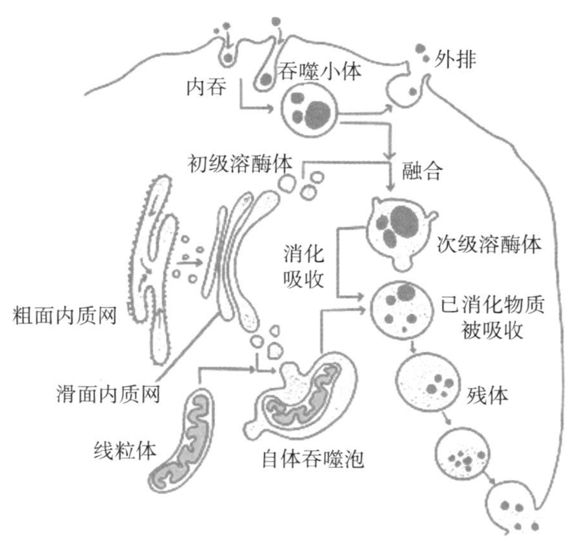

图 5-4 溶酶体在细胞异体吞噬和自体吞噬中的形成与功能示意图

一些环境污染物可在溶酶体内贮存和积累，使溶酶体增大、数目增多。例如，一项研究显示，在 50 μg/L PCBs 水中暴露 28 d，斑马鱼肝细胞内的溶酶体颗粒数量增加。如果进入细胞的环境毒物数量过多，超过了溶酶体的处理能力，就会在溶酶体内贮存和积累，对细胞产生毒性作用，甚至引发疾病。

（七）细胞基浆及其内含物

胞浆（cytosol）是细胞质的一部分。胞浆 + 细胞器就是胞质，分布在细胞膜和细胞核之间。基浆为胞浆的无结构成分，内含多种酶、蛋白质和其他溶于其中的物质。

1. 水、电解质的改变

基浆最重要的形态改变常表现为基浆水肿，即基浆内含水量过多，使细胞体积增大，基浆染色变淡，电子密度下降，细胞器互相离散。细胞受到损伤时，基浆含水量增多一般是由于细胞对于水与电解质的转运发生障碍所致。相反，在细胞损伤严重时，基浆也可能出现失水，从而使胞浆深染，电子密度增高，常发展为细胞固缩坏死。

2. 糖原的改变

在正常状态下，基浆内糖原颗粒的多少随细胞功能状态的变化而变动。当环境污染物使细胞受到损伤后，基浆内糖原颗粒的数量异常，可能增多或减少，甚至消失。

3. 脂肪的改变

在正常生理状态下，除脂肪细胞外，其他实质细胞内极少有形态上可见的脂肪。当细胞受到损伤时，可见细胞内脂肪堆集，或以小脂滴形式位于光面内质网小泡内，或为较大脂滴游离于基浆内，外面无界膜包绕，即细胞发生脂肪变性。例如，一项研究显示，暴露在 50 μg/L PCBs 水中 28 d，剑尾鱼肝细胞受到损伤，基浆内的脂滴增多，其分布贴近细胞膜，糖原颗粒也相对减少。

三、细胞突变与癌变

生物进化论认为，突变为生物进化、自然选择提供了生物基础。一般情况下，自发突变的频率很低，所以通过自发突变而引起种群损害或生态系统生态毒理效应的发生，是一个很缓慢的过程，往往不能被及时发现。动物发生自发癌变和自发畸胎的频率也很低，由此而引起动物群体生态毒理效应的可能性也很小。然而，在人类活动产生的环境污染物中有的具有“三致”作用。由于这些可引起“三致”作用的环境污染物浓度高、毒性大，所以它们诱发的“三致”作用远大于自然诱发作用，这就有可能对动物群体产生生态毒理效应。此外，对于濒临灭绝的物种或濒危动物来说，环境污染物的“三致”作用更有可能引起该物种的生态学问题。由此可见，环境污染物“三致”作用的研究应引起生态毒理学研究的重视。

（一）致突变作用

1. 突变的概念

遗传是所有生物生命活动的基本特征之一。遗传物质发生的、可改变生殖细胞或体细胞中的遗传信息并产生新的性状的改变称为突变（mutation）。也可以说，突变是指细胞中的遗传基因（DNA 分子带有遗传信息的碱基序列区段）发生的可遗传的改变。由于基因突变而表现突变性状的细胞或个体，称为突变体。突变可在自然条件下发生，称为自发突变（spontaneous mutation）。突变也可人为地或受各种因素诱发产生，称为诱发突变（induced mutation）。环境因素引起生物体突变发生的作用及过程称为环境致突变作用或环境诱变作用（environmental mutagenesis），属于人为的诱发突变。

2. 突变的类型

突变的类型主要有以下三种：

（1）基因突变（gene mutation）

基因突变是指在基因中 DNA 序列的改变。由于这种改变一般局限于 DNA 分子一个或几个碱基位点，所以又称之为点突变（point mutation）。

（2）染色体突变（chromosomal mutation）

染色体突变也称为染色体畸变（chromosome aberration），是指染色体结构的改变。染色体畸变牵涉的遗传物质改变的范围比较大，一般可通过在光学显微镜下观察细胞有丝分裂中期相来检测。染色体结构改变的基础是 DNA 的断裂，所以把能引起染色体畸变的环境污染物称为染色体断裂剂（clastogen）。染色体受损发生断裂后，可形成断片，断端可重新连接或互换而表现出各种染色体畸变类型。

（3）基因组突变（genomic mutation）

基因组突变是指基因组中染色体数目的改变，也称染色体数目畸变。每一种属各种体细胞所具有的染色体数目是一致的，而且成双成对，即具有两套完整的染色体组（或基因组），称为二倍体（diploid）。生殖细胞在减数分裂后，染色体数目减半，仅具有一套完整的染色体组，称为单倍体（haploid）。在细胞有丝分裂过程中，如果染色体出现复制异常或分离障碍就会导致细胞染色体数目异常。

3. 致突变作用的机理

环境污染物引起基因突变和染色体突变的靶主要是 DNA，而引起非整倍体及整倍体的靶主要是有丝分裂或减数分裂器，如纺锤丝等。引起细胞遗传物质突变的机理有以下几种。

（1）DNA 损伤与突变

①碱基类似物（base analogue）的取代：有一些环境污染物与 DNA 分子中天然碱基

的结构非常相似，称为碱基类似物。这些化学物可在 DNA 合成期（S 期），竞争取代正常碱基，而掺入 DNA 分子之中，引发突变。例如，5- 溴脱氧尿嘧啶（5-BrdU）与胸腺嘧啶（T）的分子结构十分相似，唯一的区别是在 C5 位置上，前者是 Br 原子，后者是甲基。在 DNA 合成期，5-BrdU 可与 T 竞争，从而取代 T 而掺入 DNA 链中。

②与 DNA 分子共价结合形成加合物：许多芳香族化学物经代谢活化后形成亲电子基团，可与 DNA 碱基上的亲核中心形成加合物。例如，苯并 [*a*] 芘的活化形式 7,8- 二氢二醇 -9,10- 环氧化物为亲电子剂，可与 DNA 发生共价结合形成加合物，影响 DNA 复制而引起突变。

还有一类化学物可提供甲基或乙基等烷基，而与 DNA 发生共价结合，这类化学物称为烷化剂（alkylating agent）。烷化剂可使 DNA 碱基发生烷化，引起配对特性的改变，导致碱基置换型突变；也可能使碱基与脱氧核糖结合力下降，引起脱嘌呤、脱嘧啶作用，最终导致移码突变、DNA 链断裂等。

③改变碱基的结构：某些诱变剂可与碱基发生相互作用，如亚硝酸可使胞嘧啶、腺嘌呤氧化脱氨基，分别形成尿嘧啶、次黄嘌呤，新的碱基形成后，使 DNA 碱基配对关系发生变化，引起 DNA 突变。

④大分子嵌入 DNA 链：一些具有平面环状结构的化学物可通过非共价结合的方式嵌入核苷酸链之间或碱基之间，干扰 DNA 复制酶或修复酶对 DNA 的复制功能，引起碱基对的增加或缺失，导致移码突变。

（2）染色体非整倍体及整倍体的诱发

细胞在第一次减数分裂时，同源染色体不分离（nondisjunction），或在第二次减数分裂或有丝分裂过程中，姐妹染色单体不分离，在分裂后的子细胞中，一个细胞会多一条染色体，而另一个细胞则少一条染色体，从而形成染色体非整倍体改变。研究发现，氯化镉、水合氯醛等可引起染色体非整倍体改变。

多倍体涉及整个染色体组。在有丝分裂过程中，若染色体已正常复制，但由于纺锤体受损，染色单体不能分离到子细胞中，这时染色体数目就会加倍，形成四倍体。减数分裂的异常也可使配子形成二倍体，若二倍体的配子受精，可形成多倍体（三倍体或四倍体）的受精卵。一个卵子被多个精子受精，也可形成多倍体。

（3）DNA 损伤的修复与突变

DNA 受损后，机体利用其修复系统对损伤进行修复，如果 DNA 损伤能被正确无误地修复，突变就不会发生。只有那些不能被修复或在修复中出现了错误的损伤才会被固定下来，并传递到后代的细胞或个体中，引起突变。

4. 环境致突变因素

环境中存在的可诱发突变的因素多种多样，包括化学因素、物理因素（如电离辐射、紫外线、高温、低温等）和生物因素（如病毒感染等）。其中，环境化学因素最广泛，在环境致突变作用中占有最重要的地位。凡能引起致突变作用的化学物质称为化学诱变剂（chemical mutagen）。环境中常见的环境诱变剂有亚硝胺类、多环芳烃类、DDT、烷基汞化合物、甲基对硫磷、敌敌畏及黄曲霉毒素 B1、甲醛、苯、砷、铅等。

5. 突变的普遍性与进化

突变对于生物是把“双刃剑”，对生物个体生存不利的突变往往会导致细胞异常，甚至引起细胞死亡或癌变的发生；对于生物群体，突变是物种进化的生物学基础，对物种生存不利的突变会经自然选择而淘汰，而对物种生存有利的突变则会遗传给下一代，使该物种更能适应环境的变化而继续繁衍和发展。

由于具有致突变作用的环境污染物对环境的污染很普遍，每个暴露种群由无数个体所组成，每个个体的每一个细胞中都有成千上万个基因，因此环境化学诱变剂对每一代生物都会产生大量突变的基因，通过自然选择、适者生存的进化法则，优胜劣汰，从而淘汰掉对生存不利的突变基因、突变细胞及突变个体。同时，基因突变也导致基因多态性、抗性基因等对种族生存和发展有益的基因及其载体——突变体应运而生，从而不断地改写着生物进化的历史。例如，昆虫对杀虫剂产生的抗性基因、病原微生物对抗生素药物形成的抗性基因，均有利于该生物种群的生存、繁衍和进化，从而也可能导致该种群在生态系统中的地位发生改变。

（1）植物的抗性进化

苯磺隆（tribenuron-methyl）是选择性防治阔叶杂草的常用磺酰脲类除草剂，可杀死麦田杂草牛繁缕［*Myosoton aquaticum*（L.）Moench.，图 5-5］。但是由于长期施用，苯磺隆引起牛繁缕体内的乙酰乳酸合成酶基因发生了突变，而乙酰乳酸合成酶是苯磺隆的靶标酶，基因突变后的乙酰乳酸合成酶对苯磺隆的敏感性降低，从而使牛繁缕对苯磺隆产生抗性。虽然这一基因的突变不利于农业生产化学除草，但对于牛繁缕种群的繁衍和进化是有利的。

图 5-5　牛繁缕

注：牛繁缕为石竹科牛繁缕属 1～2 年生草本植物，可药用和食用。

（2）昆虫的抗性进化

杀虫剂诱发的昆虫抗性进化问题是一个突变作用引起生态系统改变的典型事件。由于重复使用同一种杀虫剂，虽然大多数害虫被消灭了，但有时也导致残存的个体由于相关基因突变而获得一定的耐药能力，使它们能够迅速繁殖；同时，在大多数同种昆虫被杀灭的情况下，更有利于残存个体获得丰富的食物而加速繁殖。现在已知有 500 多种昆虫对杀虫剂有抗性，而且还有可能出现交叉抗性，甚至发展为具多种抗性的昆虫种类。例如，早在 20 世纪 50 年代初期，哈里逊（C. M. Harrison）就曾报道家蝇（*Musca domestica*）对 DDT 的耐受性，然而直到 21 世纪初期，随着分子生物学研究技术的应用，发现家蝇对 DDT 的耐受性是由于在细胞色素 P450 家族 *CYP6g1* 基因启动子中插入了一个可以移动的原件，导致该基因过表达，使体内 DDT 的代谢加速，从而产生对 DDT 的耐受性。目前，家蝇已发展到几乎能抵抗对它使用过的所有杀虫剂。于是，抗性进化问题成了化学杀虫剂带来的最严重的后果之一。

国内外关于昆虫抗性及其形成机理的研究很多。例如，国外一项关于鸟蝇科拟寄生虫对杀虫剂杀线威、灭多威的抗药性研究证明，抗性品系和敏感品系的最大抗性比分别达 20 和 21。类似的诸多研究均已表明，某些昆虫对某些杀虫剂的抗性已经很强。关于昆虫产生抗药性的机理，目前有两种学说：选择学说和诱变学说。选择学说认为在杀虫剂的选择下具有抗性基因的个体存活下来并繁衍后代；而诱变学说认为杀虫剂的作用使某些个体发生突变而产生抗性基因，认为抗性基因不是先天存在的，而是杀虫剂诱变的，杀虫剂是诱变剂而不是选择剂，抗药性是一种后适应现象。但是两种学说都认为，昆虫抗药性的形成与杀虫剂的作用有关。进一步研究发现，昆虫的抗性基因有多种，有的是与几丁质合成有关的基因发生突变，使杀虫剂难以通过昆虫的外骨骼（外壳）；有的是昆虫代谢酶基因突变，使对杀虫剂的代谢解毒能力增强；更重要的是杀虫剂可引起昆虫靶标抗性基因产生，例如，多种有机磷杀虫剂对昆虫作用的靶标是乙酰胆碱酯酶，可使该酶活性明显降低，从而导致乙酰胆碱大量积累而产生毒性反应。而杀虫剂长期不合理施用，引起乙酰胆碱酯酶基因发生突变，形成新的乙酰胆碱酯酶同工酶，后者对有机磷杀虫剂有抵抗作用，从而产生抗药性。

（二）细胞癌变

化学物质引起正常细胞发生恶性转化并发展成肿瘤的作用称为化学致癌作用（chemical carcinogenesis）。具有化学致癌作用的化学物质称为化学致癌物（chemical carcinogen）。一般认为 80%～90% 的人类癌症由环境因素引起。环境致癌因素包括物理因素（如电离辐射、紫外线等）、生物因素（如致瘤病毒等）和化学因素。在环境因素引起的肿瘤中，80% 以上为化学因素所致。环境污染物及其他污染物的致癌作用主要聚焦于对人类肿瘤的研究，在野生动、植物方面尚缺乏或很少有这方面的报道。

四、组织与器官水平

（一）环境污染物对组织器官的损伤与炎症反应

环境污染物进入生物体内后，可被运输或分布到机体的各个组织器官，对组织器官引起毒性效应。然而，不同组织和细胞对污染物的敏感性不同，进入体内的污染物在对敏感细胞产生毒性作用，引起细胞损伤甚至死亡，进一步导致机体的局部组织坏死，对相应器官的结构和功能造成损伤。在这种情况下，生物体为使损伤因子消除或使损伤局限在一定范围之内，将启动修复机制来清除和吸收坏死组织和坏死细胞，并对损伤进行修复。与此同时，这些修复过程往往会引起机体发生炎症反应。因此，炎症是机体对损伤因子的一种抵御性反应，是毒物引起细胞水平的损伤发展到组织损伤的一个重要阶段。炎症的主要症状是热、红、肿、痛，炎症反应的发生和发展取决于损伤因子和机体反应两方面的综合作用。

（二）环境污染物对不同组织器官的毒性作用

进入体内的环境污染物在不同组织器官的分布并不是均匀的。不同环境污染物在体内的分布不同，毒性作用的大小不同，靶器官也不同，同一器官或组织对不同污染物的敏感程度也有差异。高等动、植物有机体一般是由不同组织器官构成的一个统一整体。不同的组织构成一个器官，例如，植物的叶片是由表皮组织、栅栏组织、海绵组织等构成的。不同组织和器官构成一个“系统”，以完成一个整体性功能。例如，高等动物的消化系统是由口腔、食道、胃、肠、肝、胰等器官构成的；呼吸系统是由鼻、气管、肺等器官构成的；心血管系统是由动脉、静脉、微细血管、血液及心脏等组织和器官构成的。

对于植物来说，根、茎、叶、花、果实等就是它的不同器官。大气污染物，如硫氧化物、氮氧化物、臭氧、氯气、氟化氢、乙烯等，作用于植物可引起叶片组织的坏死，出现绿色减退，变黄、变褐，甚至出现坏死斑块，严重的可导致叶、蕾、花、果实等器官脱落。农药喷洒过量也能对植物组织和器官产生损害，主要症状有黄化、失绿、褪绿、卷叶、产生叶斑、穿孔、焦枯、花瓣畸形、落叶、落花及果实脱落等。

环境污染物对动物组织器官的毒性作用相当复杂。不同环境污染物对同一组织、器官的影响具有很大的差异。以重金属污染为例，铅可损害动物的造血功能，干扰血红素合成，引起贫血。此外，铅对神经系统也有损害作用，可以引起哺乳类实验动物末梢神经炎，出现运动和感觉障碍。而过量的镉进入机体可损害动物的肝脏、肾脏及骨骼的生长发育；甲基汞可透过血脑屏障损害人和动物的中枢神经系统，对猫可引起舞蹈病，对人可引起水俣病。

（三）环境污染物对鱼鳃的毒性作用

鱼鳃是典型的易于被环境污染物损伤的动物器官之一（图 5-6）。

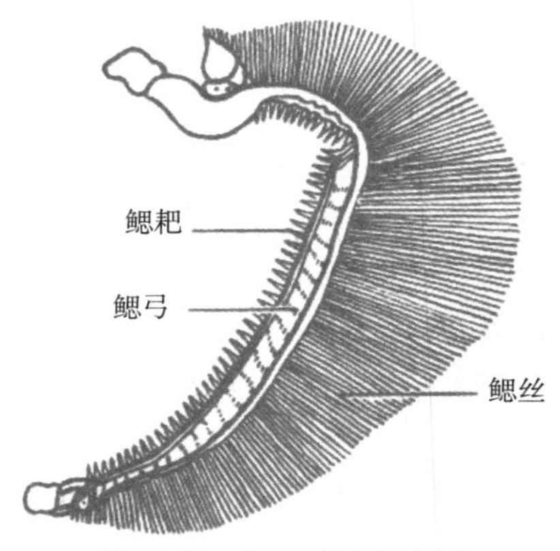

图 5-6　鱼鳃结构示意图

1. 鱼鳃的结构与功能

鱼鳃由鳃耙、鳃丝、鳃弓三部分组成。每一鳃丝向上下两侧伸出许多细小的片状突起，称为鳃小片。只有在光学显微镜下才能清楚地观察到鳃小片，它是由上下 2 层单细胞层组成，间有毛细血管，是鱼类和外界环境进行气体交换的场所。呼吸是鱼鳃的主要功能，鳃丝表面布满毛细血管，水中的溶解氧通过鳃小片进入毛细血管并随血液循环输送到全身。鱼鳃还可通过鳃丝将水中的浮游生物滤入口腔而摄食。鱼鳃含有泌氯细胞，可分泌氯化物，使海鱼可以在高盐度的海水中生活；淡水鱼鳃可以吸收淡水中的氯化物，维持鱼体水盐平衡。

2. 环境污染物对鱼鳃的毒性作用

当鱼类暴露于各种水环境污染物（如金属、洗涤剂等）时，鳃小片的外层上皮经常会分离，在外层和内层上皮细胞之间产生空隙，空隙中充满液体，同时血液中白细胞的密度增加，表明有炎症发生。对重金属锌的急性暴露，还可能发生鱼鳃细胞坏死，直接影响鳃的物质和气体的交换功能。

多种污染物可以引起鱼鳃鳃丝上皮的泌氯细胞增多。例如，虹鳟鱼接触去氢松香酸（造纸厂废水成分之一）、食蚊鱼接触无机汞等，均可引起泌氯细胞的增多和过度生长。这可能是鱼鳃中离子平衡遭到破坏后产生的一种代偿性反应。同时，泌氯细胞的增多又可引起鳃小片的融合，降低鳃的气体交换能力。

铝暴露可引起鲑鱼苗大量的鳃小片融合，使鱼鳃气体交换能力减弱，导致鱼苗生长缓慢甚至死亡。

第二节　个体水平的生态毒理学效应

环境污染物对动物个体水平的生态毒理学作用，主要有生长发育抑制、繁殖下降、生理代谢改变、行为改变、死亡等。对植物个体水平的影响主要表现为生长减慢、发育受阻、失绿黄化、早衰甚至死亡等。

一、亚致死效应（sublethal effect）

环境污染物可以直接引起生物个体死亡的浓度或剂量称为该化学物的致死浓度或致死剂量。不同环境污染物对同一种生物的致死浓度不同，同一种环境污染物对不同种生物的致死浓度也不同。环境污染物在低于或小于致死浓度或剂量（也称亚致死浓度或剂量）时，所产生的生物效应称为亚致死效应。通常认为亚致死效应是对某些重要的生物学过程（如生殖、发育、生长、行为）产生的、对生命和健康有严重威胁的在个体水平上的生物效应。

（一）生殖毒性（reproductive toxicity）

生殖毒性是指环境污染物对生殖过程的危害，包括环境污染物对生殖细胞发生、卵细胞受精、胚胎形成、妊娠、分娩和哺乳过程的毒性作用。当生物的繁殖受到损害时，最终将引起种群数量下降，甚至导致物种灭绝。环境污染物引起的生殖毒性作用是重要的生态毒理学问题，无论是在野外研究还是在实验室研究中，环境污染物的生殖毒性一直是生态毒理学家们研究亚致死效应常用的重要指标之一。

1. 环境污染物对非哺乳类动物的生殖毒性

（1）环境污染物对繁殖的影响

有些环境污染物对非哺乳类动物的生殖毒性作用可造成其繁殖障碍，一般表现为产卵数、孵化率和幼体存活率下降及繁殖行为异常等。昆虫在亚致死剂量杀虫剂的长期作用下，当代及其后代个体的生物学特性可能会发生显著变化，昆虫的取食、交配、产卵行为、卵孵化率及幼虫生长发育等可能会受到不良影响，常见的表现有昆虫产卵量、卵孵化率、化蛹率、蛹重、羽化率以及后代存活率降低等。

环境污染物对鱼类的生殖也可产生不利影响，在被金属污染的加拿大某湖中生活的白亚口鱼与附近未污染湖中的该种鱼相比，所产的卵体积较小，鱼苗的存活率也降低。持久性有机污染物如全氟辛烷磺酸盐（PFOS）暴露可引起斑马鱼卵受精率和孵化率降低，幼鱼死亡率增加。炼油厂的废水污染可降低紫海胆卵的受精率。环境污染物影响鸟类繁殖的最典型的效应就是鸟类产的蛋蛋壳变薄，使得鸟蛋易破、易碎，导致鸟类繁殖能力受损。有机磷杀虫剂可引起家燕的精子数量减少。

研究发现，PFOS 可引起斑马幼鱼生长减慢、畸形率增加，干扰幼鱼甲状腺轴的功能，影响甲状腺素的代谢，而甲状腺素与机体的生长发育密切相关。环境内分泌干扰物壬基酚（Nonyl Phenol，NP）对鳞翅目昆虫性激素作用干扰的研究显示，一定浓度的 NP 对刚孵化家蚕幼虫暴露后，可使雄蛾的睾丸生长受到显著抑制，精子数量显著减少；可使雌蛾造卵数和产出卵数减少，且受精率降低。

（2）环境污染物对性别发育的影响

一些环境内分泌干扰物可引起野生非哺乳类动物性发育和雄性生殖器异常，甚至会引起个体性别特征改变。它们通过干扰正常的性激素系统而影响性器官的发育、行为和生殖能力。很多环境内分泌干扰物具有类似雌激素的生物效应，所以它们又被称为环境雌激素（environmental estrogen）类化学物质，例如，DDT、DDE、二噁英、PCBs、烷基苯酚、某些食品添加剂以及工业废水和生活污水中的某些外来化学物质。受这些雌激素类化学物质的影响，雄海鸥不再筑巢，爬行动物鳄鱼的阴茎变小等。用 DDT 处理海鸥卵甚至会造成孵化出的子代的雄性生殖系统雌性化。与此相反，另一些环境内分泌干扰物具有类似雄性激素的生物效应，受其影响可以导致雌性动物雄性化。例如，生活在被造纸废水污染的水域中的食蚊鱼，由于摄入了具有雄性激素效应的固醇类化合物，在雌性食蚊鱼身上出现了阴茎及输精管等。

2. 环境污染物对哺乳类动物的生殖毒性

环境污染物既可直接作用于哺乳类动物生殖发育过程的任何环节，又可通过神经内分泌系统如下丘脑—垂体—性腺轴而间接作用于生殖发育过程。环境污染物对哺乳动物的生殖毒性，包括对生殖细胞发生、卵细胞受精、胚胎形成、妊娠、分娩和哺乳过程的损害作用。然而，相比其他哺乳类动物，环境污染物对生殖毒性的研究主要聚焦于对人类的影响。为此，大多应用大鼠、小鼠等哺乳类实验动物进行研究。由此所获得的知识，在一定条件下，对于外推到其他哺乳类动物可能是有用的。在此，简单介绍如下：

（1）雄性生殖毒性：睾丸的功能主要是生成精子和合成雄性激素。精子的生成有赖于下丘脑—垂体—睾丸轴的神经内分泌调节功能。环境污染物对雄性生殖的影响，一方面可直接对精原细胞及生殖器官产生毒性作用；另一方面可通过下丘脑—垂体—睾丸轴间接作用于生殖器官而产生毒性作用，从而对雄性生殖的健康产生危害。

（2）雌性生殖毒性：环境污染物对高等动物特别是对哺乳动物的雌性生殖毒性研究较多，主要如下：①对卵细胞的影响：雌性动物的原始生殖细胞对环境毒物或电离辐射均极为敏感，极易受损伤。②对神经内分泌功能的影响：卵巢的功能和生殖周期受体内的神经内分泌系统调节，即通过下丘脑—垂体—卵巢轴调节。环境污染物可通过影响此神经内分泌系统的任何一个环节而造成生殖损害作用。③对子代的影响：环境污染物对雌性哺乳动物的生殖毒性作用还表现在子代，如畸形、死胎、功能发育不全等。

（二）发育毒性

1. 环境污染物对非哺乳类动物的发育毒性

（1）野外调查

大量野外调查证明，环境污染物对非哺乳类动物具有发育毒性。例如，野外调查发现很多环境污染物可引起非哺乳类野生动物的幼体发育障碍，导致幼体死亡、解剖学上的结构畸形、功能缺乏或生长减慢。就鱼类来说，常见的是骨骼系统、肌肉系统、循环系统、视觉系统发育不良及生长延迟现象；如重金属离子可导致鱼类胚胎发育受阻、孵化率下降、延长孵化过程、发育畸形等。有文献报道，水体沉积物中的镉可导致日本青鳉畸形率达 72%。在镉污染的海洋里生活的鳉鱼对镉的大量富集可导致脊柱畸形发生。圆腹雅罗鱼幼体暴露于镉、铜污染的水体可导致畸形发生和新孵化幼体死亡。铜可引起金鱼畸形发生，且随铜离子浓度的增加而加剧。某些重金属可引起蟹的鳃、肌肉、肝胰腺组织结构畸形发生，且随重金属浓度的升高，畸形率增加。就鸟类来说，受硒污染的长期暴露可引起各种各样的眼、翼、喙、心和脑畸形的幼体，受汞、硒、DDE 和 DDT 污染的长期暴露可引起鸟卵的孵化率降低、生长发育缓慢。有研究报道，水环境污染可以引起蛙类蝌蚪发生畸变。

（2）室内研究

在实验室内，通过模式生物进行的发育毒性试验也证明，环境污染物对实验动物可引起发育毒性作用。例如，多种重金属可引起斑马鱼胚胎死亡，尤其对 Cu^{2+} 和 Pb^{2+} 较为敏感。汞、锌、铅对褐牙鲆（*Paralichthys olivaceus*）早期生活阶段（胚胎、仔稚鱼）的毒理效应研究显示，重金属使胚胎和仔鱼孵化率降低，孵化延迟，死亡率和畸形率增加；此外，还引起多种抗氧化酶活性改变和脂质过氧化水平增加。全氟辛烷磺酸盐（PFOS）可引起斑马鱼幼鱼的畸变率增加。类二噁英多氯联苯（dioxin-like polychlorinated biphenyls，DL-PCBs）是多氯联苯化合物中与二噁英毒性作用相近的一类化学物，能通过食物链的逐级富集和传递，最终在动物和人体内蓄积而影响健康。在海洋生物制品、肉类等食品中能检测到该类物质的存在。DL-PCBs 除了具有发育毒性外，还具有免疫毒性、生殖毒性、皮肤毒性、神经毒性等。某些 DL-PCBs 种类能引起一些鱼类胚胎发育畸形、幼鱼心血管循环障碍及发育迟缓等。例如，一定浓度的多氯联苯 126（PCB126）暴露可对斑马鱼胚胎诱发多种畸形，主要包括心包卵黄囊水肿、下颌发育短小、脊柱弯曲、鱼鳔缺失及头部水肿等；同时还使胚胎体内的 7- 乙氧基 - 异吩唑酮 - 脱乙基酶（7-ethoxyresorufin-O-deethylase，EROD）和多种抗氧化酶活性及细胞色素 P4501A（cytochrome4501A，CYP1A）基因 mRNA 表达发生变化。

2. 环境污染物对哺乳类动物的发育毒性

对于哺乳动物来说，发育毒性（developmental toxicity）指环境污染物对母体宫内的胚胎或胎儿产生的毒性作用，即胚胎毒性。环境污染物对受孕母体产生的损害作用称为母体毒性（maternal toxicity）。胚胎毒性作用与母体毒性作用均与受孕母体有关，二者往往同时出现。但有的环境污染物仅有胚胎毒性作用，而无母体毒性作用；或者，仅有母体毒性作用，而无胚胎毒性作用。

环境污染物对哺乳类动物的发育毒性主要表现在以下几个方面：胚胎死亡、生长迟缓、功能发育不全，以及胚胎和胎儿外观、内脏和骨骼的形态结构异常，即畸形（malformation）。

诱发胎儿畸变的因素很多，其中主要是环境化学因素。致畸作用与环境污染物的种类和剂量，与机体接触的时间（敏感期）以及母体易感性差异有关。环境污染物诱发胎儿畸形的机理主要有胚胎某些细胞发生基因突变和染色体畸变、细胞分化异常、某些酶被抑制、营养缺乏、细胞膜损伤、母体及胎盘的正常功能受到干扰等。

（三）生长减慢

环境污染物引起动、植物生长减慢的效应是一个很常见的现象。对于动物来说，环境污染物可引起摄食率下降和新陈代谢异常，从而导致生长和发育障碍。当生物机体从食物获得的能量超过机体维持正常生理代谢所需的能量时，生物机体将利用剩余的能量进行自身的生长发育和繁殖后代；反之，如果生物体长期处于饥饿和能量缺乏的状态，则机体生长发育减缓，甚至不能生长发育，最终导致早衰甚至死亡。例如，生活在酸性水域下的多数鱼种或绿树蛙蝌蚪，及生活在含氨高的水体中的大嘴鲈鱼，均由于摄食速率降低而生长减慢。但也有一些情况较为复杂，例如，生活在重金属污染的某些湖中的白亚口鱼其生长速率反而比附近未污染湖中的同类加快，但寿命却减短了。

一些环境污染物不会影响生物体的摄食率和生理代谢，但由于机体在对环境污染物生物转化和代谢解毒的过程中消耗了大量的物质和能量，也会导致机体的生长发育障碍。例如，水跳虫（*Podura aquatica*）接触高浓度的重金属后肠细胞不断脱落，虽然摄食率并未下降，但由于肠细胞脱落而造成对体内营养物质和能量过度消耗，结果导致生长率降低，甚至死亡。一般来说，不同动物种类对同一类环境污染物的敏感性不同，环境污染物剂量不同，对生长的效应也不同。例如，向饲料中添加适量的微量元素一般可使动物生长加快、体重增加，而添加过量的微量元素可使动物生长减慢、体重下降。

环境污染物对植物和微生物的生长具有明显影响。多种重金属如镉、汞、砷、铅等对土壤污染的严重程度与水稻株高、生物量呈显著负相关。同时，在多种金属轻度胁迫下，水稻能够通过抗氧化系统的保护功能而减少植株受到损害，但当污染严重而影响水稻生长时，则将导致水稻植株死亡。水培试验证明，一定浓度的镉对生菜（*Lactuca sativa*）的生长和营养元素的吸收有抑制作用。一定浓度的锌或锰对微拟球藻（*Nannochloropsis oculata*）生长显示抑制作用，使藻细胞密度显著降低。一定浓度的铜对嗜酸性氧化亚铁硫杆菌（*Acidithiobacillus ferrooxidans*）的生长繁殖也有抑制作用，随着铜浓度的增加可导致该细菌停止生长。汞、铅、镉、砷在一定浓度下均可对发光细菌的生长产生抑制作用。

（四）行为异常

行为毒理学是研究各种物理、化学及生物因素暴露而导致动物产生异常行为的科学。环境污染物对动物行为的影响主要表现在回避行为、捕食行为、学习行为、警惕行为及社会行为等的异常改变。动物的行为异常是环境污染物毒性作用的敏感指示物，通过电子仪器对生物行为进行监测，可用于实时了解环境污染物的污染状况。例如，在西欧已将鱼类、贻贝和水蚤对水环境污染物发生的行为变化作为敏感指示物而对环境污染进行监测。可以将鱼类的换气运动和其他的行为异常（如回避行为），包括肌肉活动产生的电信号异常等通过电子仪器捕获、放大，并传递到计算机系统，从而对环境进行实时监测。通过电磁诱导器和传感器对贻贝贝壳张口大小和频率进行检测，可以监测环境污染物的变化情况。对于水蚤的运动速率、运动轨迹、在水中活动的深度变化等数据，可以通过摄像、计算机软件，进行观察和计算，求得环境的毒性指数，如果显著偏离正常值，则提示对环境污染问题要提高警惕。通过对动物行为异常数据的采集和分析，进行环境生物生态监测，是生态毒理学研究的重要方面。

1. 回避行为

在生态毒理学测试中，除死亡率、繁殖率外，回避行为的测试有耗时短、灵敏度高、直观形象、可定量等优点，故也可用于环境污染物毒性作用的指标，并可作为对化学物进行生态风险评价的科学依据。

（1）回避行为的普遍性

回避行为是指野生动物能主动避开受污染的区域而逃向未受污染的清洁区域的行为。动物对环境污染物的回避反应可能与其感觉神经元的功能及其分子机制有关。环境污染物造成的生物回避行为，使环境中生物种类组成、区系分布发生改变，从而打乱原有生态系统的平衡与稳定。

蚯蚓对某些杀虫剂非常敏感，土壤中杀虫剂含量达到其半致死浓度（LC_{50}）的1/25～1/5时，即出现明显的逃逸或迁移行为，显示其回避行为比急性毒性更为灵敏。例如，一项研究显示聚氯乙烯最常用的增塑剂——邻苯二甲酸二丁酯（dibutyl phthalate，DBP）对蚯蚓的急性毒性低，在DBP浓度远低于其体表接触的LC_{50}的情况下，蚯蚓仍表现出显著的回避行为。各种鱼、虾、蟹等水生生物也能对污染物产生回避反应，如大西洋鲑在产卵时节向上游迁徙以躲避原先生活区域中锌和铜的污染。

一项对三种潮虫［普通卷甲虫（*Armadillidium vulgare*）、多霜腊鼠妇（*Porcellionides pruinosus*）和中华蒙潮虫（*Mongoloniscus sinensis*）］在农田土壤镉污染情况下的毒理反应研究显示，三种潮虫对土壤镉污染均表现出明显的回避行为，回避能力大小依次为中华蒙潮虫＞多霜腊鼠妇＞普通卷甲虫。

（2）回避行为的浓度 - 反应关系

动物对环境污染物的回避反应往往存在浓度 - 反应关系，因此一些敏感的回避反应可以用于生物标志物，对环境污染状况进行评价。例如，在实验室人工土壤中 3 种常用农药——毒死蜱、乐果和吡虫啉均可引起土壤跳虫白符跳（*Folsomia candida*）的回避行为，且与剂量呈正相关；跳虫对于 3 种农药的敏感性不同，依次为乐果＞毒死蜱＞吡虫啉。白符跳和另一种跳虫（*Folsomia fimetaria*）对人工土壤的 PFOS 的污染也有明显的回避行为，且比赤子爱胜蚓对 PFOS 的回避行为更加敏感。赤子爱胜蚓对土壤铅、镉和铬污染的回避行为和急性毒性研究显示，回避试验的灵敏度要高于急性毒性试验，表明赤子爱胜蚓的回避行为指标可成为土壤生态系统风险评价和毒性效应研究的生物标志物。

2. 捕食行为

捕食行为的能力下降或丧失可导致生物机体获得的资源减少，最终引起生产量下降和繁殖受阻。例如，农药污染可以减少蜘蛛的结网频率并影响网的大小和精确性，使蜘蛛结网时间后延、网面积减小、辐射丝的数目减少等，导致蜘蛛捕捉猎物的效率降低。环境污染物可使暴露动物搜索猎物的策略发生改变而降低对捕捉猎物的选择性。环境污染物也可引起某些动物感觉器官功能迟钝，导致动物捕捉猎物的效率降低。环境污染物还可使动物对捕捉后的猎物进行处理的时间延缓而降低捕食能力。

研究环境污染物对天敌昆虫捕食行为的影响具有重要的应用价值。例如，异色瓢虫（*Harmonia axyridis*）是在生物防治中具有重要应用价值的捕食性天敌昆虫。它的适应能力强，在我国发布很广，捕食范围大，有强大的控制害虫的能力。它能够捕食蚜虫、松干蚧、粉蚧、棉蚧、木虱以及某些鳞翅目和鞘翅目昆虫的卵、低龄幼虫和蛹，尤其对蚜虫有较好的控制作用。但是，当蚜虫或其他害虫大面积暴发时，人工释放到环境中的异色瓢虫的繁殖尚需一定的时间，因此需要一定化学杀虫剂的使用才能对害虫达到有效控制，为此对化学杀虫剂的种类和使用浓度就要有严格要求：既要控制害虫，又要对异色瓢虫的繁殖和捕食行为没有明显影响。研究发现，喷施低浓度杀虫剂——吡虫啉药液，对异色瓢虫的捕食和繁殖有促进作用；而随着吡虫啉浓度的增加，异色瓢虫的捕食行为减弱、捕食量减少、产卵量减少，显示环境污染物对动物捕食行为的危害。因此，在实际生产中，田间蚜虫较多时，可在释放异色瓢虫后，喷施低浓度吡虫啉与异色瓢虫协同防治蚜虫。

又如，拟水狼蛛（*Pirata subpiraticus*）属蛛形纲狼蛛科，是稻田重要控害天敌之一，主要以飞虱、叶蝉等害虫为捕食对象。稻田常用农药阿维菌素（abamectin）、康宽（coragen）、吡蚜酮（pymetrozine）在田间推荐喷施剂量下均可引起拟水狼蛛对果蝇捕食的攻击频次、捕食量及其活跃时长的减少；也均可使拟水狼蛛自残捕食攻击频次降低。

由上可知，有些农药不仅对稻田害虫有控制效果，而且对天敌益虫的捕食行为也有不利影响，为此要选择最优化的农药使用浓度和使用时间才能达到既能控制害虫又对天敌的危害最小。

3. 警惕行为

动物本身具有警惕行为，从而具有逃避被捕食的能力。动物（被捕食者）可能会根据自身的生理状态、捕食者的行为、环境因素等对警惕行为做出调整，因此这些因素的改变会影响被捕食者的反捕食行为。在生态系统中，很多生物都可以接收到源自同类或者潜在捕食者的化学信号，从而获得周围环境的信息并做出相应的反捕食行为。这类化学信号可分为几类：一类是由捕食者释放，被称为“捕食信息素”或“捕食信号”（如捕食者的气味）。被捕食者通过探知捕食信号，进而调整自身的策略。另一类是被捕食者同类释放的报警信号，当被捕食者受到捕食惊吓或者威胁时，会释放出这类化学信号，以对同类发出警示作用。另外，在捕食过程中，受伤的被捕食者也会从受损部位释放出“损伤信息素”，以告知同类捕食行为正在发生，刺激同类生物采取警戒行为，以减少被捕食的风险。被捕食者通常依赖对化学信号的识别而感知自己有无被捕食的危险，从而采取警惕行为或反捕食策略。一些环境化学污染可能会影响某些动物对化学捕食信号的识别，从而导致这些动物反捕食行为的衰退。也就是说，环境污染可使某些动物的警惕行为丧失或遭到破坏，导致容易被捕食，从而增加了死亡率，使种群数量下降。例如，放射性物质或汞的暴露可以降低食蚊鱼对其捕食者大嘴鲈鱼的逃避能力。

4. 其他行为

动物的学习行为及社会行为也会受到环境污染物的影响，如动物长期接触铝污染后记忆受损，铅、汞中毒可造成动物的记忆力减弱，贫铀污染可引起大鼠学习能力下降等。学习和记忆能力的下降，可能引起动物捕食和反捕食能力下降，导致该种群数量减少。

（五）生态死亡

在生态系统中，每个生物个体必须与其他物种竞争，如捕食、躲避被捕食、寻找配偶等。在这些生物活动过程中，一些亚致死性损伤可能会造成致死性的结果。一个动物个体在接触亚致死剂量的污染物时也许能够存活，但如果其逃避捕食者或自身取食的能力因此而下降的话，其在自然环境的物种竞争中就可能死亡，这种死亡称为生态死亡。例如，某种昆虫当受到亚致死性损伤之后，一般是有可能恢复的；但恢复是一个耗能过程，如若能耗过大，身体的恢复就慢，就可能延缓该昆虫的生长发育。然而，一旦昆虫的生长发育速度减慢，那么它遭受天敌攻击的机会、寻找食物的压力，甚至错过寄主物候期的可能性都会增加，其种群的增长难度也就相应增加。例如，在实验室条件下接触过亚致死剂量杀虫剂恶虫威的地甲虫，一般几天内就能恢复，但在田间条件下受损伤的地甲虫特别易受蚂蚁的攻击而进一步使损伤加重，甚至死亡。反之，若昆虫受亚致死性损伤之后，能够迅速恢复，生态死亡就不会发生，其种群增长就不会受到严重影响。

二、致死效应（lethal effect）

（一）致死效应与致死试验

环境污染物对生物体毒性作用的大小与其剂量或浓度密切相关。在一定的剂量或浓度作用下，环境污染物能引起生物死亡。根据接触环境污染物时间的长短，可将生物的死亡效应分为急性和慢性两种。急性致死（acute lethality）是指短时间（96 h 或更短）内接触较高剂量或高浓度的环境污染物后引起的生物死亡。急性致死效应通常是指在接触环境污染物之后短时间内发生的死亡；对于某些生物在一次或短期（24 h 之内）多次接触某种化学物后，需经过一段时间才发生死亡的，称为迟发性致死（delayed lethality）。慢性致死

（chronic lethality）指生物在较长时间接触毒物后才导致的死亡。有学者建议，在生态毒理学中，慢性致死试验对环境污染物的接触时间长度至少应是生物寿命的 10%。

死亡率通常可以作为一个重要的生态毒理学指标，用以评价环境污染物的毒性大小，不同化学物在相同剂量或浓度下对同一种生物所引起的死亡率不同；同一种化学物在相同剂量或浓度下对不同种生物引起的死亡率也不相同，甚至对同一种生物在不同生长发育阶段的致死率不同。也就是说，每一种生物在其生命周期的不同生命阶段对环境污染物毒性作用的敏感性不同，如果环境污染物作用于生物的敏感阶段，可能会引起更高的死亡率或更高的毒性反应，所以在检测环境污染物的毒性作用时，不但要考虑生物的种类，还要考虑生物的生命阶段。

在生态毒理学领域，在致死试验中的剂量－反应模型、半数致死剂量或浓度（LD_{50}/LC_{50}）及半数效应剂量或浓度（ED_{50}/EC_{50}）等概念和研究方法被广泛应用。LD_{50} 或 LC_{50} 是用于确定环境污染物毒性大小的常用指标。例如，枝角类动物在水体中铜的 LC_{50} 为 5～300 μg/L，汞的 LC_{50} 为 0.02～40 μg/L；软体动物在水体中铜的 LC_{50} 为 40～9 000 μg/L，汞的 LC_{50} 为 90～2 000 μg/L。这说明，铜和汞对枝角类动物的毒性比对软体动物的毒性更大，也说明汞对某些生物的毒性比铜的毒性更大。上述铜或汞的 LC_{50} 值范围很大，其原因除了与实验条件存在差异有关外，主要原因在于枝角类动物或软体动物中不同种群的动物对铜或汞毒性作用的敏感性存在较大的种间差异。

（二）致死试验的应用

由于测定化学物的致死效应和半数效应（ED_{50}/EC_{50}）方法简便、快捷、价廉和数据易得，且易于确定环境污染物的污染效应和比较不同化学物的毒性大小，所以环境污染物的致死试验和半数效应（ED_{50}/EC_{50}）的测定，对环境管理工作具有重要作用。在过去的几十年，各种化学物的急性和慢性致死试验数据构成了一个庞大的数据库，使之成为世界各国化学物管理的重要支柱。例如，在对环境污染物的水质基准（Water Quality Circular, WQC）制定中就采用了致死试验的方法和数据，同时还采用了一些半数效应的敏感指标，如生长和繁殖，从法律层面要求禁止“达到有毒量的有毒物质”的排放，以保证水生生物及其功用不会受到严重的影响。此外，这种试验也可用于具体环境问题的排查和处理上：在排污口收集排放物，在实验室应用标准的实验生物进行急性、慢性致死试验以及生长、繁殖试验，对点源排放进行管理。对河流、湖泊等水体的底泥也可进行这些毒性试验，以判断水体和底泥的污染状况。

此外，各国先后制定了关于环境污染物对鸟类及其他生物的急性、亚慢性、慢性暴露的毒性试验及其引起的生殖效应评价的标准方法。这些标准化的生态毒性试验，包括对建议的标准生物进行急性口服毒性试验、亚急性饮食毒性试验以及生殖毒性试验。

由此可知，除水体环境外，致死试验及其所获得的数据对于各种环境污染物环境基准值的制定和环境管理也都具有重要作用。

近年来，环境污染物诱发生态毒性效应的时间－效应（反应）模型也开始在环境保护实践中得到应用。时间－效应（反应）模型的测量终点是环境污染物引起生物死亡与其暴露时间之间的关系，这也是对剂量－效应（反应）模型的补充。对环境污染物暴露时间－毒性效应（反应）的进一步研究，有助于对致死效应的机理有更深入的理解，时间－反应模型也将会在环境保护领域得到越来越广泛的应用。

三、影响致死效应的因素

环境污染物对生物的致死效应受到许多因素的影响，包括生物因素和非生物因素。

1. 生物因素

不同生物种类对同一种环境污染物的反应具有很大的差异性，同一种生物的不同个体也存在个体差异性。同一生物在不同的生理状态、年龄及发育阶段对污染物敏感性往往有很大差别，一般来说，生命的早期阶段往往是对环境污染物最敏感的时期。动物个体内脂肪储存量的增加，一般可减小脂溶性环境污染物（如六六六、DDT 等）的急性毒性作用。动物的摄食行为、解毒功能强弱也能影响环境污染物的致死作用。一些生物在预接触较低浓度的环境污染物后会发生生理功能及结构的改变，使其在以后接触更高浓度的同种化学物时存活率得到提高，如彩虹鳟鱼预先对低浓度铜的接触可以提高其以后对较高浓度铜暴露的耐受能力。上述表明，生物对于环境污染物致死作用的敏感性不仅与生物的先天遗传特性有关，而且与生物的后天获得性或适应性有关。

2. 非生物因素

影响环境污染物对生物致死效应的非生物因素是指环境污染物的物理特性、化学性质及环境因素，包括环境污染物的种类及其物理、化学性质、化学物剂量及其作用时间、环境条件及多种环境污染物的综合作用等。例如，环境温度可以改变蜗牛接触镉的 LC_{50} 值，环境光照可以影响易光解的环境污染物的毒性。而一些化学物质可以提高生物组织细胞对光的敏感性，导致动物皮肤组织对光效应的敏感性增加。生物所处的环境，如水、底泥、土壤等环境介质的理化性质也对环境污染物的毒性有很大影响。湖水的硬度（如溶解的钙、镁浓度之和等）能影响酸雨及铍、镉、铜、铅和锌等金属对水生生物的毒害作用等。

思考题

1. 名词解释

细胞变性、炎症、坏死、基因突变、染色体突变、碱基置换、移码突变、基因组突变、化学致癌作用、亚致死效应、生殖毒性、发育毒性、畸胎、生态死亡

2. 环境污染物在细胞水平和亚细胞水平上的生态毒理学效应有哪些?

3. 举例说明环境污染物致突变作用的生态毒理学意义。

4. 论述环境污染物致突变作用的类型及其机理。

5. 试论昆虫抗性及其形成机理。

6. 举例说明环境污染物对鱼鳃的生态毒理学效应。

7. 举例说明环境污染物对非哺乳类动物的生殖发育毒性。

8. 环境污染物引起的亚致死效应有哪些? 举例说明它们在环境保护中的应用价值。

第六章　环境污染物的生态毒理学效应（三）：从种群水平到生物圈水平

第一节　种群、群落及生态系统水平的生态毒理学效应

工业发展为人类的生活带来了很多方便，但工业生产过程中产生的大量废物不断地向环境中排放，引起了严重的环境污染，导致不同种类的野生生物大量死亡，生态平衡受到严重破坏。有的生物种类面临灭绝，有的生物种类已经灭绝了，其中有的生物种类还没来得及被人类发现和认识就从地球上消失了，生物多样性（biodiversity）受到了严重破坏。因此，在种群（population）、群落（community）及生态系统（ecosystem）水平上，学习和研究生态毒理学效应对于地球生物圈免受环境污染物的损害作用及其健康发展有重要意义。

一、种群水平

种群是由许多同种生物个体组成的，是分布在同一生态环境中能够自由交配、繁殖的同种个体的集合，但又不是同种生物个体的简单相加，因为种群具有个体所没有的特征，如种群密度、年龄组成、性别比例、出生率和死亡率等。在自然界，种群是物种存在、物种进化和表达种内关系的基本单位，是生物群落或生态系统的基本组成部分。同一种内的所有个体并非完全同质，即存在个体差异。

（一）环境污染物对种群密度的影响

种群密度（population density）是种群的核心特征，是指单位空间内种群中个体数量的多少，它是种群数量的直接反映。种群密度并不是一个稳定不变的值，密度的变化直接反映了种群数量的变化。环境污染物通过影响出生率、死亡率、年龄组成和性别比例，直接或间接地影响种群密度，如图 6-1 所示。

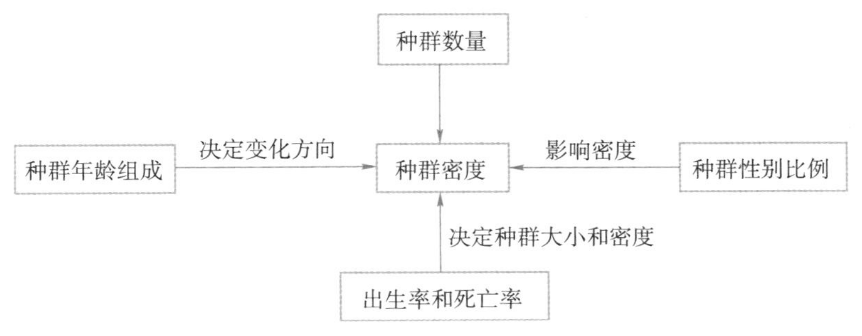

图 6-1　影响种群密度的因素

1. 环境污染物对出生率和死亡率的影响

种群的出生率和死亡率是决定种群密度和种群大小的重要因素。出生率高于死亡率，

种群密度增加；出生率低于死亡率，种群密度下降。环境污染物对种群大小和种群密度的影响大多是通过影响出生率和死亡率来实现的。

2. 环境污染物对种群年龄组成的影响

种群年龄组成，是指一个种群中各年龄期的个体数目的比例。种群中的个体在年龄上有一定的层次关系，一般以是否具备繁殖能力为标准分为三个年龄段：幼年个体、成年个体、老年个体。种群的年龄组成类型就是按照三种年龄段的个体所占的比例来划分的。一般根据年龄组成可将种群分为三种类型：增长型、稳定型和衰退型。增长型种群中，年老个体较少，死亡率小，幼年个体多，说明出生率大，并且存在强大的潜在繁殖能力，其种群的未来发展趋势是种群密度增加、种群扩大；衰退型种群的情况正好相反，种群总的发展趋势是密度减小，种群衰退；稳定型种群中，各个年龄段的个体比例适中，表明出生率与死亡率大致相当，在较长的一段时间内种群密度不会发生较大变化。大量研究表明，鱼类的早期生命阶段（卵—幼鱼）比成鱼对污染物更敏感，长期污染使得鱼种群的年轻个体减少，老年个体比例增大，死亡率大于出生率，种群结构趋于老化，逐渐变为衰退型种群。此外，环境污染物导致捕食与被捕食关系的改变，也会影响种群的年龄结构和种群大小改变。

3. 环境污染物对种群性别比例的影响

种群性别比例（sex ratio），是指种群中雌、雄个体数目的比例。环境污染，尤其是环境内分泌干扰物（又称环境激素，environmental hormone）的污染，对暴露生物的性器官发育和生殖功能均可能产生影响，使种群的性别比例失调，导致出生率下降、种群密度降低。例如，在农业生产上常利用性引诱剂诱杀害虫的雄性个体，破坏害虫种群正常的性别比例，使很多雌性个体不能完成交配，导致该害虫的种群密度明显降低，达到事半功倍的杀虫效果。在环境污染物中许多持久性难降解有机污染物属于环境内分泌干扰物，如六六六、DDT、多氯联苯等，对一些野生动物的性器官发育有影响，严重者可导致种群性别比例失调。研究发现，长江污染已使野生种群资源显现出令人担忧的衰退迹象，如野生中华鲟鱼的雌、雄鱼性腺发育退化，且受精时间越来越短，精子寿命原来为 10～30 min，现在只有 3～5 min，而受精时间原来为 1 min 以上，现在缩短为 10 余秒。从近几年捕捞情况分析，在长江生活的野生中华鲟鱼中雌鱼多，雄鱼少，雌雄比达 5∶1，有时达到 10∶1，性别比例失调意味着中华鲟鱼种群整体正在衰退之中。

4. 不同物种对环境污染物反应的差异

一般来讲，环境污染物可导致生物个体数量减少、种群密度下降，但在特殊情况下，有的污染物也能导致某些生物个体数量增加和种群密度上升。例如，一项研究显示，当有机耗氧污染物和氮、磷元素排入贫营养湖泊时，贫营养湖泊发生富营养化，该湖中的河蚬和环棱螺的种群密度和生物量均随水体富营养化的加剧而下降。环棱螺生物量与总氮、硝态氮、总磷和溶解性磷浓度呈显著负相关，而河蚬生物量仅与溶解性磷浓度呈负相关。但是，湖泊的富营养化也为某些种群生长提供了良好的生长条件，使其种群密度上升，特别明显的是某些藻类的种群密度上升，甚至可导致种群的暴发，如引起蓝藻疯长，引发“水华”等生态问题。又如，在农业生产中，农药的滥用造成害虫的天敌减少，往往引起害虫大暴发。杀虫剂把主要害虫抑制后，有时会引起次要害虫暴发而变为主要害虫。另外，1996—2005 年渤海湾近岸海域海水镉、汞、铅和石油烃复合污染导致渤海常见渔业资源生物（如真鲷、黑鲷、日本对虾、四角蛤蜊和毛蚶等）的种群增长率明显降低，氮、磷、重金属和石油烃污染是导致渤海渔业资源衰退的重要原因之一。

（二）环境污染物对种群遗传特征的影响

环境污染物除了可通过引起生物个体的死亡来影响种群外，还可通过物种的进化，改变物种的遗传特征，引起种群变化。英、美等国在 19—20 世纪的研究表明，在工业黑化严重的地区，黑化的桦尺蛾大量增加。然而，随着大气污染的减轻，黑化的桦尺蛾的密度开始下降。

1. 工业黑化现象（industrial melanism）

在工业生产中，煤灰污染使周围环境变成黑色，导致栖息在当地的动物体色进化成较黑的颜色，这种现象被称为工业黑化现象。据报道，有 100 余个不同物种发生或曾发生工业黑化现象，其中大多数是昆虫，尤其是鳞翅目昆虫占绝大多数，特别是夜间飞行和觅食而白天休息的蛾子，工业黑化现象最为明显。

典型的工业黑化现象是 19 世纪中后期发生在英国工业区的桦尺蛾黑化现象（图 6-2）。桦尺蛾是一种夜间飞行、白天休息的蛾子，它的翅和体表的颜色为淡灰色带有斑点，这和树干上的地衣颜色一致，当白天桦尺蛾在树干表面休息时，很难被食虫鸟类发现，因为大多食昆虫的鸟类在白天捕食，且主要靠视觉对猎物定位。这样在正常的、未污染的环境中，淡灰色的桦尺蛾可逃避鸟类的捕食，故淡灰色的桦尺蛾很多，而暗黑色的桦尺蛾极其少见。

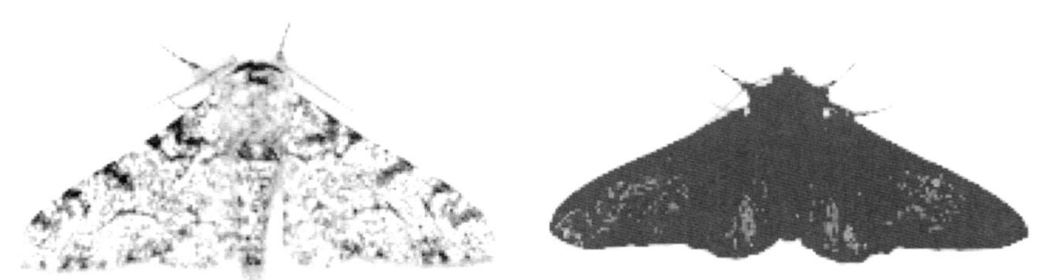

图 6-2　淡灰色的桦尺蛾（左）与黑化的桦尺蛾（右）

18 世纪 60 年代，英国率先开始工业革命，以燃煤为动力的瓦特蒸汽机得到广泛应用，英国的工业区受到黑色煤灰的严重污染。1848 年，在英国的工业区曼彻斯特首先发现有黑化的桦尺蛾，到 1895 年发现 98% 的桦尺蛾为暗黑色的，而淡灰色的桦尺蛾仅占 2%。桦尺蛾发生工业黑化的原因主要是黑色煤灰对工业区环境的严重污染，使桦尺蛾赖以栖息的树干变成了黑色，淡灰色的桦尺蛾成为食虫鸟类易于发现的猎物而被捕食，而黑化的桦尺蛾可以逃脱，并可成功繁殖。在自然选择的推动下，控制黑色体色的基因得以保持和遗传，如此一代代地选择和传递下去，黑色桦尺蛾逐渐成为常见类型。从 1956 年始，英国实行《清洁空气法》，随着大气污染的下降，到 1996 年，英国黑化的桦尺蛾已经下降到 10% 以下。类似的情况也发生在美国的桦尺蛾，即美国胡椒蛾（*Biston betularia cognataria*）：1959 年美国工业城市底特律市附近黑化的桦尺蛾占 90% 以上，随着 1963 年美国开始实行《清洁空气法》，空气逐渐好转，到 2001 年该地区的黑化桦尺蛾已经下降到约 5%，而淡灰色的桦尺蛾恢复到近 95%。

近年来，英国利物浦大学进化生态学家萨凯里（Ilik Saccheri）研究组发现，工业黑化现象引起桦尺蛾颜色改变是基因 cortex 发生突变造成的，该基因是一种跳跃基因，与细胞分裂机制有关。他们推测，1819 年可能就出现了这种黑色变异型桦尺蛾，经过大约 30 年的时间，直到 1948 年才引起公众的注意。

工业黑化现象证明，环境污染所引起的捕食关系的改变，加上自然选择的作用，也可以导致种群遗传发生迅速改变，使物种的进化达到惊人的速度。

2. 抗性和耐受性

动物的抗性进化已是生态毒理学上一个普遍的现象。几十年来，人们研究和使用了各种不同的杀虫剂，对于害虫的防治起到了积极作用。然而，一方面杀虫剂可以使某些害虫的基因发生突变而产生抗性基因；另一方面自然选择又使那些对杀虫剂有耐受性的害虫得以生存，且使它们的耐受性逐渐提高。这些机制也使一些接触过杀虫剂的非靶生物对杀虫剂产生了抗性或耐受性，如食蚊鱼由于对杀虫剂的长期接触，其对异狄氏剂和其他环二烯类杀虫剂的抗性增强。

3. 交叉耐受性

环境污染物还可引起暴露生物产生交叉耐受性（cross-resistance）。交叉耐受性是指生物在对一种毒物产生耐受性的同时，也对另一种毒物产生了耐受性。例如，植物长期接触一种均三嗪除草剂，产生了一种适应机制，即能与此种除草剂结合的蛋白质合成数量增加，从而使这种除草剂对该植物的毒性下降，而且使这种植物对其他均三嗪类除草剂的耐受性也增加，出现交叉耐受性。长期接触镉的动物，其体内可与金属结合而使镉毒性减小的金属巯蛋白合成速率增加，这不仅提高了动物对镉的耐受性，而且也提高了该动物对铜、铅等金属的耐受性。由此可见，交叉耐受性的产生一般与具有共同的耐性机制或共同的解毒机制有关。

二、群落水平

生物群落是指在特定空间内，由一定的生物种类组成的，具有一定外貌、结构及特定功能的生物集合体。也就是说，生物群落是指生活在一定自然区域内的、相互间具有直接或间接关系的所有生物的总和，包括这一区域内所有的生物种群。群落具有种群所不具备的一些特征，如生物多样性、群落的结构组成等。生物群落是生态系统中的结构单元。

群落的物种结构由其中各个物种组成成员所决定。一般来说，严重的环境污染发生后，往往使多数生物种类的数量减少，只有少数或个别生物种类的数量增加，从而导致生物多样性减小、群落物种组成和结构发生改变，并使原有的生物种类与环境中各种物质之间所建立的关系发生变化，原有的生态平衡被打破，出现了新的生物与生物、生物与环境之间的关系。这种新的关系需要经历长期的、反复的自然培育和修复才能达到新的生态平衡。

（一）环境污染物对优势种的影响

优势种（dominant species）是指在群落中优势度大的物种，即该物种生存能力强、个体数量多、生物量大，且对其他物种有很大影响。对于植物优势种来说，它还具有枝叶覆盖地面程度大及对其他植物种和生态环境可产生很大影响的特性。优势种中的最优势者称建群种，即把在群落中盖度最大、占有最大空间及在构建群落和影响环境方面作用最突出的生物种叫建群种，它决定着整个生物群落的基本性质。

环境污染可引起群落的优势种发生改变，影响群落的组成和结构，甚至导致群落的性质发生变化。例如，从20世纪80年代到21世纪初期，环渤海地区污水排放、农用化肥施用的增加，导致渤海海水中氮浓度增加、磷浓度降低，从而引起更易受磷限制的角毛藻属（*Chaetoceros*，图6-3）优势地位降低，更易受氮限制的梭状角藻（*Ceratium fusus*）和叉状角藻（*Ceratium furca*，图6-4）等的优势地位升高，而后二者是不利于高营养级渔业资源生物生长的浮游植物种类，最后导致渤海湾浮游植物群落结构朝着对高营养级渔业资源生物不利的方向发展。

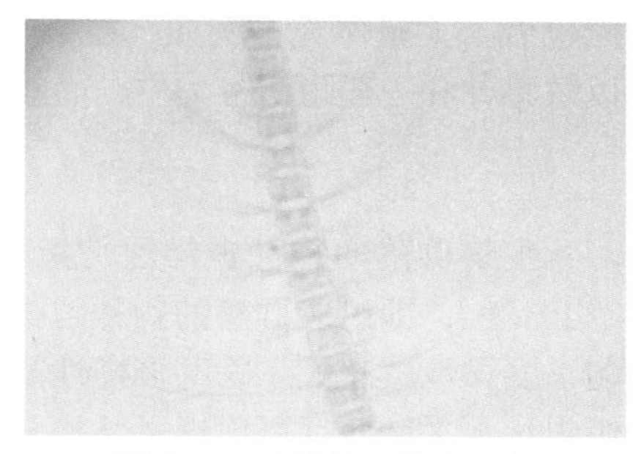

图6-3　显微镜下的角毛藻

注：角毛藻是一种小型的海洋浮游硅藻，细胞小，壁薄，多数单个生活，邻近细胞的角毛相连，使群体成链状。

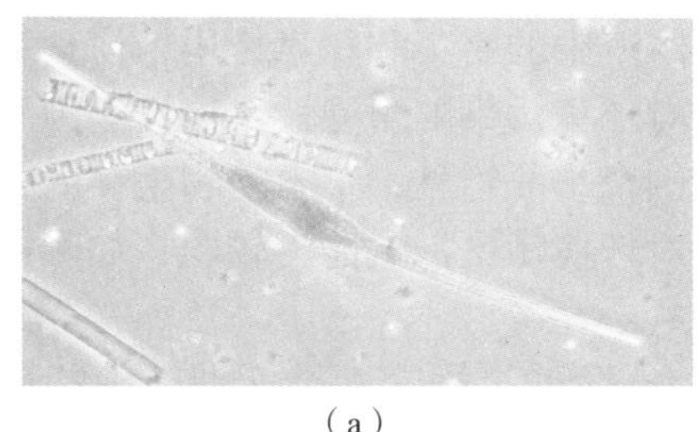

（a）

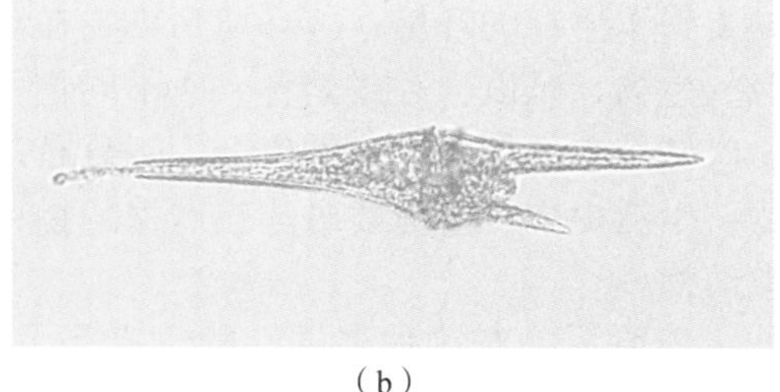

（b）

图6-4　显微镜下的梭状角藻（a）和叉状角藻（b）

注：在角藻属中约有80个种，均为浮游植物，主要为海产，多分布在热带海域中；也有生长在冷海中的种，体形较简单；产于淡水的仅有4个种。

（二）环境污染物对耐污种和敏感种的影响

耐污种是指可在某一污染条件下生存并大量繁衍的物种，如颤蚓、蜂蝇幼虫等可在某些高浓度有机物污染的水体中生活和繁衍。环境污染为耐污种创造了生存和繁衍的良好条件，甚至使它们成为污染环境下的优势种。

敏感种是指对环境条件变化反应敏感的物种。这类生物对环境因素的适应范围比较狭窄，环境条件稍有变化即不能忍受而死亡。在环境遭受污染后，各物种的数量逐渐发生变化。对于某种环境污染物具有抗性的物种——耐污种种群可在此种污染物污染条件下逐渐成为优势种，而敏感种种群减小，甚至逐渐消失。在有些情况下，污染环境中的群落可出现一些正常条件下并不出现的物种。

研究和确定一个地区特定环境的耐污种和敏感种以及它们的耐污值（tolerance value），是对该环境质量进行评价时构建生物评价指标的重要依据。耐污值是指生物对污染因子的忍耐力（pollution tolerance），是生物具有的一种生物学特性。但是，如果自然地理条件差异较大时，同一分类单元的耐污值会出现地域上的差异。因此，估算某一特定区域不同种群的耐污值是准确评价该区域环境健康状况的前提。为了对水质进行生物学评价，美国国家环境保护局将全国划分为5个大区，确定了适于不同地区的底栖动物耐污值数据库。根据大型底栖无脊椎动物耐污值的高低，将其分为3类：敏感类群（intolerant group）、一般耐污类群（intermediate tolerant group）及耐污类群（tolerant group）。近年来，我国在这方面也做了大量研究，例如，在2009—2010年对辽河的研究发现，大型底栖动物优势类群以敏感种和一般耐污种为主，而较强的耐污种较少。

（三）环境污染物对物种多样性的影响

生物群落的物种多样性是指生物群落中物种的数目（丰富度）和各物种的个体数量（均匀度），即组成群落的物种越丰富，多样性就越大；各个物种的个体在物种间分配越均匀，多样性就越大。物种多样性是影响群落稳定性的一个重要因素，它不仅可以反映群落组织化水平，而且可以通过结构与功能的关系间接反映群落功能的强弱。在环境污染较轻时，可导致敏感种消失，耐污种增加，物种多样性下降；在环境污染严重时，群落中的物种减少，甚至会全部消失。

环境污染引起物种多样性降低的机理主要为：①环境污染物的直接毒害作用，使生物的正常生长发育受到影响，导致生物丧失生存或繁衍的能力；②环境污染引起生境改变，导致生物丧失了生存的环境；③环境污染物在食物链中的富集和积累作用，使食物链后端高营养级的生物，难以生存或繁育；④不同物种对环境污染的耐受性或抗性能力不同。一般来说，广域分布的物种生存的机会大于分布范围窄小的物种；草本植物生存的机会大于木本植物；生活史中对生境要求比较严格的物种对环境污染抵抗能力较弱，如两栖类和部分爬行类动物。

此外，环境污染对物种多样性的危害是一个复杂的过程。人类活动产生的环境污染物，或使一部分生物直接致死，或使一些生物生长减慢、繁殖力下降，甚至变成面临灭绝的濒危物种。环境污染的加剧，可导致生态系统中某些生物数量骤增或骤减，以及生物多样性下降。例如，水体富营养化能使少数几种藻类的数量大增，而其他多种藻类的生长受到抑制，物种数目急剧减少。由于富营养化使水体透光度下降，高等水生植物不能正常进行光合作用而逐渐消失；光合作用的消失或降低，加上某些藻类的过量繁殖，导致水体严重缺氧，大量鱼类死亡。于是，在富营养化严重的水体，除了一些耐污藻类和耐污无脊椎动物外，其他物种或种群数量极度下降或消失，水体生物多样性降到最低。

环境污染对生物多样性的影响将给经济发展带来严重影响。例如，将渤海生态系统食物网简化为浮游食物链、底栖食物链和碎屑食物链三条食物链，1998—2006年，人类活动排放的磷酸盐、铬和汞等化学物引起底栖动物群落多样性降低，导致渤海湾中以底栖动物为食的鱼类衰退，其优势地位逐渐被较低营养级的以浮游生物为食的鱼类和以碎屑为食的动物所代替，渔业生物平均营养级表现为下降的趋势，渔业资源呈现衰退的状态。

三、生态系统水平

（一）生态系统的基本功能和特征

1. 生态系统的定义

生态系统，是指在一定空间中栖居的所有生物与其环境之间（包括生物的和非生物的环境），由于不断进行物质循环、能量流动和信息传递等过程而形成的一种统一的、完整的自然系统。即在生态系统中生物与生物以及非生物之间不断地相互作用、相互制约、相互依赖，达到动态平衡，从而形成一个相对稳定的统一体。由此可知，生态系统是具有一定结构和功能的单位，它不是生物学的分类单位。因此，生态系统的概念更加强调它在物质循环、能量流动及信息传递中的功能，不仅注重生物群落，而且也注重无机环境。环境污染必然引起无机环境的改变和一些栖居生物的损伤，从而导致生态系统功能的破坏。

对生态系统的大小和范围没有严格的限制，一个池塘、一座别墅、一片森林或一片草地都是一个生态系统，几个小生态系统可构成一个大生态系统，甚至整个地球上的生物圈可视为一个生态系统。近几十年来，生态系统已成为生态学研究的主流，生态系统毒理学也是生态毒理学研究的主流。

2. 生态系统的组分与结构

（1）生态系统的组分

生态系统是由各种生物的和非生物的要素组成的，这些要素可归为四类基本成分：①非生物环境（abiotic environment），包括气候因子（如光、热、水、空气、能源等）、营养因子（如 C、H、O、N 及无机盐等无机物质，蛋白质、脂肪、碳水化合物及腐殖质等有机物质）以及生物赖以生存的介质（如空气、土壤和水体等）；②生产者（producer），指能利用太阳能等能源将简单无机物合成复杂有机物的自养生物，如各种陆生、水生植物，及化能细菌和光能细菌等；③消费者（consumer），是自己不能用无机物制造有机物而只能直接或间接依赖生产者所制造的有机物质的异养生物，如草食动物、肉食动物、腐生动物、寄生生物等；④分解者（decomposer），又称还原者（reducer），是把复杂有机物分解为简单无机物的异养生物，包括细菌、真菌、放线菌及原生动物等。

（2）生态系统的结构

各种生态系统的组分构成各种生命赖以生存和发展的结构，才能成为生态系统。生态系统的结构主要分两种：①形态结构：指生态系统中的生物种类、种群数量、种的空间配置（水平和垂直分布）、种的时间变化等；②营养结构：生态系统各组分间的营养关系构成生态系统的营养结构。在生态系统中，以营养为纽带，把生物和非生物联系起来，构成生产者、消费者、分解者为中心的三大功能类群，是生态系统中物质循环和能量流动的基础。

3. 食物链与食物网

在生态系统中，由食性关系所建立的各种生物之间的营养联系，形成一系列猎物与捕食者的链锁关系，称为食物链（food chain）。由于一种生物往往以多种生物为食物，有的动物是杂食性的，可以占几个营养级，这就使多条食物链联结为复杂的食物网。

食物网的研究表明：①食物网很少是环状的；②食物链不长，平均为 4 节；③顶级种、中位种、底级种的比率、各种链节的相对比率及链节数 / 物种数的比率均相当稳定。

4. 生态系统的基本功能

生物生产、能量流动、物质循环及信息传递是生态系统的四大基本功能。

（1）生物生产

生态系统中的生物生产是其能量流动的开始，也是其物质循环的重要环节。生物生产可分为初级生产（primary production）和次级生产（secondary production）两个过程。前者主要是绿色植物把太阳光能转变为化学能的过程，又称为植物性生产；后者是消费者（主要是动物）把初级生产品转化为动物能，故又称为动物性生产。环境污染物对生态系统生物生产及其机制影响的研究是生态毒理学研究的重要内容。

（2）能量流动（energy flow）

生态系统能量流动是指能量通过食物网在系统内的传递和耗散。这个过程始于初级生产而止于还原者分解作用的完成，是一个能量转变、利用、转移及耗散的过程。能量从一个营养级到另一个营养级的转化效率是 5%～30%，从植物到植食动物的能量转化效率大约为 10%，从植食动物到肉食动物的转化效率大约为 15%。

能量在生态系统内的流动规律服从热力学第一、第二定律。热力学第一定律，又称能量守恒定律，即在自然界发生的一切现象中，能量既不能消失也不能凭空产生，只能以严格的数量关系由一种形式转变为另一种形式。在生态系统中能量流动的过程中也不可能有能量的新生和消失，也只能是能量形式的转化。

热力学第二定律，是指在封闭体系中，一切过程都伴随着能量的改变，在能量的传递和转化过程中，一部分能量可以传递和做功，但是总有一部分能量不能传递和做功而以热的形式消散，这一部分能量使系统的熵和系统的无序性增加。在生态系统中能量以食物的形式在食物链中传递时，食物中相当一部分能量转化为热而消散掉（使熵增加），其余则用于合成新的组织而作为潜能储存下来。因此，能量在生物之间每传递一次，大部分能量被转化为热而损失掉，这就是为什么食物链的环节和营养级一般不会多于 5～6 个以及能量金字塔必定是尖塔形的热力学解释。

（3）物质循环（material cycle）

生态系统从环境中的大气、水和土壤等获取各种元素（营养元素），通过绿色植物吸收，进入食物网传递、转化，最后再归于环境中，称为物质循环，又称生物地球化学循环（biogeo-chemical cycle）。

（4）信息传递

信息（information）传递不像物质流那样是循环的，也不像能流是单向的，而往往是双向的，有从输入向输出的信息传递，也有从输出向输入的信息反馈。信息流使生态系统产生自动调节机制。

生物的食物链就是营养信息系统，前一营养级的生物数量反映后一营养级的生物数量，一种生物的数量改变就会影响与它相关的食物网上其他生物数量的改变。一只草食动物的生存需要几倍于它的植物，一只肉食动物的生存需要几倍于它的草食动物。草原的载畜量应根据牧草的生长量而定，如果不顾牧草提供的营养信息，超载过牧，必然因牧草不足引起牲畜生长不良和草原退化，导致草原生态系统破坏。

5. 生态系统的基本特征与生态平衡

生态系统具有功能性、区域性、开放性、动态性和稳定性五个基本特征。

（1）功能性

如上所述，生态系统具有生物生产、能量流动、物质循环和信息传递等功能，这些功能是生态系统赖以生存的基础，也是它的主要特征。因此，生态系统是一个功能单位，既不是地理学上的单位，也不是生物分类学上的单位。

（2）区域性

一个生态系统是栖居在同一地区的所有生物与该地区非生物性环境相互作用、长期适应而形成的，因此生态系统的结构和功能反映了其所处的区域特征，在对生态系统的描述和研究中对它所处空间的范围及其区域特征的介绍和探讨是必不可少的。

（3）开放性

一个生态系统虽然是一个完整的功能系统，但它的独立性是相对的，而不是绝对的。绝对封闭的生态系统是不存在的。生态系统中的初级生产所需要的光能是依靠该系统之外的太阳来提供的。生态系统的开放性才是它赖以存在的必需条件。因此，生态系统是一个开放体系，它不断地与其他生态系统或周围区域交换物质、能量和信息。

（4）动态性

生态系统中非生物环境因素（如光、热、温度、水分和化学物质等）在不断发生变化，使生物种类和种群随环境的变化而演替。在不同季节、不同年代，同一区域的生态系统可能有不同的组成成分，包括不同的物种和群落。因此，为了正确、全面地认识和理解生态系统的状况，记录和报告它所处的时间特征是必不可少的。

（5）稳定性与生态平衡

生态系统的稳定性是指生态系统通过发育和调节达到的一种稳定状况，即达到生态平衡，它包括结构上的稳定，功能上的稳定，以及能量输入、输出上的稳定。由于生态系统的生物个体不断更新，能量流动和物质循环不间断地进行，所以生态平衡是动态平衡。在自然条件下，生态系统总是朝着物种多样化、结构复杂化及功能完善化的方向发展，直到使生态系统达到最稳定的状态。生态系统达到动态平衡的最稳定状态时，它能够自我调节和保持自己的正常功能，并能在很大程度上克服和消除外来的干扰，保持自身的稳定性。当生态系统受到人为或其他因素干扰时，原来各组成成分之间原有的平衡关系受到了破坏，这时在信息传递的调控下，生态系统的各种生物组成成分具有自动调节能力，使生物组分之间、生物与非生物组分之间不断达到新的动态平衡，自我维持生态系统的稳定性。生物自动调节能力实质上就是生物对其周围生物成分和非生物成分变化的适应能力，这包括物种之间的数量比例、种内个体的密度分布等。但是，生态系统的这种自我调节功能是有一定限度的，它不是无限的。当外来干扰因素（如火山爆发、地震、森林火灾等自然巨变，以及人类生产活动排放毒物，喷洒大量农药，人为地引入和消灭某些生物，兴建大型建筑和工程等）超过一定限度的时候，生态系统的自我调节功能就会受到损害，从而引起生态平衡破坏，甚至导致生态危机。生态平衡失调的初期往往不易被察觉，一旦发展到出现生态危机，就很难恢复平衡。人类的一切活动都应以保护生物圈的稳定与平衡为前提条件，因为生态平衡是人类继续生存和发展的基础。

（二）环境污染物对生态系统的毒性作用

使生态系统受到损害的因素主要有两类：一类是自然因素，如火山爆发、山崩海啸、旱涝灾害、地震、泥石流、雷电火烧、风灾、流行病等自然灾害。另一类是人为因素，这是当今世界上破坏生态系统稳定性最为严重的因素，主要包括两个方面：一是人类对自然资源的不合理开发和利用，造成物种灭绝、森林毁灭、水土流失、草原退化、土地荒漠化等；二是人类生产和生活活动产生的有毒有害化学物质，如工业生产过程中排放的废水、废气、废渣及农业生产中施用的农药、化肥等，使环境遭到严重污染，导致生态系统严重破坏（图 6-5）。

图 6-5　1986 年 11 月 1 日发生在瑞士的莱茵河化学污染事件造成多种鱼类死亡

环境污染物对于生态系统的毒性作用，根据危害的范围可分为系统性生态毒性作用（systemic ecotoxic effect）和局部性生态毒性作用（local ecotoxic effect）。例如，环境污染物进入水生生态系统后，可随水流运动进行迁移和扩散，对整个生态系统引起系统性生态毒性作用（systemic ecotoxic effect）。反之，如果环境污染物污染环境后很难迁移和扩散，对生态系统引起的毒害作用仅局限于毒物进入的环境位点，就称为局部性生态毒性作用（local ecotoxic effect）。

从环境污染物对生态系统功能产生的不利影响分析，主要体现在以下几个方面。

1. 对初级生产者产生毒性作用

进入环境的化学污染物达到一定水平，对初级生产者引起急性、慢性损害，使光合作用和对营养元素的吸收受阻，导致生态系统的初级生产量下降，从能量流动的源头对生态系统的功能产生破坏作用。

2. 引起物质循环和能量流动功能的破坏

环境污染容易引起食物链中对污染物敏感的、抗性弱的物种的种群规模减小甚至消失，使食物链中其前一环节的物种因失去捕食压力而种群规模上升，其后一个环节的物种因失去食物来源而随之消失或被迫改以其他生物为食，从而使原有食物链缩短或形成新的食物链，结果导致原有食物链或食物网中的物质循环和能量流动破坏。

3. 使分解者的功能降低、营养物质大循环破坏

在生态系统的物质循环中，生产者生产的有机物被分解者分解和矿质化，再度进入物质循环。环境污染物能通过影响物质循环中的一些作用点，使分解者对有机质的分解、矿化速率降低。某些环境污染物还可以抑制高等植物的共生微生物（如根瘤固氮菌等）从而降低对营养物质的吸收，减少营养元素的生物可利用性。一些酸性化学污染物，例如，酸雨可增加土壤中的营养物质的淋溶和土壤矿物的风化流失，还可增加植物残留物中有机物的分解和流失。环境污染物的这些作用对生态系统的营养物质大循环造成了不可逆转的严重破坏，导致生态系统的健康日益恶化，最终走向完全毁灭——该生态系统消失。

（三）环境污染对生态系统破坏的标志与实例

环境污染使生态系统及其稳定性遭到破坏的标志有很多，主要有如下几个方面：该生态系统中的物种数目和各物种个体数量急剧减少，生态系统的生物种群结构遭到破坏，能量流动和物质循环不能正常进行，生态系统的碳汇功能下降，生态环境条件急剧恶化。

例如，SO_2 和 NO_x 对大气的污染导致酸雨发生，酸雨降低了土壤和水体的 pH，从而影响陆地生态系统土壤肥力和引起淡水生态系统水体性质恶化，导致土壤微生物、高等植物、水生藻类、浮游动物、鱼类等生物的种类减少、密度降低，直接引起这些生物的生态系统遭受严重破坏。

农药施用不当，可使土壤中的蚯蚓大量死亡，间接影响土壤的结构，使土壤板结、土壤肥力下降，影响植物生长，导致陆地生态系统的健康受损。

杀虫剂的使用不当也使农业生态系统受到严重损害，杀虫剂虽然杀死了某种害虫，但同时也杀死了它的天敌，由于害虫的恢复比它的天敌要快，结果反而使这种害虫大量增加。另外，果园里施用杀虫剂常常不仅消灭了害虫及其天敌，同时消灭了传授花粉的昆虫，影响果树的结实。

由于农业生产化肥使用不当，未被农作物吸收和土壤固定的 N、P 等植物营养元素大量转移到水体，导致湖泊水体富营养化及沿海赤潮发生，从而对淡水生态系统和海洋生态系统造成极大危害。

此外，外来物种的入侵和疯狂增长，使原有物种急剧减少，导致生态系统的种群结构发生畸变，生态平衡遭到破坏。例如，外来入侵的浮水草本植物——凤眼莲（*Eichhornia crassipes*，又名水葫芦、凤眼蓝等），与本地植物竞争光、氧和生长空间，使大量本地水生植物种群密度降低，甚至灭绝。据 20 世纪 90 年代调查，云南省昆明市滇池在凤眼莲覆盖度达 100% 的水域，其他水生生物群落几乎为零。因此，人类生产、生活活动对生态系统的干扰和破坏已经成为非常严重的问题。

第二节　景观、半球及生物圈水平的生态毒理学效应

一、大尺度生态毒理学研究的重要性

环境污染物往往可以在很大范围甚至在全球进行迁移或分布，并造成严重生态胁迫，因此在更大尺度上研究环境污染物对景观、半球及生物圈水平的生态毒理学效应越来越受到重视，并取得了很多重要的研究成果，对人类的环境保护事业的发展产生了重要影响。例如，关于酸雨形成、臭氧层破坏、温室效应、持久性有机污染物的生态毒理学效应等方面的研究，就是大尺度生态毒理学研究的典型实例。大尺度生态毒理学研究对于某个地区、某个国家乃至整个生物圈生态碳汇的研究也具有重要价值。

环境污染物能够通过多种途径从污染源向整个景观甚至向全球转运或分布，其转运的途径主要有：

（1）通过空气扩散和空气运动进行传播和转运

气体污染物释放到大气后可以在广大的大气环境中很快扩散和传播。例如，欧洲的工业烟雾可以扩散到北极；英国工业生产排放的 SO_2 可以扩散到挪威，并在那里形成酸雨进而对挪威的森林造成严重危害。美国西部的加利福尼亚海岸城市的汽车尾气对坐落在美国东部的山区同样会造成危害。在美国加利福尼亚州喷洒的具有挥发性或半挥发性的杀虫剂，在一个星期内就有 90% 以上会挥发到空气中，再通过大气转运，可以从一个沿海城市或农村出发，使整个太平洋水面受到污染。

（2）通过水流和洋流进行传播和转运

进入水域中的环境污染物可以通过大江大河进行远距离转运，使之在更大范围内造成污染。而进入海洋中的污染物可以随着洋流对全球环境造成污染。例如，日本福岛核事故排放到海水中的放射性物质可以通过洋流或海水扩散迁移到四周远距离的水域。

（3）通过生物迁移、食物链或食物网进行传播和转运

一些动物物种可以以不同的方式利用各种栖息地，使这些动物可以从一个污染的生态系统迁移到另一个非污染的生态系统，从而把污染物带到了异地他乡。环境污染物还可以通过食物链或食物网从一种生物传递到另一种生物，不仅使这些化学物质在生物体内富集或放大，而且使更多的生物参与这些环境污染物的远距离传播。

总之，环境污染物的多途径、大范围传播，导致其对景观、大陆和全球范围的污染已经成为一个普遍现象。因此，研究和认识环境污染物在不同空间尺度，即景观、大陆、半球及全球范围的生态毒理学效应，对于环境保护事业是非常重要的。

二、景观水平

（一）景观生态与景观生态毒理学的概念

景观（landscape）的概念随不同学科、专业或行业而有不同的理解。生态学或生态毒理学把景观定义为在一个宏大区域内，由相互作用的多个生态系统构成的综合体，即生态系统的系统。

景观生态（landscape ecotope）或景观生态系统（landscape ecosystem）是指在一个特定的相当大的空间区域内，由许多不同生态系统所组成的整体，它具有一个单一生态系统所不具有的特征。也就是说，景观生态具有许多种生态系统，在不同生态系统之间相互作用、协调发展并形成了一个平衡而稳定的整体，不同生态系统之间具有的物质流、能量流、信息流与价值流在地表交互传输和交换；由于它在时间和空间尺度宏大，所以景观生态还具有大尺度效应，在地形地貌和生物特性上有很大的异质性，或异质性与同质性交叉；此外，在景观生态环境（landscape eco-environment）中还有许多自然形成的和人为建造的多种稳定的功能结构和空间结构。

景观生态毒理学（landscape ecotoxicology）是研究环境污染物对景观生态的损伤效应与防护对策的科学。当前，景观生态毒理学的研究焦点是在较大的空间和时间尺度上研究环境污染物对景观区域内不同生态系统的空间格局、动态变化和生态过程的损伤作用；同时也研究如何应用生态工程技术修复环境污染对景观的破坏、优化生态结构、合理利用和保护景观生态。

（二）环境污染物的景观效应

由于景观中的每个生态系统都是开放的，不同生态系统之间并不存在严格的界限，污染物可通过不同方式在生态系统之间频繁运动或迁移，加之有些污染物是难降解的持久性污染物，这就使一些环境污染物能在非常广泛的空间范围内分布并长期存在。因此，必须在宽广的范围内检测和研究这些污染物对景观的影响。

例如，由于受到铜矿开采和冶炼所产生的大量酸雾的影响，美国田纳西州铜山的景观发生了改变，逆风向 800 km 的大烟山国家公园的树木生长速度变慢，很多生态系统被灭绝，原本一个森林覆盖的绿色景象变成了沙漠一样的环境。又如，1989 年埃索公司将原油泄漏到库克湾和阿拉斯加海峡的部分地区，覆盖了 30 000 km^2 水域，不仅对当地景观生态造成极大危害，使多种生态系统遭受损伤，而且通过水生动物和鸟类的迁徙把这次原油泄漏的影响扩大到更远的地方。

（三）景观生态毒理学研究方法与地理信息系统

1. 景观生态毒理学研究方法概述

景观生态毒理学研究方法的建立和完善对其理论和应用的研究和发展至关重要。景观生态毒理学不仅带来了许多新思想、新概念、新理论，而且也在研究方法和技术手段上提出了许多新的挑战。景观生态毒理学研究方法主要从毒理学的研究方法和生态学种群、群落及生态系统的研究方法中借鉴并交叉发展而来，但其在实验设计和操作尺度上具有景观生态水平的显著特点。目前，景观生态毒理学研究方法主要分为三类：①野外比较观测方法，结合布点采样和对样本的实验室毒理学分析，这是目前应用较多的方法。②景观试验模型法，来源于对生态系统研究的中宇宙模型的实验设计思想，其特点在于时空较大并选择在景观生态环境中进行，同时配合毒理学研究包括对关键环境污染物的单因子室内毒理学试验。由于景观试验模型对自然因素有更多的保留和对试验变量的较好控制，因而它是景观生态毒理学研究中应用较多的方法。③计算机模拟法，是景观试验模型法的一种替代方法，可克服经费不足、实验条件困难等问题，对景观生态毒理学理论和应用研究以及结果检验与发展很有价值。这三类研究方法各自存在一些不同的优势和局限，故应相互结合、协调发展，共同促进景观生态毒理学研究的发展。

值得注意的是，至今，在景观生态毒理学研究中，对这些有效的试验研究方法的实践和应用还比较缺乏、试验研究的发展速度相对缓慢，主要原因来自景观生态毒理学所研究对象的特征：①景观是一个更大的宏观系统，其观测尺度要比普通单个的生态系统大得多，是一种在较大时间和空间尺度上的研究，系统变量复杂难以控制，有时无法保证取样样本的代表性。②景观是一个异质性等级系统，且包含着不同等级水平上系统的异质性和同质性交错存在，是一个非常复杂的、多种类型生态系统组合的一个整体，难以控制随机事件和外来因素的干扰，这会对观察和研究结果可能造成影响。因此，景观生态毒理学面临对新研究方法的引用、创建、完善和发展的艰巨任务。

2. 地理信息系统技术

如上所述，景观生态毒理学研究可以说是关于环境污染物对许多类型生态系统的时空性质及其相互关系影响的研究。大量时间－空间数据的获取、分析和处理是景观生态毒理学研究的重要特征，也是其区别于从分子到群落生态毒理学研究的重要标志之一。在此情况下，随着计算机科学云时代的来临，大数据（big data）技术也在吸引景观生态毒理学研究者的关注。与此同时，近年来发展起来的地理信息系统（geographic information system，GIS）技术已经开始迈入景观生态毒理学研究领域，并取得了一些可喜的成绩。

地理信息系统（GIS）是20世纪60年代随计算机技术的发展而产生的一门研究空间信息的全新技术，是在计算机系统的支持下，用计算机数据库技术对空间信息进行存储、分析、评价和辅助决策的计算机硬件和软件系统。GIS数据具有空间定位的特征，可以对其中的地理数据进行各种处理、分析、统计、模拟，其储存的数据和分析的结果，还可以输出成各种地图及辅助说明文件。因此，GIS是解决景观生态毒理学问题的有效途径和工具。例如，GIS技术曾被用于分析美国佛罗里达州圣约翰河盆地非点源污染地区的环境污染状况，该分析整合了环境污染物在地表径流中的数量和浓度、土地使用情况、土壤类型、降雨量及其归宿、水文和当时的水质等方面的信息，从而预测了沿圣约翰河的严重有害的环境污染物产生的地点，在较大尺度下预测环境污染物对环境影响的重要特征及其对景观生态系统的危害。又如，GIS也被用于在景观水平上研究镉污染的地理分布与稻米含镉水平、肾脏疾病发生率之间的关系，并对这些关系的动态变化进行预测、预警，为稻米污染及其危害的预防提供对策。

三、大陆或半球水平

大气中的气体污染物和细颗粒物，可以从它们的产生地分散到几百到几千千米之外，从而对相连的大陆和所处的半球产生严重的生态危害。值得注意的是，大陆或半球范围的生态毒理学问题往往也是全球生物圈的生态毒理学问题，二者并没有绝对的界限，只是一种人为的、相对的分类而已。因此，有人把此类问题也归于全球范围的生态毒理学问题。

（一）酸沉降和酸雨

酸沉降（acid precipitation，acid deposition）是各种大气酸性降水的总称，包括酸性的雨、雪、雹、雾等。酸雨是酸沉降最常见的形式，pH 低于 5.6 的降水就被称为酸雨。酸雨的地理分布与大气污染密切相关，目前在全球有三大酸雨区：西欧、北美和东南亚。其中，东南亚酸雨区以中国为主，覆盖四川、贵州、广东、广西、湖南、湖北、江西、浙江、江苏和青岛等省（区）部分地区，面积超过 2×10^6 km^2。其中，贵州、湖南、江西、广西、广东等省（区）的局部酸雨 $pH<4.5$。

1. 酸雨的化学本质及其成因

（1）酸雨的化学本质

酸雨是由于大气中酸性物质的湿沉降而形成的。酸性物质使降水呈酸性，pH 低至 5.6 之下称为酸雨，其中关键的酸性物质是硫酸（H_2SO_4）和硝酸（HNO_3），其次是盐酸（HCl）和其他酸性物质。大气中酸性气体（如 SO_2 和 NO_x）在大气颗粒物中 Fe、Cu、Mg、V 等金属氧化物的催化下，SO_2 和 NO 分别氧化生成 SO_3 和 NO_2，SO_3 溶于雨雪中生成硫酸，NO_2 溶于雨雪中生成硝酸和 NO，新生成的 NO 再继续氧化直至全部转化为硝酸。

（2）酸雨的成因

酸雨的形成是诸多自然和人为因素综合作用导致的，是大气环境化学复杂作用的结果，受多种因素的影响。

第一，酸雨多发生在大气污染严重且缺乏中和酸性物质的生态环境条件下，因此本地区排放的酸性气体（如 SO_2 和 NO_x）是造成酸雨污染的重要原因。20 世纪，由于我国大多数地区以燃煤作为主要能源，所以大气 SO_2 污染比 NO_x 严重，导致我国大多数地区的酸雨是硫酸型的，且主要来自 SO_2 和 SO_3 的云下洗脱。进入 21 世纪之后，我国大气环境表现出由燃煤型向燃油型转变的趋势，大部分地区由于 SO_2 排放减少，酸雨污染出现好转，但由于石油作为能源的逐年增加，NO_x 对酸雨的贡献有增加的趋势，包括机动车排放对酸雨污染的贡献已不容忽视。虽然当前我国大部分地区酸雨的化学组成仍属硫酸型，但正在向硫酸—硝酸混合型转变。对于欧洲和北美地区来说，早在 20 世纪由于能源利用由煤炭为主转换为石油为主，其酸性降水早已由硫酸型转换为硫酸—硝酸混合型，H_2SO_4 和 HNO_3 的贡献达 90%，$H_2SO_4 : HNO_3$ 约为 2∶1。

第二，酸雨的形成不仅取决于降水中酸性离子的浓度，而且与碱性离子的浓度有关。例如，对中国南方酸雨区和北方酸雨区降水中主要离子浓度的比较发现，北方城市降水 SO_4^{2-} 和 NO_3^- 年平均浓度之和达 241.5 μeq/L，而南方酸雨区仅为 145.1 μeq/L；但由于中国长江以南土壤呈酸性、来自土壤的大气颗粒物对酸的缓冲能力小，因此南方出现了区域性严重酸雨。虽然北方降水中 SO_4^{2-}、NO_3^- 浓度较高，但北方土壤呈碱性、含钙高，导致大气颗粒物的碱性物质 Ca^{2+} 和 NH_4^+ 含量大，中和了大气和降水中的酸性物质，使降水的酸度低于中国南方地区。

第三，酸性污染物的区域输送是造成一些区域酸雨加重的主要原因。例如，海南北部地区引起酸雨形成的致酸物多属远距离输送所致，其主要来源于华南地区，部分来源于越南；表明海南的酸雨污染不仅与气象条件有关，而且与地形地貌也有关系。

此外，对于沿海酸雨较重的地区，例如，青岛市除了工业发展排放大量的致酸物质外，海洋天然排放的二甲基硫［$(CH_3)_2S$］也对酸雨的形成有重要贡献。此外，高温高湿有利于 SO_2 和 NO_2 向 SO_4^{2-} 和 NO_3^- 的转化，故有利于南方酸雨的形成等。

2. 酸雨在大陆或半球水平的生态毒理学效应

SO_2 及 NO_x 是大气中常见的酸性气体污染物，它们可以借助空气运动从产生和发散地出发进行远距离传播，与大气中的水结合或吸附在大气颗粒物表面，飞越海洋、跨过国界，在距它们的污染源几千千米的地方产生酸沉降，在大陆或半球范围造成生态危害。这一现象在全球，尤其是在北欧、北美和亚洲部分地区，已引起普遍关注。

20 世纪早期和中期，由于英国工业生产的快速发展，以燃煤作为能源而使大量 SO_2 向大气中排放，并随气流扩散到挪威领空，导致挪威南部形成酸沉降。早在 20 世纪 20 年代，挪威南部酸化河流中就发现大西洋鲑产量锐减。受酸沉降的影响，挪威南部的 5 000 多个湖泊中，有 50% 的湖泊无鱼，25% 的湖泊中，鱼的种类减少，密度降低（图 6-6 左）。据统计，有 1 750 个鱼种丧失，900 个鱼种受到严重影响。同样在 20 世纪早中期的北美洲，由于美国工业生产的快速发展，北部地区的工业燃煤用量剧增，使大量 SO_2 排入大气，导致酸雨频发，在美国东北部的 849 个湖泊中，pH 小于 5 的有 212 个，pH 在 5～6 的有 256 个，其中至少有 113 个湖泊中完全没有鱼类。此外，美国北部工业排放的 SO_2 还随风扩散到加拿大，在加拿大南部形成酸沉降，导致加拿大安大略南部的所有湖泊均受到酸沉降的危害，其中 56% 的湖泊出现鱼类种群减少，24% 的湖泊鱼类完全消失。

图 6-6　20 世纪 60 年代受酸雨影响的北欧渔业（左）和森林（右）

酸沉降对大陆的陆生生物生长发育的影响也是严重而广泛的。在 20 世纪，酸雨对森林生态系统的生态毒理学效应导致欧洲北部和中部许多针叶林和阔叶林生态系统中植被生长严重减慢与种群结构改变，甚至大片树木死亡、森林破坏。酸雨对这些地域的森林生态系统造成了灭顶之灾（图 6-6 右）。据 20 世纪 90 年代统计，欧洲和北美一些国家森林酸雨危害十分严重，特别是德国、瑞士、荷兰等国，森林受害率高达 30%～50%，每年酸雨使欧洲和北美森林蓄积量损失惨重。1979 年 3 月我国首次在贵州松桃和湖南长沙、凤凰等地发现酸雨，随后进行的全国调查证明，我国的酸雨污染也是一个严重问题。例如，我国南方重酸雨区已出现一些严重的森林衰亡现象，20 世纪 90 年代，重庆南山的马尾松林已死亡 46%，峨眉山金顶冷杉死亡率达 40%。

综上所述，酸雨已经直接影响到大陆乃至全球植被生态系统的生产力，导致全球植被生长量和生物量的急剧下降，防止或减少酸雨的污染是人类刻不容缓的艰巨任务。

3. 酸雨对陆地生态系统产生的影响及其机制

（1）酸雨对植物的直接危害及其机理

世界上有 1/4 的森林受到不同程度的酸沉降的侵袭，森林生长缓慢甚至凋谢，森林生态系统受到严重危害，每年价值数百万美元的林木被毁坏。酸雨对农作物的危害也很严重，导致农产品的产量和质量下降。在禾谷类作物中，以对稻谷的影响最为明显，其他依次为大麦、小麦等。

酸雨对植物的危害首先反映在叶片上，酸雨可引起叶绿素含量减少，从而影响植物的光合速率和生长发育；在形态上酸雨可引起叶片出现失绿、坏死斑、失水萎蔫和过早脱落等症状。然而，不同种类的植物抗酸雨的能力不同，因此对酸雨的急性危害作用存在差异。

植物解剖学研究发现，酸雨可破坏叶片的气孔结构，从而影响气体交换。气孔是植物进行气体交换的主要通道，与植物的正常功能密切相关。酸雨可引起农作物叶片上保卫细胞收缩及气孔的持久开放。气孔的持久开放虽可增加 CO_2 的吸收而有利于光合作用，但也会增加酸雨、臭氧和其他有害气体的吸收，以及病原体入侵，并增大水分的散失，使植物遭受更严重的伤害，最终导致光合作用减弱，使植物的生长发育受到严重影响。

酸雨对生态系统危害的机理是极其复杂的。酸雨的主要危害因子是其中的大量 H^+，H^+ 对细胞膜有很强的刺激和破坏作用，从而引起细胞膜透性改变，导致细胞内离子析出，H^+ 大量进入，使细胞内离子失去平衡，造成细胞 pH 和等电点下降，降低细胞的缓冲能力和耐酸力，同时使多种酶的最适 pH 受到干扰。另外，大量 H^+ 进入细胞还可引起细胞结构（如线粒体、叶绿体等）的破坏，从而使酶的存在状态破坏，加上细胞内环境 pH 的失常，导致酶的活性降低或丧失，最终引起酶促反应的速度和方向发生改变，细胞新陈代谢紊乱，严重时可导致细胞解体或死亡。

酸雨对生态系统的影响，除上述对植物的直接伤害外，更严重的是引起土壤酸化及由此引起的一系列环境效应所造成的生态危害。

（2）土壤酸化对金属可利用性的影响

酸雨引起的土壤酸化可导致土壤和岩石中的有毒金属（如铝、汞、铅、镉等）溶出，例如，在 pH=5.6 时，土壤中的铝很稳定，不会溶解，但当 pH=4.6 时，铝的溶解度增加约 1 000 倍。这些土壤有毒金属通过酸雨作用，由不溶性转化为可溶性以后，提高了这些金属的生物可利用率且可以流入水体。在许多酸雨污染的地区，其地下水中许多有害金属离子的浓度比正常背景值高 10～100 倍。人和动物饮用了有毒金属污染的水就可能对健康造成损害。此外，这些流入水体中的有毒物质被植物吸收后而进入食物链，造成食物中有毒金属含量增加，从而对人和动物的健康造成危害。

（3）土壤酸化对土壤肥力的影响

当酸雨 pH 过低时，特别是在酸性土壤地区，会使土壤 pH 明显降低，从而影响土壤微生物的活性，抑制枯枝落叶和土壤有机质的分解，使营养元素的物质循环受抑；同时，还可降低土壤腐殖质的合成速率，从而使土壤团粒结构遭受破坏，土壤物理性质恶化，土壤肥力下降。氮元素是植物生长发育最重要的营养元素之一，土壤酸化可抑制土壤硝化和反硝化细菌的繁殖和生长，生物固氮作用也受到抑制，导致土壤中可利用氮素的缺乏。

此外，土壤酸化不仅可导致土壤和岩石中的有毒金属溶出，而且也可引起土壤中 Ca^{2+}、Mg^{2+}、K^+ 等无机养分的流失，导致土壤肥力下降，植物根系的生长受到抑制，大片树木落叶甚至森林被毁，农作物的产品质量和产量降低，甚至使农作物枯死。

（4）酸雨污染导致植物病虫害发生

酸雨往往导致植物对害虫的抵抗力减弱，从而引起植物虫害的加剧。此外，酸雨可引起植物生理代谢的改变，植物本身的代谢物变化和分泌物的变化均可对大多数昆虫的取食和生存状况产生严重影响。例如，酸雨或 SO_2 对植物信号物质萜烯类的挥发有影响，从而影响许多针叶树昆虫的取食定向；酸雨或 SO_2 可使某些种类树木的酚化物增加，而酚类物质既可以作为某些昆虫的营养物，也可以作为另一些昆虫的生长抑制剂；受酸雨污染的云杉由于合成酚类物质减少，防御能力下降，其受蚜虫的危害加重。此外，酸雨影响植物的氨基酸和糖代谢，从而改变昆虫食物的养分状况而间接影响植物与昆虫的关系。由此可见，酸雨对昆虫的影响机理也与害虫的种类有关。

早在 1923 年，埃文登（Evenden）就提出大气污染能改变昆虫与森林生态系统的相互作用。阿尔斯塔德（Alstad）对 50 多种生活在森林中的昆虫和螨虫进行观测，发现昆虫密度与酸雨的危害程度呈负相关。当受酸雨危害的森林树木生长势衰退时，初级害虫或腐生植物的优势昆虫种随之也发生了明显改变，导致多种虫害严重发生。重庆的一项研究表明，酸雨污染危害的马尾松林，随其生长势减弱，松天牛和小蠹虫等害虫的危害加剧，松干线虫病的发生加重。

此外，植物在酸雨污染的胁迫下，生命活力下降，容易导致病原菌的大量侵染，造成植物病害的大发生。例如，在酸雨污染的影响下，美国西部的黄松林发生严重的假密环菌病害。又如，酸雨对马尾松落针病和赤落叶病的发生有促进作用，但在 $pH<4$ 的酸雨长期暴露的情况下，落针病的发生反而受到抑制。

由于植物病害的发生是环境、宿主、病原菌三者综合作用的结果，所以酸雨对植物病害的影响是复杂的。例如，由于酸雨对某些植物病原菌有抑制作用，故在特定情况下反而不利于植物病害的发生。一项研究显示，西红柿先经酸雨处理使叶片出现伤害后，再接种假单胞菌可使病害加重，而如果先接种假单胞菌而后用酸雨处理，由于酸雨能抑制假单胞菌的生长，病害反而减轻。

4. 酸雨对淡水生态系统产生的影响及其机理

酸雨对淡水生态系统的危害主要是通过水体酸化而产生的。酸雨降落到湖泊、河流及其汇水区，是否可使水体酸化，除了与酸雨中酸性物质的数量密切相关外，还与水体本身对酸的缓冲能力有关。水体对酸的缓冲能力取决于土壤与岩基的类型及水体本身的碱度、硬度等。以石灰岩为主要基岩的地区，水体的缓冲能力较强，属于对酸雨不敏感地区；而以花岗岩、石英岩等为主的硅质基岩地区，水体的缓冲能力较弱，属于对酸雨敏感地区。因此，酸雨对淡水生态系统影响的评估，应根据当地的生态环境进行具体分析。

（1）酸雨对淡水生态系统的影响

第一，酸雨对淡水生态系统中不同营养级生物类群的影响。

①水体酸化对生产者的影响很大。藻类是水体的主要初级生产者。研究发现，水体 $pH=5.0\sim5.5$ 是藻类生长的阈限，pH 高于 5.5，藻类生长正常；pH 等于或低于 5.0，生长受到抑制。在酸化水体中，藻类种类和数量均会减少。

高等水生植物是某些水生态系统的另一类重要初级生产者，对 pH 的适应范围一般较宽。有些种类，如沉水草本植物篦齿眼子菜（*Potamogeton pectinatus*）、浮生植物浮萍（*Lemna minor*）等喜好偏碱水质条件，对水体酸化较敏感；而另一些种类，如睡莲（*Nymphaea tetragona* Georgi）、普通眼子菜（*Potamogeton distinctus*）、浮叶眼子菜（*Potamogeton natans*）等喜好偏酸条件，可在一定程度上耐受水体酸化。水体酸化对水生植物的伤害，直接影响水体的生物自净作用。

②水体酸化对初级消费者的影响也很大。对浮游动物来说，水体酸化使浮游动物种类减少，多样性下降，生物量减小。例如，水体酸化使大型蚤、椭圆萝卜螺（*Radix swinhoei*）的平均体长、生殖量减少，死亡率上升。但是，也有一些浮游动物对酸化水体有较强的耐受性，例如，在桡足类中有不少种类耐酸范围较广，有些枝角类如象鼻蚤（*Bosmina*）、大眼蚤（*Polyphemus*）等对酸化水体适应性或耐受性强。

还有一类初级消费者是底栖动物。软体动物介壳的形成需要大量的碳酸钙，而水体酸化后碳酸钙缺乏，妨碍介壳的形成，导致软体动物难以生存，故在酸化水体中很少出现软体动物。

水生昆虫也属于食物链的初级消费者，其对酸化的忍耐能力随种类不同而有很大差异。襀翅目、鞘翅目和半翅目对水体酸化比较敏感，它们的最低 pH 中值约为 6.0；双翅目的最低 pH 中值为 5.5，该目中的摇蚊科有些种类耐酸性很强，曾发现其在 pH=2.8 的淡水环境中也能生存。毛翅目昆虫对水体酸化的耐受性也很强，在 pH＜5.0 的水体中也可生存。

③水体酸化对次级消费者也有很大影响。鱼类是淡水生态系统中最重要的次级消费者，水体酸化直接影响鱼卵孵化和鱼类生长，使鱼类种群减少甚至消失；同时，酸雨可使食物链中与鱼类有关的生物受到影响，间接影响鱼类种群的增长。

酸雨可直接引起鱼类死亡。例如，鲢、鳙、鲤鱼三种鱼的 96 小时 LC_{50} 分别是 pH=5.34、pH=4.51 及 pH=3.80。在冬末和初春，含有大量酸性物质的冰雪融化或暴雨发生时，河流和湖泊中 pH 骤然下降，可引起鱼类大量急性死亡；当水体受酸雨的影响而逐渐酸化时，酸化水体会对鱼类产生慢性毒性作用，对鱼类的繁殖和生长发育十分有害，甚至造成鱼类从天然水体中消失。

鱼类对水体酸化的耐受能力随种类不同而有差异。例如，鲤科鱼类对低 pH 最敏感，在 6.0 以下，种类便明显减少；而鲑科鱼类比较耐酸，在 pH＜5.0 时都没有明显减少。同时，鱼类在不同生长发育期对酸雨危害的敏感性不同，依次为受精卵＞鱼苗＞成鱼。

两栖类动物也是淡水生态系统中的次级消费者，由于两栖类动物在水塘产卵，所以水体酸化对其生殖发育的影响很大。水体酸化在 pH=3.7～4.6 时可引起青蛙蝌蚪发育畸形，小于 4.0 时可引起死亡。水体 pH＜6.0 时，斑点蝾螈的卵死亡率增加，发育受到抑制。对加拿大安大略省的池塘调查发现，水体 pH 在 4.55～6.36 时，pH 越低，牛蛙、小池蛙和十字花雨蛙的蝌蚪密度越小。

此外，水体酸化对重金属离子的毒性作用也有显著影响。例如，在软水中 pH=4.0 时可引起欧洲林蛙蝌蚪发育畸形；在水体 pH=4.5、含 Ca^{2+} 2 mg/L 的情况下，Al^{3+} 浓度为 0.2 mg/L 便可引起林蛙蝌蚪全部死亡；而当水体 pH=5.3、含 Ca^{2+} 40 mg/L 的情况下，同样浓度的 Al^{3+} 对林蛙卵发育的影响显著减弱。这也说明酸雨可通过对 Ca^{2+}、Al^{3+} 浓度的作用而间接对水域生态系统产生影响。

④水体酸化对分解者有严重影响。水体中的微生物是淡水生态系统物质循环中的主要分解者。水体酸化对细菌和真菌生命活动有严重的直接影响，导致动物、植物残体分解受阻，有机物的矿化作用迟缓，物质循环、能量流动发生障碍，从而使水体贫营养化、生产

力下降、自净化受到影响。

第二，酸雨对淡水生态系统影响的特征。

①生物多样性降低、群落结构受到影响。水体酸化引起水域动、植物种类数减少，多样性降低，生物量减小。例如，在 20 世纪中期，对加拿大 47 个酸性湖泊的浮游动物调查发现，pH 在 5.0 以下的湖泊中，只有 1～7 个物种，其中仅 1 个或 2 个优势种；而 pH 在 5.0 以上的湖泊中，一般有 9～16 个物种，其中有 3 个或 4 个优势种。

②食物链 / 网受到破坏、生态平衡受到影响。在正常水体中，生产者、消费者和分解者之间的物质循环、能量流动和信息传递，保持着相对平衡状态。水体酸化之后，食物链 / 网中任何一类水生生物受害，则整个水生食物链 / 网将遭到破坏，使水生态失去平衡。例如，水体酸化严重抑制浮游植物的生长，使以浮游植物为食的钩虾和栉水虱等由于缺乏食物而繁衍受阻、密度锐减，继之导致以钩虾和栉水虱为食的大马哈鱼在酸化水体中消失。

③重金属生物积累增高，成为对生态危害的隐患。由于酸雨可将从大气中获得的汞和其他金属注入水体，又由于酸雨可将土壤中的重金属随地表径流或地下水进入水体，所以受酸雨影响的水体往往金属离子浓度较高。酸雨能促进甲基汞在鱼体的蓄积，在酸雨污染的湖中，鱼体内甲基汞水平升高。对挪威、瑞典和加拿大的湖泊调查显示，酸化水体中的 Al、Hg、Zn、Pb、Cu、Cd 和 Ni 等金属离子浓度一般比较高，导致在水生生物体内这些重金属的积累增高，这不仅会对当代生物造成损伤，还有可能殃及后代，从而造成更大更远的生态危害。

（2）酸雨对水生生物毒性作用的机理

如前所述，环境污染物引起的任何生态效应包括大尺度范围的生态毒理学效应，均始于污染物引起的分子效应。因此，酸雨对水生环境的生态效应，其毒性作用机制必须从分子水平去探讨。目前，有关水体酸化对水生生物毒性作用的机理主要聚焦于对水生动物的研究，其毒性作用机理主要有以下几点。

第一，干扰动物的呼吸代谢和酸碱平衡。

酸化可使水体溶氧量减少，使水生生物处于供氧不足的环境；同时，酸化可使水体的游离 CO_2 增高，使生物体内代谢产生的 CO_2 的排出受到影响，引起机体酸碱平衡紊乱和酸中毒。高碳酸血症也是鱼类生存的威胁因素，可致鱼类死亡。除水体溶氧量减少造成缺氧压力外，鱼类酸中毒可降低血红蛋白的稳定性，使高铁血红蛋白含量增加，血红蛋白对氧的亲和力及运载能力降低，导致细胞缺氧，甚至引起死亡。

此外，水体酸化对鱼鳃的损伤会严重影响其呼吸功能，使机体呼吸速率减慢，血氧交换受阻，导致窒息而死。

第二，干扰细胞对无机离子的稳态调节。

Na^+ 和 Cl^- 对于动物具有多种生理功能，维持二者在体液和细胞内的稳态对机体正常代谢非常重要。所有的淡水动物都要从水中主动地吸收盐类，鱼鳃和口腔表面的氯细胞具有这一功能。体内代谢产生的 H^+ 与水体中的 Na^+ 交换，而体内代谢产生的 HCO_3^- 与水体中的 Cl^- 交换，以保持体内钠和氯的浓度相对恒定。当水体中氢离子大量渗入鱼体时，过多的氢对鱼鳃上皮细胞 Na^+/H^+ 交换体系有损伤作用，导致机体对 Na^+ 的吸收和对 H^+ 的排出均显著减少；同时，水体中过多的 H^+ 对 Cl^-/HCO_3^- 交换体系或对其他 Cl^- 转运蛋白的结构或功能也有损伤作用，从而使氯细胞主动吸收氯和钠的功能受到抑制。水体酸化的这些作用，最终导致鱼体内 Na^+ 和 Cl^- 浓度极度下降，甚至引起死亡。例如，受酸雨影响的河流中的鱼，其血浆钠和氯的浓度均低于正常河流中的鱼。因此，可以用这两个参数作为指标来监测鱼类受酸雨损害的程度。

细胞钙离子（Ca^{2+}）具有稳定细胞膜电位、调节神经肌肉的兴奋性等多种生理功能。此外，Ca^{2+} 是重要的细胞第二信使，在信号转导、维持机体正常生理功能中发挥重要作用。进入细胞内的 H^+ 过多，对 Ca^{2+} 感受器的功能、钙离子通道和钙转运蛋白的功能等均有干扰作用，从而影响细胞钙稳态。细胞内 Ca^{2+} 过多可以使多种酶激活，导致细胞代谢紊乱，包括激活核酸内切酶，引起 DNA 断裂和染色体畸变。

第三，对糖、脂肪和能量代谢的影响。

物质和能量代谢是生物一切生命活动的基础，也是生命存在的主要表征。物质和能量代谢主要表现在糖和能量代谢、脂肪酸代谢、核酸和蛋白质代谢等方面。

鱼类糖代谢主要涉及糖酵解、糖异生、三羧酸循环、磷酸戊糖途径、糖原合成和降解等过程。酸化水体可以通过干扰多种关键代谢酶的活性而对水生动物糖代谢产生显著影响。长期低 pH 胁迫可导致鱼类肝细胞线粒体结构破坏和功能异常，引起氧化磷酸化解偶联，影响三磷酸腺苷（ATP）的合成而导致能量代谢异常，使细胞缺乏能量而影响生命活动的进行，甚至引起细胞死亡。

水体酸化对脂肪酸代谢有严重影响。脂肪酸不仅可作为能源为水生动物生长、发育、繁殖等生理活动提供能量，而且脂肪酸也是许多重要生理活性物质合成的前体物或原料，因此脂肪酸代谢的紊乱会对生物的生命活动造成严重影响，严重者可致动物过早衰老，甚至死亡。酸雨引起的水体酸化可导致机体酸中毒，而细胞内环境 pH 降低可引起多种脂肪酸代谢酶结构和功能异常、活性降低，使脂肪酸合成减少、分解加速，甚至诱发自由基大量产生而引起脂肪酸过氧化发生。

第四，对核酸和蛋白质代谢及基因表达的影响。

核酸和蛋白质代谢也是在代谢酶的催化下进行的，由于这些酶的结构和活力对 pH 很敏感，过低的 pH 对多种蛋白质代谢酶和多种核酸代谢酶的活力有显著影响，所以在水体酸化下鱼类蛋白质和核酸的代谢均受到明显影响。一般来说，水体酸化可引起鱼体蛋白质合成速率降低而分解速率增加，最终引起体内蛋白质净增加值降低。水体酸化还可引起水生动物基因表达的改变，往往导致基因转录速率降低，使 DNA 向 RNA 的转录受到抑制，从而导致 RNA/DNA 比值下降。这一规律在多种鱼类对酸化水体的试验中均得到了证实。

然而，虽然水体酸化往往引起水生动物基因表达下降，核酸和蛋白质合成速率减缓，但是在酸化的不利环境下，也使生物产生了一些适应性机制，反而诱导一些基因表达上调、蛋白质合成增加。例如，酸化水体可引起丝足鱼（*Osphronemus* sp.）、金鱼（*Carassius auratus*）、鲤鱼（*Cyprinus carpio*）、虹鳟鱼（*Oncorhynchus mykiss*）的中枢神经系统星形胶质细胞合成热休克蛋白 70 和热休克蛋白 60 的基因表达显著增加，最终引起这些热休克蛋白合成的增多。这些热休克蛋白具有多种生理功能，有益于机体抗逆能力的提高。此外，当水体酸化引起鱼体内自由基增加时，多种抗氧化酶基因表达上调，从而有利于对体内自由基的清除。

第五，引起体内自由基增加，导致氧化应激发生。

水体酸化与水生生物之间是一种交互作用的复杂关系，其间既有酸化水体中高浓度 H^+ 对水生生物直接或间接的危害，同时也存在水生生物对这种危害的适应性反应。在对生长发育不利的酸化水体环境中，生物氧化作用增强，大量 ROS 产生，包括超氧阴离子自由基、羟基自由基、过氧化氢、脂质过氧化物和单线态氧，ROS 能攻击 DNA、RNA、酶、蛋白质及脂肪等生物大分子，引起这些大分子发生氧化损伤。DNA 和 RNA 发生氧化损伤可引起基因突变、基因表达异常、酶和蛋白质合成异常。酶和蛋白质发生氧化损伤可导致细胞结构和功能改变、酶活性异常，从而引起细胞代谢紊乱。例如，ROS 引起脂质过氧化损伤导致大量自由基和代谢产物产生。其中，丙二醛是脂质过氧化产生的标志性产物，它可与腺嘌呤脱氧核苷酸、鸟嘌呤脱氧核苷酸、胞嘧啶脱氧核苷酸反应，使 DNA 单键或双键断裂，对基因结构和功能造成损伤。

对不同水生动物的研究显示，水体酸化引起的氧化应激可刺激抗氧化酶基因的转录，如引起体内 SOD、CAT 和 GSH-Px 转录增加，酶活性升高，有利于降低 ROS 水平和减少对生物大分子的氧化损伤。但是，生物体对氧化应激的这种适应性反应是有限的，其最终结局如何，还与氧化损伤的强度和作用时间有关。

第六，干扰神经内分泌功能。

水体酸化可引起水生动物神经 - 内分泌系统功能紊乱，从而激发细胞物质代谢和生命活动异常。在酸化水体的胁迫下，水生动物体内甲状腺素、去甲肾上腺素、肾上腺素、皮质醇等激素的分泌增加，从而对相关物质代谢和器官活动产生影响。水体酸化的实质是水中 H^+ 浓度急剧增高，因此，H^+ 对水生动物神经 - 内分泌系统的效应与作用机理也是酸雨生态毒理学研究的热点之一。

（二）臭氧层破坏

臭氧对生物和生态环境的作用取决于臭氧在大气层中的位置。接近于地球表面大气层的臭氧，由于具有强氧化剂的特性而对生物包括人类的健康有损害作用，是一种气体污染物。然而，臭氧在 20～50 km 高度的大气平流层中形成的臭氧层（ozonosphere）具有过滤或吸收来自太阳的紫外线辐射的作用，它环绕大气层为生物圈形成了一个防护罩，使地球生物免受紫外线过量辐射的危害。20 世纪 70 年代以来的研究发现，大气中某些环境污染物对臭氧层的破坏作用是另一大陆或半球范围的严峻生态毒理学问题。

1. 臭氧层的形成与臭氧层空洞

由于氧分子受强烈日光，特别是受短波紫外线照射可形成臭氧（ozone）分子（O_3），它们大多分布在距离地球表面上 20～50 km 的平流层，我们称之为臭氧层。臭氧层几乎可全部吸收来自太阳而对人类和其他生物有害的短波紫外线的 B 段（UV-B，280～320 nm）和 C 段（UV-C，200～280 nm），从而对地球生物起到保护作用。有的文献把 UV-B 称为中波紫外线，把 UV-C 称为短波紫外线。

20 世纪 80 年代，科学家们发现南极上空出现了臭氧层空洞（ozone hole），其面积比中国总面积的 2 倍还要大。随之发现，北极上空的臭氧层也薄了 1/10，极点上空则差不多薄了 20%。目前，虽然各国保护臭氧层的积极行动使臭氧层臭氧的浓度有所上升，但南极和北极上空的臭氧层空洞依然存在，要使臭氧层恢复到原来的水平，任重而道远，各国仍需共同努力。

2. 臭氧层破坏的原因与机制

研究发现，大气环境的化学污染是臭氧层破坏的主要原因之一。

（1）氟氯烃对臭氧层的破坏作用

氟氯烃（又称氟利昂）作为制冷剂、发泡剂、洗净剂、推进剂等被广泛应用于现代工业和家庭生活中。氟氯烃是一类人工合成的含氯的有机化合物如 F-13（$CFCl_3$）和 F-12（$CFCl_2$）等，在人类生产、生活活动中它被释放出来以后可以进入大气层中的平流层，当它受到波长 175～220 nm 紫外线照射时产生游离氯（Cl），Cl 与臭氧分子反复发生反应而使 O_3 分解，消耗掉大量 O_3。

$$CFCl_3 + h\nu \xrightarrow{\text{光解}} CFCl_2 + Cl$$

光解所产生的 Cl 可破坏 O_3，其机理为

$$Cl + O_3 \longrightarrow ClO + O_2$$

O_3 在紫外线照射下可分解产生 O，与 ClO 反应产生 Cl：

$$O_3 + h\nu \longrightarrow O_2 + O$$

$$ClO + O \longrightarrow Cl + O_2$$

所产生的新 Cl 可以继续破坏臭氧分子，据推算一个 Cl 可破坏 10 万个臭氧分子。

此外，灭火剂溴代氟烃在大气中可产生游离溴离子，游离溴离子也有破坏 O_3 分子的能力，且氯和溴有协同作用，可加快 O_3 的消耗。

（2）其他环境污染物对臭氧层的破坏

研究发现，臭氧层中的水蒸气、氮氧化物（N_2O、NO、NO_2）等工业废气和飞机废气中的常见气体污染物，甚至农业上大量使用的氮肥所产生的氮氧化物对 O_3 也有破坏作用，也会加速臭氧层的耗损。

在农业生态系统中，施入土壤中的氮肥如铵盐和硝酸盐只有一部分被植物吸收，而一多半被土壤微生物通过硝化和反硝化作用将氮肥转化为 N_2O 释放到空气中，并可上升进入平流层中降解臭氧。在全球范围内，农业生态系统释放出的 N_2O 大约是汽车尾气释放量的 5 倍。据科学家估计，大气中 N_2O 浓度升高 1 倍将可导致臭氧层损耗增加 10%，从而使到达地面的紫外线辐射增加 20%。

3. 臭氧层破坏引发的半球性生态毒理学效应

由于大气臭氧层能够吸收 99% 以上来自太阳的紫外线辐射，所以随着平流层臭氧浓度的减少，到达地球表面的紫外线辐射强度就会增加。因此，臭氧层的破坏将给地球生物包括人类的健康带来极大危害。

（1）对陆地生态系统的影响

紫外线辐射过强对植物的生长发育有严重影响，不但对叶绿素有破坏作用，而且可使叶片气孔关闭，阻断植物与外界的气体交换，影响光合作用的进行。美国科学家历时 10 年测定了 200 余种植物（大多为农作物）对紫外线增强的反应，结果显示受试植物中有 2/3 以上的植物均受到一定程度的损害，尤其是瓜类、豆类、卷心菜等对 UV-B 更为敏感。紫外线辐射的过量暴露可使水稻、小麦、棉花、大豆等重要粮食及经济作物产量大幅减产。以大豆为例，臭氧层中臭氧浓度减少 25%，增加的紫外线辐射可使大豆产量下降 20%，籽实中蛋白质和植物油分别降低 5% 和 2%。

此外，紫外线辐射过强可抑制植物的生长，使植物矮小、体弱，导致植物对病虫害的抵抗能力降低，从而影响生态系统的平衡或稳定，特别是对森林生态系统造成严重影响。

紫外线辐射过量还可引起家畜家禽及其他陆生动物视力减退，甚至引起动物白内障的发病率增高。

（2）对淡水生态系统和海洋生态系统的影响

过强的紫外线辐射可杀死湖泊和海洋表面的浮游动、植物，进而破坏淡水生态系统和海洋生态系统食物链或食物网，使鱼类、虾类、蟹类等水生动物数量显著下降。过强的紫外线辐射还可杀死水域浅层的鱼、虾、蟹及其他水生动物的幼体，直接降低水生生物的生产力。由于不同种类的生物对紫外线的忍耐能力不同，所以过强的紫外线辐射可能会导致生态系统中优势种发生改变，从而干扰生态系统的稳定或平衡。

综上所述，紫外线辐射的过量暴露不仅会导致大陆或半球范围的生态毒理学效应发生，而且对这些地区的农、林、牧、渔业也可造成不利影响。

4. 臭氧层的保护在行动

联合国环境规划署（UNEP）为了保护臭氧层，采取了一系列国际行动。1976 年 4 月 UNEP 理事会第一次讨论了臭氧层破坏问题；1977 年 3 月召开臭氧层专家会议，通过了《关于臭氧层行动的世界计划》；1985 年 3 月在奥地利首都维也纳召开的“保护臭氧层外交大会”上，通过了《保护臭氧层维也纳公约》；1987 年 9 月在加拿大蒙特利尔签署了《关于消耗臭氧层物质的蒙特利尔议定书》（简称《蒙特利尔议定书》），该公约自 1989 年起生效，规定以 1986 年的产量和消费量为基准，缔约方必须按指标逐年削减含氯氟烃产品的产量和使用量。到 2017 年，《蒙特利尔议定书》的缔约方已达 197 个国家和地区。

目前，臭氧层的保护已经取得了一定成效。2014 年，负责近 4 年臭氧水平评估的美国科学家保尔 · 纽曼说，2000—2013 年，中北纬度地区 50 km 高度的臭氧水平已回升 4%。科学家认为这是全球对《蒙特利尔议定书》及相关协定开展的行动，使曾用于冰箱、喷雾器、绝缘泡沫塑料和灭火器等产品的氟氯化碳和哈龙等气体在大气中减少的缘故。

另外，臭氧层虽然在恢复，但距离完全恢复还很遥远，而且要时刻警惕“反弹”的发生。南极臭氧层空洞依旧存在，最新计算显示，臭氧浓度水平仍比 1980 年低 6%。时任联合国环境规划署执行主任的阿奇姆 · 施泰纳（Achim Steiner）依据当时观察数据判断，臭氧层可能会在 21 世纪中期实现修复。他认为，为达此目标，各国仍需继续努力。

四、生物圈水平

有些环境污染物可以被强大的气流和洋流转运到全球各个角落（如大气中的苯并芘和海洋生物中的多氯联苯），而有的环境污染物在被全球各地人类的经济和生活活动不断产生着，如化石燃料燃烧产生的 SO_2、CO_2 使其在大气中的浓度不断升高。这些全球性环境污染物对整个生物圈（biosphere）产生着严重的生态毒理学效应，成为当代人类面临的最为严峻的问题之一。因此，生态毒理学不仅要研究局部区域的环境污染物对野外生物及其生态系统的危害及其规律，而且要站在更大尺度包括全球水平去探讨人类活动产生的多种污染物的综合作用，所导致的全球性环境恶化及其对地球生物的危害或威胁。为了全面、深入地研究全球性环境恶化对生物圈的危害及其防护问题，生态毒理学研究者必须与环境学、生态学及环境毒理学等学科的研究者联合起来、共同攻关。在此，仅选择两个实例介绍如下。

（一）持久性有机污染物的全球生态毒理学效应

1. 概述

持久性有机污染物（persistent organic pollutants，POPs）是指环境污染物中很难降解的、可在环境中持久存留的、对生态环境和人体健康具有严重危害的有机污染物，又称难降解化学污染物。POPs 在全球的广泛分布及其在地球生态循环中的高度富集，对整个生物圈产生着严重的生态毒理学效应，对人类健康和生态环境具有严重危害。为了控制和消除 POPs 及其环境影响，联合国在瑞典首都斯德哥尔摩召开协商会议，包括中国在内的 127 个国家的代表于 2001 年 5 月 23 日签署了《关于持久性有机污染物的斯德哥尔摩公约》（简称《斯德哥尔摩公约》），并于 2004 年 5 月 17 日正式生效，标志着全球削减 POPs 的工作从 2004 年开始正式开展。

世界上已知的 POPs 有数千种，《斯德哥尔摩公约》中首批列入了 12 种 POPs 被强制性限制生产和使用。这 12 种 POPs 按其来源和用途可分成三类：第一类是有机杀虫剂（8 种）：艾氏剂（aldrin）、狄氏剂（dieldrin）、异狄氏剂（endrin）、氯丹（chlordane）、七氯（heptachlor）、灭蚁灵（mirex）、毒杀酚（toxaphene）、DDT；第二类是有机氯代芳烃类化学品（2 种）：六氯苯（hexachlorobenzene）、PCBs；第三类是化学品的副产物（2 种）：二噁英（PCDFs）和呋喃（PCDFs），是某些工业过程和固体废物燃烧过程中产生的副产品，在森林火灾、有机垃圾燃烧等过程中也有产生。遵照《斯德哥尔摩公约》的规定，列入控制的 POPs 清单是开放性的，将会按规定的标准进行扩充。2009 年，《斯德哥尔摩公约》缔约方大会又将 9 种 POPs 列入受控 POPs 清单中。这 9 种 POPs 分别是 α- 六氯环己烷，β- 六氯环己烷，林丹，六溴联苯醚和七溴联苯醚，四溴联苯醚和五溴联苯醚，六溴联苯，十氯酮，五氯苯，PFOS 类物质（全氟辛磺酸及其盐类和全氟辛基磺酰氟）。此后，不断有新的 POPs 被列入受控名单中，清除 POPs 的名单正在逐年扩大。

2. 持久性有机污染物的特性及其生态毒理学效应

POPs 与其他有机污染物一样，进入环境后将会发生一系列的物理、化学和生物反应，但因其自身独特的性质而又有别于一般的有机污染物。目前公认的 POPs 具有下列四个重要的特性。

（1）持久性

在自然条件下，POPs 不但很难化学分解，而且也很难在生物代谢和微生物降解等方式下分解。因此，一旦释放到环境中，POPs 就可以在环境介质中存留数年甚至数十年或更长的时间。例如，早在 20 世纪 70 年代有机氯农药和 PCBs 就已经在各国禁止使用，然而半个世纪以来，通过对鱼类或其他动物的脂肪组织进行检测，发现这些物质的含量虽然在逐渐减少，但是迄今仍然存在。

（2）半挥发性

由于 POPs 一般具有半挥发性的物理特性，所以它能在自然温度下，从水体、土壤中以蒸汽的形式进入大气环境，并可吸附在大气细颗粒物上，在空气运动的带动下，经过远距离迁移，仍会以原毒物的形式重返地面。也正是 POPs 的半挥发性和高持久性，使其几乎遍布世界各个角落。在全球范围内，包括大陆、沙漠、海洋和南北极地区都可检测出 POPs 的存在。对北极海洋沉积物的测定发现，即使在北极地区也有 POPs 的存在。

一般来说，污染物的浓度在其排放地点最高，随着迁移距离的增大，浓度逐渐降低。然而，除挥发性较低的 DDT、狄氏剂外，POPs 从高温的低纬度地区（热带和亚热带）挥发，经“全球蒸馏”，低温高纬度（寒带）的“冷凝效应”使 POPs 冷凝而沉降下来，导致随其迁移距离的增大，浓度反而有所增加，呈现与温度成反比、与纬度成正比的分布规律。对 α-HCH（六六六的一种异构体）的分布研究发现，它在赤道脉冲释放（挥发）后，在附近的海水中浓度为 0.2 ng/g，而在北纬 80° 却增加到 6 ng/g。因此，POPs 的这一特性使其随着大气环流而分布到全球地区，甚至分布到不产生、不使用这类物质的极地地区，从而对全球产生持久的生态毒理学危害。

（3）生物富集性

POPs 由于脂水分配系数（K_{OW}）大，所以难溶于水，亲脂性高，能够在生物机体的脂肪中积累，故其富集系数（BCF）高，易从周围环境富集到生物体内，并通过食物链逐级放大，直到在高级捕食者机体中成千上万倍累积，甚至可达到中毒浓度，从而对高营养级生物引发生态毒理学效应。例如，20 世纪 70 年代，对美国长岛河口地区生物对 DDT 富集的研究表明，在大气颗粒物中存在的 DDT 含量为 3×10^{-6} mg/kg，水中 DDT 的含量极少，而水生浮游动物体内的 DDT 为 0.04 mg/kg，以浮游动物为食的小鱼体内 DDT 增加到 0.5 mg/kg，而后以小鱼为食的大鱼体内的 DDT 增加到 2 mg/kg，富集系数约达 6×10^{5} 倍。大型食肉鸟类如食用了这些鱼以后，鸟体内 DDT 将会达到更高的浓度而对鸟类自身产生毒害。美国国鸟白头海雕（*Haliaeetus leucocephalus*）是一种大型食肉鸟类，由于其以大马哈鱼、鳟鱼等大型鱼类和水鸟等为食，所以在 20 世纪 60 年代美国水环境污染恶劣的情况下，白头海雕的繁殖受到严重危害，以致几乎到了种群灭绝的地步。

又如，被人类排入海洋中的 POPs，可经浮游动、植物吸收、富集而进入食物链，然后经过小鱼、大鱼、鲸类的逐级捕食，在此食物链中 POPs 可被逐级放大。据测算，全球海洋中鲸类体脂中已经富集了成千上万吨的 POPs，并通过鲸的游动而带到世界各地，成为 POPs 全球性污染的生物因素之一。

最近，对我国西沙群岛海域珊瑚礁生态系统中新型溴代阻燃剂（novel brominated flame retardants，NBFRs）生物富集方面的研究显示，NBFRs 在海参、蟹类、贝类、草食性鱼和肉食性鱼等物种及其组成的食物链中均有显著生物富集或生物放大，从而对不同营养级生物，特别是对高营养级生物的健康造成危害。

（4）高毒性

绝大部分 POPs 对各种生物具有很高的毒性。POPs 在生物体内积累到一定浓度就会对生物体自身引起多种毒性作用，如可引起内分泌系统、免疫系统、神经系统和生殖系统异常。有些 POPs 毒性很大，在极低剂量之下即可致人或动物死亡。

有些 POPs 也是环境内分泌干扰物（environmental endocrine disruptingchemicals，EEDs），可通过干扰生物或人体内分泌激素的合成、释放和转运过程，以及干扰内分泌激素与受体结合、生理反应和代谢等过程，从而影响内分泌系统功能，对生物或人体的生殖、神经和免疫系统等的功能产生毒性作用。这类 POPs 很多，常见的如 DDT、DDE、六六六、多氯联苯、多溴联苯、二噁英以及某些有机阻燃剂等。这类 POPs 往往可以产生严重的生态毒理学效应，例如，有机氯杀虫剂 DDE（DDT 的一种代谢产物）可影响食肉鸟类蛋壳的厚度，使鸟类蛋壳的厚度变薄。蛋壳变薄导致孵化完成之前便使蛋壳发生破坏而严重影响鸟类的繁殖，致使某些食肉鸟类在环境污染严重的地区其种群密度受到很大影响。又如，PCBs、毒杀酚等化合物具有环境雌激素的作用，可诱发雄性动物雌性化。而农药阿特拉津在低于美国国家环保局饮用水标准（3 μg/L）1/30 的暴露剂量下，便可诱发非洲爪蛙发生性别改变。

有些 POPs 也是环境诱变剂，可对生物或人体产生致突变、致癌变、致畸变作用，即“三致”作用。例如，DDE 可诱发一些鸟类种群的喙发生畸变，而二噁英类化合物、某些多环芳烃类化合物、PCBs 等均是可以诱发基因突变、细胞突变及细胞癌变的强致突变物或强致癌物。

3. 对持久性有机污染物的控制

由于进入环境的 POPs 可以在环境中存留数年、数十年，甚至更长时间，所以 POPs 对人类和其他生物的危害将会持续数代或更长，对人类和整个生物圈的健康发展构成了严重威胁。因此，有效控制 POPs 在生态环境中的浓度是全人类共同努力的目标。为了达到这一目标，除了禁止或限制 POPs 的生产和使用从源头进行削减外，对于已经进入环境中的 POPs 更要加强治理。目前，对环境中 POPs 的治理方法主要有物理法、生物法、焚烧法、化学法等，这些方法和技术各有特点，均取得了一定的成效。

（二）全球气候变暖的生态效应

全球气候变暖（global warming，climate change）是地球生物圈（特别是大气和海洋）温度上升的现象。这是由于温室气体排放过多、温室效应持续积累，地气系统吸收与发射的能量不平衡，能量在地气系统长期累积，从而导致温度上升、全球气候变暖。自工业革命以来，大气中温室气体浓度剧增，使全球变暖席卷整个地球。如今，全球气候变暖已经成为人类面临的最大的环境问题，被列为全球十大环境问题之首，由此引起的全球生态毒理学效应及其防护也是 21 世纪人类最为关心的重大问题。

1. 温室效应与温室气体

温室效应（greenhouse effect）是大气保温效应的俗称，又称“花房效应”。太阳短波辐射可以透过大气射入地面，而地表受热后放出的长波辐射却被大气中的二氧化碳等物质所吸收，从而阻止地球热量的散失，导致产生地表与低层大气变暖的效应，由于这类似于栽培农作物的温室，故称为温室效应。

一般将大气中能吸收地表面发射的长波辐射、引起温室效应的气体称为温室气体。大气中的 CO_2 等温室气体和颗粒物能强烈吸收地面辐射出来的红外长波辐射，把能量截留于大气之中而不能正常地向外空间辐射，从而使地表面和大气的温度升高，引起温室效应。除 CO_2 外，CH_4、N_2O、SO_2、O_3、CO、二氯乙烷、四氯化碳、氯氟烃（chlorofluorocarbons，CFCs）等也是温室气体（greenhouse gases）。另外，大气中的颗粒物也有吸收长波辐射的作用。大气中的温室气体和颗粒物达到一定水平时均能引起温室效应，使低层大气气温增加。因此，在温室效应的防止对策中，应当对大气中所有温室气体和颗粒物的效应进行全面、综合考量。

在这些温室气体中除 CFCs 是人工合成的化学物质外，其他均为工、农业生产过程中排放的气体污染物。大气中 CO_2 浓度的异常升高主要是由于化石燃料的燃烧逐年增加及全球范围内森林和草原破坏加剧而造成的。有人测定，大气中 CO_2 浓度在工业革命前为 280×10^{-6}，20 世纪 90 年代初期为 355×10^{-6}，比工业革命前增加了 27%，与此相应，100 多年来，地球表面年平均气温上升了 0.6℃。据测算，到 2050 年大气中 CO_2 浓度将达到 560×10^{-6}，即工业革命之前的 1 倍，同时其他温室气体也在逐年增加，全球年平均气温比现在可能将提高 1.5～4.5℃。

2. 全球性气候变暖的生态毒理学效应

（1）对全球生态环境的影响

气候变暖可导致极地、高山的冰雪融化（图 6-7），若南极冰盖全部融化，可引起全球海平面上升 65 m。全球气温上升的直接后果还可使海水热膨胀，也将导致海平面上升。科学家通过统计分析发现，过去 100 年中海平面上升了 10～25 cm，而 21 世纪末则会达到 50～110 cm。海平面的上升将给人类造成巨大的灾难。世界海岸带面积约 500 万 km^2，集中了世界耕地的 1/3，是全球人口稠密、大都市云集、经济发达之地。为使经济高度发达的海岸和海岸城市免受因海平面上升而遭受危害，对航道、堤防、运河、河流等的各种水利设施均需要耗巨资进行改建。科学家预计，如果世界各国对气候变化无所作为，到 21 世纪中叶，世界海平面可能会上升约 1 m，到时将有一些低海拔国家（如荷兰和一些岛国）的全部或部分地区被海水淹没，大约 25 亿人之众受到海水侵蚀的威胁。对于那些经济实力不足、技术力量落后的贫穷国家来说，对海平面上升的危害则难以完全防护，必将导致成千上万的民众流离失所，被迫沦为“生态难民”。另外，全球性气候变暖还会引起海水倒灌、洪水排泄不畅、土地盐渍化等后果，航运、水产养殖业也会受到严重影响。更为严重的是，海陆变迁还可能改变地球板块应力的原有平衡，诱发地球板块运动活跃，增加海啸、地震的频率和强度，这不但会对全球性的生态系统造成影响，而且也会增加自然地质地理改变导致的人间灾难的发生。

图 6-7 全球气候变暖引起北极（A）和南极（B）冰雪加速融化，将对北极熊（A）和企鹅（B）的生态环境造成严重影响

此外，温室效应引起的气温变暖在全球不同地域有明显的不同，这不仅将引起生态系统发生巨大改变，而且还可能引起世界降水和干湿地区的变化，进而迫使世界各国的经济结构发生变化。尽管可能会给局部地区带来一些经济好处，但从全球来说，人类社会应对经济结构的变化而付出的代价将大大高于可能得到的好处。世界降水的重新分配，除使原有水利工程失去功能外，还不得不投巨资建立新的水利工程。值得注意的是，世界降水的重新分配还有可能使洪灾、旱灾增多和加重。

（2）全球生物大迁移，生物圈平衡被打破

全球性气候变暖将会对全球生态系统造成严重危害，人类和地球生物必然会受到很大影响。科学家研究了 40 多年气候变化对生态系统的影响，发现气候变暖引发海洋生物向两极迁徙，并且要比陆地的同类生物迁移速度更快。虽然海水表面温度升温速度仅为陆地温度升温速度的 1/4，但是海洋物种分布的前沿或最前线每 10 年平均向两极移动 72 km，大大快于每 10 年平均向极地移动 6 km 的陆地物种。由此可知，海洋温度上升引发的海洋生物向两极移动，其平均位移相当于陆地物种的 10 倍，其中海洋浮游植物、浮游动物、硬骨鱼呈现的迁移变化最大。虽然海洋生态系统完全不同于陆地生态系统，但气候变化对两者的整体影响趋势相同：物种向两极转移的变化势不可当。有科学家分析，温度每增加1℃，就会使陆地物种的忍受极限向极地转移125 km，或在山地垂直高度上上升150 m。值得注意的是，科学家们对物种向极地移动速率的预测一次次地被打破。2011年，对近1 400个物种进行全面调查后发现，过去10年间，动物、植物向极地地区平均移动了16.9 km，物种向两极移动的平均速度比2003年科学家预计的速度快了3倍。许多北极植物种类也向更高纬度迁移并形成新的植物群落。

气候变暖也导致动、植物种群由低海拔向高海拔地区迁移。例如，欧洲高山植物平均每10年向高海拔推进1～4 m，维多利亚阿尔卑斯境内的霍瑟姆（Hotham）山上的树线已经在近些年上升了40 m。不同物种向两极或向高海拔地区的迁移速率不同，这不仅与温度有关，而且与物种本身也有密切关系。从分子水平研究不同种群向两极迁徙的机理及其生态标志物、深入探讨气候变化对全球生态格局改变的内在规律将越来越受到生态毒理学的关注。

此外，不同物种向两极或向高海拔地区迁移的不平衡，将导致原来生态平衡的破坏，新的生态平衡的建立需要一个漫长的过程，在这中间对生态系统包括对物种多样性的不利影响可能是存在的，限于人类的认识水平，有些问题也可能是不可预知的。

（3）全球生物多样性受到严重影响

许多动物、植物物种在对气候变化的适应方面具有很强的保守性，它们对气候变化耐受性的适应（进化）速率远远慢于气候变化速率，从而导致物种灭绝的速率加速。例如，大多数植物种类在繁殖阶段只能忍受较小的温度变化，如果大气温度过高，超过耐受范围就会影响植物雌、雄性适合度。在配子形成时期，短期的高温胁迫会对植物的花粉数量、结构及其化学组成和新陈代谢等造成影响，导致成熟花粉数目下降，同时也会间接影响植物的果实和种子生成，从而使植物的繁殖受到影响。

此外，气候变暖还将导致适宜生境的丧失和破碎化，引起动物、植物灭绝或被其他物种取代。随着许多物种向高纬度或高海拔迁移，一些物种将由于适宜生境的逐渐缩小而最终灭绝。2012年，有研究报告指出，过去10年里，欧洲南部山区大量物种的数量在逐步减少，在地中海地区的山脉顶部也发现物种数量正在减少。

随着海平面上升，海水入侵加剧，海滨生境中盐度增加，海滨土著植物难以适应而大量减少，而入侵海滨生态系统的外来种比土著种适应性强，导致外来种的分布区扩大，造成海滨植被面积减少、结构单一，生物多样性受到影响。

据预测，21世纪海平面的升高，在美国将至少淹没80个濒危物种的全部生境，世界上许多岛屿将完全被淹没，其上分布的动物、植物将丧失生存之所，在周围受干扰的陆地也难以找到适合它们的生境。最近研究指出，如果现在各国对气候变化不积极应对，到2100年气候变暖将严重影响全球生物多样性。例如，如果各国对温室气体的减排不作为，预测到2100年全球将会升温4℃，全球植物多样性的平均水平将下降9.4%。但是，如果《巴黎气候变化协定》（2016年签署，简称《巴黎协定》）得以严格执行，到2100年全球升温控制在1.8℃之下，预计全球植物多样性将与目前状况无明显变化。

（4）全球生态系统受到巨大影响

气候变暖对全球生态系统的严重影响正在改变着陆地、淡水和海洋生态系统固有的自然发展规律，它将越来越严重地威胁地球生物包括人类的生存环境及人类社会经济的可持续发展。因此，为了最大限度地减少气候变化可能引起的不良后果，人类必须科学地认识到在气候变化和人为活动的双重影响下，全球生态系统变化的过程与机制，科学预测其变化趋势，从而对生态系统实施有效管理，以维持地球生物圈的稳定和平衡。在气候变暖对全球生态系统影响的研究方面，对陆地生态系统的研究较为突出。为此这里仅对气候变暖与全球陆地生态系统的关系进行如下论述。

气候变暖对全球陆地生态系统的影响很大。2011 年，科学家通过卫星地图发现，北半球北方针叶林群落有 90%～100% 受到影响，这预示着将从森林生态系统转变为草原，或从草地生态系统转变为荒漠。他们预测，到 2100 年气候变化将导致全球陆地表面 49% 的植物群落以及全球陆地生态系统 37% 的生物区系发生改变。

在气候变暖条件下，在低纬度地区的陆地生态系统其净初级生产力（net primary productivity，NPP）一般表现为有所降低，而在中高纬度地区通常表现为增加，从全球尺度来看，NPP 表现为增加。与此相应的变化是，高纬度地区的生态系统植被碳库表现为增加趋势，低纬度地区生态系统植被碳库变化不大或略微降低，在全球尺度上表现为植被碳库增加。

大气温度的升高可以显著增加生态系统内凋落物的分解速率。陆地生态系统凋落物由陆地生态系统内植物、动物和土壤微生物的残体组成，也称残落物，是为分解者（微生物）提供物质和能量来源的有机物质的总称。气候变暖可以增加凋落物的量，同时也显著增加了凋落物的分解速率。与此相应，土壤有机碳分解的加速，可使土壤碳储存减少。另外，土壤碳库也可以由于植被碳库的输入而增加。但是，在不同生态系统这两种作用的比重不同，然而从全球尺度上看土壤碳库是减少的。此外，气候变暖导致微生物对土壤有机质的分解加快，从而加速了土壤养分的变化，可能造成土壤肥力下降。

气候变暖对土壤呼吸影响显著。土壤呼吸是指土壤中产生 CO_2 的所有生物代谢过程，包括植物根呼吸、土壤微生物呼吸和土壤动物呼吸以及含碳物质的化学氧化。大量研究显示，气候变暖可以增加土壤呼吸，但是温度升高并不能长期使土壤呼吸增高，因为土壤活性炭库的量是有限的，当呼吸使碳大量减少以后，增温就不能再刺激土壤呼吸了。何况，土壤呼吸对土壤温度变化存在一定的适应性，即土壤长期、持续的升温可以使土壤生物产生适应性变化，导致土壤呼吸不再随温度的升高而增加（或减少）。

气候变暖对森林或农业生态系统具有严重影响。在对森林生态系统的影响方面，主要表现在对森林土壤碳循环、植物物候、物种分布、生物多样性以及生产力等方面。在对农业生态系统的影响方面，大气中 CO_2 浓度升高、气温升高及降水量的变化等是全球气候变化对农业生态系统影响最为重要的几个生态因子，其影响主要表现在对农作物生长发育、产量、病虫害与杂草、农业水资源与农田土壤养分、粮食安全及农业生态系统结构和功能等方面。在过去的几十年，全球气候变化已对我国农业和农业生态系统，特别是对我国北方旱区的农业造成了重大影响，其中不少影响是负面的。

可以预见，在未来数年乃至数十年间，气候变暖对全球生态系统必将产生巨大的影响，其生态毒理学效应及其发生机理，特别是在分子生态毒理学和生态标志物方面的研究，必将引起科学家们更多的关注。

（5）对植物病虫害的影响

气候变暖可使适于植物病虫害生长和繁殖的时间延长，病菌和虫卵的生长发育速度加快，繁殖一代经历的时间缩短，世代增多。例如，小麦纹枯病、白粉病及棉铃虫、麦蚜、麦蜘蛛等植物病虫害的发生均与气候条件的变化相关。暖冬对植物病虫害的安全越冬有利，春暖有利于病虫害的繁殖。在温度偏高伴随阶段性干旱的条件下，植物病虫害的种群世代数量呈上升趋势，繁殖数量倍增，往往造成病虫害的大发生。例如，在春季温暖、少雨的条件下，麦蚜和麦蜘蛛等虫害的发生和繁殖比较旺盛。

思考题

1. 名词解释

种群密度、抗性进化、工业黑化、优势种、物种多样性、酸沉降、景观、景观生态系统、地理信息系统、POPs、温室效应、土壤呼吸

2. 论述环境污染物在种群水平上的生态毒理学效应。

3. 论述环境污染物在生态系统水平上的生态毒理学效应。

4. 举例说明环境污染物在景观水平的生态毒理学效应。

5. 举例说明环境污染物在大陆或半球范围的生态毒理学效应。

6. 举例说明环境污染物在全球生物圈的生态毒理学效应。

第七章　陆地与农业生态系统生态毒理学

地球上的生物圈是由无数大小不等的各类生态系统组成的，主要分为三大生态系统，即陆地生态系统（terrestrial ecosystem）、淡水生态系统（freshwater ecosystem）和海洋生态系统（marine ecosystem）。地球表面积约 5.1 亿 km^2，其中陆地生态系统的面积约为 1.49 亿 km^2，约占全球表面积的 29.2%，是地球上最重要的生态系统类型，它为人类提供了居住环境、食物和衣着的主体部分。

陆地和海洋生态系统均具有显著的碳汇功能。陆地生态系统碳汇是陆地生态系统在一定时间内通过植物光合作用固定大气二氧化碳的过程、活动或机制，也被称为“绿碳”。森林、灌丛、草地、农田等陆地生态系统的碳汇都属于“绿碳”范畴。其中森林生态系统作为重要的陆地生态系统类型，是“绿碳”的主体。

陆地生态系统生态毒理学（ecotoxicology of terrestrial ecosystem）是研究环境污染物特别是环境化学污染物对陆地生物及其生态系统的危害与防护的科学。也就是说，它主要研究环境化学污染物对陆地生态系统的生物和非生物成分的影响及对生态系统物质流、能量流和信息流等的毒性作用与其防护策略或措施。此外，研究环境污染对生态系统碳汇功能的影响，探索提升陆地生态系统碳汇增量的策略或措施，也是陆地生态系统生态毒理学研究的重要内容和任务。

陆地生态系统的种类很多，农业生态系统仅为其中之一。但是，由于农业生态系统为人类生产生活提供了大量的物质资源，具有非常特殊而重要的地位，加之对农业生态系统生态毒理学的研究较为广泛和深入，所以为了适应对这一领域的教学和科研需要，在本章特列一节对其进行论述。

第一节　陆地生态系统概述

陆地生态系统主要以大气和土壤为介质，生态环境极为复杂。从炎热的赤道到严寒的两极，从湿润的近海到干旱的内陆，形成了各种各样的陆地生态系统。与水域生态系统相比，陆地生态系统无水的浮力，温度变化大，多数营养物质通过土壤溶液进入生物体。由于其生态环境变化大，生物群落种类多，生物与环境相互结合又形成了多种多样的生态子系统，包括森林、草原、农业、荒漠等不同类型的生态系统。

一、陆地生态系统的分类

按陆地生态系统的生境特点、植物群落类型和人为干扰作用强度，陆地生态系统可分为自然陆地生态系统和人工陆地生态系统。在自然陆地生态系统中，按其结构和功能特点，又可分为森林生态系统、草原生态系统、荒漠或冻原极地生态系统等。而人工陆地生态系统则可分为城市生态系统、农业生态系统、人工模拟生态系统等。其中，农业生态系统是被人类驯化了的半自然生态系统，因此，也可以说农业生态系统是介于自然生态系统与人工生态系统之间的半人工陆地生态系统。

二、陆地生态系统的功能

组成陆地生态系统的多个子系统中，面积大、与人类关系密切、与生态环境安全密切相关的子系统主要有森林生态系统、草原生态系统、土壤生态系统及农业生态系统等。

1. 森林生态系统及其功能

森林是以树木和其他木本植物为主体的一种生态群落，森林生态系统是森林群落和其外界环境共同构成的一个生态功能单位。世界森林面积约 3.3×10^{7} km^{2}，约占陆地面积的22%。森林生态系统主要分布在湿润和半湿润气候地区。按地带性的气候特点和相适应的森林类型，可分为热带雨林、亚热带常绿阔叶林、温带落叶阔叶林和北方针叶林生态系统等。森林生态系统的初级生产者包括乔木、灌木、草本、蕨类和苔藓，其中树木占优势地位，是森林生态系统重要的物质和能量基础。森林生态系统中的初级消费者，主要是食叶和蛀食性昆虫，植食性和杂食性鸟类，植食性哺乳类动物。次级消费者有食虫动物（如食虫节肢动物、两栖动物、爬行类、食虫鸟和哺乳类中的食虫目），中小型食肉兽类和猛禽类，大型食肉兽类等。

森林的枯枝落叶层和土壤上层生活着大量的生物，据不完全统计，1 m^{2} 森林表土可包含数百万个细菌、真菌，几十万只线虫、螨虫和跳虫等，它们是森林生态系统中有机物的主要分解者。

森林生态系统是可再生资源，不仅具有重要的经济价值，而且在维持生态平衡和生物圈的正常功能上具有重要作用，主要表现在：

（1）森林生态系统是陆地生态系统最大的碳储库，具有保护环境、净化空气、缓解温室效应、供氧、调节氧气和二氧化碳的平衡作用。由于木本植物吸收的碳大部分被储存在较难降解的木质组织内，且植物根系和枯枝落叶会使生物质碳向土壤转移储存，因此森林比草地、农田等陆地生态系统具有更强的固碳能力。

（2）森林生态系统具有阻挡风沙，降低风速，减弱风力，防治土地沙漠化，降低年均温度，缩小年温差和日温差，减缓温度变化的剧烈程度，增加降雨量，调节气候等功能。

（3）森林生态系统是陆地生态系统的蓄水库，具有涵养水源、保持水土的作用。林冠可以截流10%～30%的降水，减少了地表的冲刷；每公顷森林植被含水总量可达200～400 t，每公顷森林地比无森林地每年可多蓄水300 m^{3}以上，降水通过林冠截流和林地的渗透储存，减少地表径流强度，具有保持水土的重要作用。

（4）具有生物遗传资源库的功能。森林中多种多样的生境与气候条件，为动物提供了良好的栖息场所。

总之，森林生态系统结构功能特点是物种繁多、结构复杂、生态系统类型多样、系统稳定性高、物质循环的封闭度高、生产效率高、对环境影响大等。

2. 草原生态系统及其功能

草原生态系统是以各种草本植物为主体的生物群落与其环境构成的功能统一体。草原是内陆干旱到半湿润气候条件的产物，以旱生多年生禾草占绝对优势，多年生杂类草及半灌木也或多或少起到显著作用。世界草原的总面积为 3.2×10^{7} km^{2}，约占陆地面积的21%。草原生态系统的初级生产者主体为草本植物，消费者主要是奔跑的大型食草动物，还有许多洞穴生活的啮齿类动物。草原生态系统的功能主要有三个方面：

（1）草原是重要的畜牧业生产基地。草原植被具有生物固氮功能，草原植被每年产生的大量有机物残体，经微生物分解，可增加土壤有机质和腐殖质的积累，能改良草原土壤，有利于天然杂草和人工牧草的生长。

（2）草原植被同森林植被一样，具有涵养水源、保持水土、调节气候、净化空气和美化环境的生态功能，是重要的地理屏障和生态屏障。

（3）草原植被对防风固沙也起着举足轻重的作用，所以草原生态系统是自然生态系统的重要组成部分，对维系生态平衡、地区经济和人文历史具有重要价值。

3. 土壤生态系统及其功能

土壤生态系统是自然环境的重要系统之一，是地球陆地表面具有肥力并能生长植物的疏松表层，是生物、气候、母质、地形、时间和人为因素综合作用下的产物，具有独特的组成、结构与功能，是十分复杂的系统。土壤是大气、水域和生物之间的过渡地带，是联系陆地生态系统中有机界和无机界的中心环节，不仅在本系统内进行着能量和物质的循环，而且与水域、大气和生物之间也不断进行物质交换，一旦发生污染，互相之间就会有污染物质的迁移转化。许多种类的生物依靠土壤作为过渡而实现了从水生向陆生的进化过程。作物从土壤中吸收和积累的环境污染物常通过食物链传递而影响人体健康。

土壤生态系统有两个重要的功能：

（1）从农业生产的角度来看，土壤系统的本质属性是具有肥力，即土壤不但能对植物生长提供机械支撑能力，并能同时不断地供应和协调植物生长发育所需要的水、肥、气、热等肥力因素。所以土壤是农业生产的物质基础，是人类生活的宝贵自然资源。

（2）从环境科学的角度来看，土壤生态系统是环境污染物的最大受体，也是污染发生危害的起点和终点。土壤生态系统具有同化和代谢外界进入土壤环境物质的能力，即土壤能使输入的物质，经过迁移转化，变为土壤的组成部分或再向外界环境输出。土壤作为一种宝贵的自然资源，一旦遭受污染和破坏是很难恢复的。由于长期不合理的开发利用和废物排放，我国有相当面积的土壤遭到了污染和破坏。

4. 农业生态系统及其功能

农业生态系统是人类根据自身的需求，在自然生态系统的基础上建立的一种半人工陆地生态系统。即在一定的农业地域内，由生物和非生物因素相互作用，并在人类生产活动干预下形成具有自然、社会和经济功能的一种人工生态系统。主要由农业环境因素、生产者、消费者和分解者四大基本要素构成。系统生物要素中的优势种群是经人类驯化培养的农业生物，其中的生产者、消费者和分解者都与自然生态系统有很大差异。非生物环境也受到人的改造和调控。

农业生态系统的主要特点是系统功能的自我调节机制较弱，主要依靠人类投入的大量能量、先进的技术和管理措施对系统实行调控，保持系统的相对稳定。在人工调控下，农业生态系统的净生产力通常比相同条件下自然生态系统高，而且随着人类社会的发展不断提高。

农业生态系统的主要功能是获得丰富的农产品，同时它也是一种重要的绿色碳汇，在对环境污染物的治理和防控方面具有重要作用。

三、陆地生态系统环境污染物的类型

根据污染物的性质，可将进入陆地生态系统中的污染物分为以下三种类型：

（1）物理性污染物，包括非溶解性固体污染物、热污染及放射性污染物等。

（2）化学性污染物，包括有机污染物［主要有酚类化合物、苯类化合物、卤烃类化合物、油类、多环芳烃和有机化学农药（包括杀虫剂、杀菌剂和除草剂）等］和无机污染物（主要有砷、铜、铅、镉、汞、锡、铬等）。

（3）生物性污染物，包括致病细菌、病毒及寄生虫等。对农田施用污泥、粪便和生活污水时，如不进行适当的消毒灭菌处理，则土壤易遭受生物污染，并成为某些病原菌的疫源地。此外，外来生物入侵对于入侵地的生态系统来说也是一种严重的生物污染。

根据污染物来源，可将陆地生态系统污染分为以下几种类型：

（1）水体污染型：利用工业废水或城市污水进行灌溉时，污染物随水进入陆地生态系统。世界各国都有农田污水灌溉的历史，尤其在干旱缺水的地区污水灌溉曾经对农业生产起过重要作用。虽然污水灌溉解决了农用供水不足的问题，起着提高农作物产量的作用，但也带来了土壤污染及地下水污染等问题。通过对我国污水灌区普查发现，污水灌溉以镉、汞、铅等重金属污染最为突出，在西安、太原、保定、成都、沈阳等郊区，污水灌溉区均已出现重金属污染。

（2）大气污染型：一些厂矿排放的粉尘经大气传播沉降到地面，引起陆地生态系统污染。其特点是以大气污染源为中心，呈椭圆状或条带状分布。空气中各种颗粒沉降物（如富含镉、铅、砷等的粉尘）沉降到林木、作物及地面而进入陆地生态系统。大气中的气态污染物，如硫和氮的氧化物及氟化氢等废气，分别以硫酸、硝酸、氢氟酸等酸类形式随降水进入陆地生态系统。

（3）固体废物污染型：主要是垃圾、矿渣、粉煤灰等物质进入陆地生态系统，而使生态环境遭到污染。另外，地膜等塑料制品的普遍应用，所造成的陆地生态系统的“白色污染”也属于固体废物污染型。

第二节 环境污染物在陆地生态系统中的迁移转化

一、环境污染物进入陆地生态系统的途径

陆地生态系统污染物的主要来源是在农业生产中污染物的直接使用和在工业生产过程中的污染物排放，也可通过降水将大气中的污染物带入陆地环境，或通过地表径流、地表水循环而将污染物转运到不同地区。

环境污染物进入陆地生态环境的人为途径有三个方面：一是生产、加工企业的污染物排放、泄漏等；二是为防治农林作物有害生物，喷洒于农田和林区的各类农药落入土壤表面或水面；三是环境污染物随大气沉降、灌溉水和动物、植物残体而进入陆地生态系统中。污染物进入陆地生态系统的自然途径有火山爆发、森林火灾、细菌、病毒、植物花粉的传播等。

二、环境污染物在陆地生态系统中的迁移

（一）重金属

进入陆地生态环境中的重金属，可在生态系统中迁移、富集与化学转化。重金属主要

是以溶解或悬浮液的形态进入土壤，通过水的运动在生态系统中迁移转运（液相迁移）；也可以通过复杂的食物链（网），在生物间迁移转运，并出现逐级放大的作用。一般来说，进入土壤的重金属主要停留在土壤的上层，然后通过植物根系的吸收并迁移到植物体内，也可以随水流迁移或向土壤下层移动。几种主要有害重金属元素在土壤中的迁移与分布如下。

1. 镉（Cd）

由于表层土壤对镉的吸附和化学固定，镉一般在土壤表层 0～15 cm 处积累。土壤中的镉可分为两类：一是水溶性的镉，二是难溶性的镉。水溶性的镉，包括离子态和络合态，易为作物吸收，对作物危害大。难溶性镉，包括硫化镉（CdS）、碳酸镉（$CdCO_3$）、磷酸镉［$Cd_3(PO_4)_2$］等，不易迁移，也不易被作物吸收。大多数土壤对镉的吸附率为 80%～95%，不同土壤吸附顺序为腐殖质土＞重壤质土＞壤质土＞砂质冲积土。因此，镉的吸附与土壤胶体的性质有关。

2. 汞（Hg）

土壤中汞的平均含量约为 0.03 mg/kg，由于土壤的黏土矿物和有机质对汞有强烈的吸附作用，汞进入土壤后，95% 以上能被土壤迅速吸附或固定（与汞形成螯合物），因此汞容易在表层积累。但当地下水位较高或在积水土壤中时，汞化合物可向下层迁移。土壤中的汞可分为无机汞和有机汞。按其存在形态又分为离子吸附汞和共价吸附汞，可溶性的汞有氯化汞（$HgCl_2$）等，难溶性的汞有磷酸汞［$Hg_3(PO_4)_2$］、碳酸汞（$HgCO_3$）和硫化汞（HgS）等。

3. 铅（Pb）

土壤中的铅，主要以 $Pb(OH)_2$、$PbCO_3$ 和 $PbSO_4$ 的形式存在。大部分铅的有机、无机化合物或复合物易被土壤黏粒和胶体吸附，尤其是腐殖质与铅的结合比腐殖质与其他重金属结合的能力更强。铅与胡敏酸或富里酸可形成稳定的复合物，这种复合物的稳定性随 pH 的增高而增强，所以土壤 pH 增加，铅的可溶性和移动性降低，影响植物对铅的吸收。因此，铅大部分积累在土壤表层。

4. 铬（Cr）

铬在土壤中主要以两种价态存在，即三价铬和六价铬。它们以 Cr^{3+}、$Cr_2O_7^{2-}$、CrO_4^{2-} 的形式存在，其中以三价化合物如 $Cr(OH)_3$ 为最稳定。土壤中六价铬易于迁移转化，因此毒性比三价铬大。土壤胶体对铬的强吸附作用，是使土壤铬的迁移能力和生物可利用性降低的原因之一。铬主要分布在 0～20 cm 的土壤表层，40 cm 以下的土壤土层几乎不受铬的影响。

5. 砷（As）

砷是一种毒性很强的类金属元素，但不同形态的砷毒性可以有很大的差异。砷在土壤中的存在价态主要有三价砷、五价砷和甲基砷化合物，而以三价砷毒性最强，五价砷次之，甲基砷化合物再次之，大致呈现砷化合物甲基数递增毒性递减的规律。土壤对砷的吸附主要是黏土矿物中的铁铝氢氧化合物起作用，其次为有机胶体。我国土壤对砷吸附能力的强弱顺序为红壤＞砖红壤＞黄棕壤＞黑土＞碱土＞黄土。土壤中砷的可溶性受 pH 影响较大，在土壤 pH 低于 3 或高于 9 的情况下，砷的溶解度增高；在 pH 接近中性的情况下，砷的溶解度较低。

（二）农药

进入陆地生态系统中的农药，主要在土壤生态系统中迁移和转化。农药随水迁移有两种方式，一是水溶性大的农药直接溶于水中；二是被吸附在水中悬浮颗粒表面的农药随水流迁移。土壤表层中的农药可随灌溉水和水土流失向四周迁移扩散，造成水体污染。农药在土壤中的移动性是预测其对水资源，特别是对地下水的污染影响的重要指标。

（三）塑料

塑料给环境带来的污染称为“白色污染”。塑料是在从石油或煤炭提取的化学石油产品的基础上人工合成的，很难自然降解。塑料进入陆地生态系统的途径主要有农业地膜覆盖、果树套袋、生活垃圾填埋。此外，废弃塑料在焚烧或再加工时产生的有害气体，可通过颗粒物和降水的沉降而进入陆地生态系统。塑料结构稳定，不易被微生物降解。大量的塑料废弃物进入土地，会破坏土壤的通透性，使土壤板结，影响植物的生长。如果家畜误食了混入饲料或残留在野外的塑料，也会造成消化道梗阻致死。因此，塑料垃圾如不加以回收，将对环境造成极大危害。

三、陆地生物对环境污染物的吸收与富集

陆地生物对某种元素或难降解环境污染物的吸收作用，主要包括：①植物根系对污染物的吸收可使污染物从土壤下层向上层富集，待植物地上部分死亡、腐败、分解后就会将污染物转移至土壤上层，这个过程可称为土壤上层生物富集过程，如铜、铅、锌等重金属都有这种现象产生；②土壤微生物对污染物的吸收与富集；③蚯蚓和其他土居生物可通过摄入土壤的途径将污染物吸收与富集。

（一）植物的吸收与富集

土壤污染物主要是通过植物根系吸收作用而积累于植物的根、茎、叶和果实部分。进入植物体的污染物可沿着食物链生物富集和生物放大，进而危害动物或人类的健康。植物对进入陆地生态系统的环境污染物具有普遍的吸收特性，可溶性的污染物可通过植物根系吸收，挥发性的污染物可通过植物的呼吸作用进入植物体内，即使难溶于水和难挥发的污染物在陆地生态系统环境中植物也可以有一定的吸收。

植物对污染物的吸收是一个复杂的过程：一方面，受环境因子，如气温、土壤水分、pH、土壤质地、有机质含量等的影响（如植物对一些农药的吸收随大气温度和土壤水分含量升高而增大，但随着土壤有机质含量的增大而降低）；另一方面，污染物本身的性质也会对植物的吸收产生很大的影响，如重金属的种类、价态、存在形式等。例如，作物从土壤中吸收铅主要是吸收在土壤溶液中的离子态铅（Pb^{2+}），即土壤中可利用态铅，约占土壤总铅量的1/4。作物吸收的铅，绝大部分积累于根部，转移到茎叶中的很少。又如，难溶性的镉［如 CdS、$CdCO_3$、$Cd_3(PO_4)_2$ 等］不易迁移，也不易被作物吸收，当pH降低时，植物吸收镉量增加；当pH升高时，植物吸收镉量降低。

污染物半衰期也直接影响植物对污染物的吸收，半衰期低于10 d的污染物被植物吸收的可能性较低，随着半衰期的延长，植物对污染物的吸收能力也增大。

不同植物种类对污染物的吸收差异很大，如豆类和黄瓜易受砷的危害，而谷类和牧草则有较强的耐砷能力。植物的不同生长时期和生长期的长短也对污染物的吸收有很重要的

影响。不同植物在不同的生长期对污染物的吸收能力极不相同，一般来说，苗期吸收较弱，而生长期长的植物积累的污染物较生长期短的植物要多得多。通过测定在施砷和不施砷土壤中生长的蔬菜和牧草含砷量，发现土壤含砷量相差 20～30 倍时，作物茎叶中的含砷量仅差 1.3～3.0 倍，根则相差 4～15 倍。由此可见，在吸收污染物的过程中，植物才是吸收作用的主体，植物种类及其生理状态对于吸收作用起着重要作用。

（二）陆地食物链与生物富集

在陆地生态系统中，由于高营养级生物以低营养级生物为食物，某种污染物在生物机体中的浓度随营养级的提高而逐步增大的现象称为生物放大，其结果使陆地食物链高营养级生物机体内污染物的浓度显著超过其环境浓度。例如，高效杀虫剂 DDT 难溶于水，易溶于脂肪，可以在各种动物、植物体内高度富集。随着营养级的提高，DDT 在不同营养级的富集程度可达百倍、千倍、万倍甚至百万倍。例如，在美国某地曾用大量 DDT 防治树木害虫榆小蠹甲，结果发现当地的蚯蚓吃了被 DDT 污染的树木落叶及污染的土壤以后，蚯蚓体内 DDT 的浓度比环境中高 10 倍，知更雀吃蚯蚓又浓缩了 10 倍。在加拿大某地，为防治孑孓连续 12 年喷洒 DDT，该地的土壤表面和融雪洼地接受 DDT 的量为 0.2 kg/hm^2，分析表明，各种动物对 DDT 均有生物富集现象（表 7-1）。

表 7-1　加拿大某地连续施用 DDT 12 年后底泥、土壤及动物肌体中 DDT 残留量

单位：mg/kg

环境	土壤、底泥及生物名称	DDT 含量
池洼地	池洼的底泥	0.4
	水生无脊椎动物	0.3～0.5
	鱼类	0.7～3.6
	雷鸟	3～4
	麻雀	11～17
土地	土壤	0.09
	陆地植物	0.2～0.11
	旅鼠及松鼠	0.5～0.7
	鸭、雎鸠（吃无脊椎动物）	20～52
	鸥及燕鸥（吃鱼）	56～64

四、环境污染物在陆地生态系统中的降解

研究农药在陆地生态环境中的降解，是了解环境污染物在陆地生态环境中的行为、作用机理与生态安全评价的重要途径。

（一）非生物降解

1. 化学水解作用

农药的水解作用有生物水解和化学水解两类。生物水解是农药在生物体内通过水解酶作用产生的反应；而化学水解则是农药在生态环境中，由于酸碱的影响所引起的化学反应。化学水解属非生物降解中最普遍的反应之一，对不同农药在生态环境中的稳定性及生

物活性会产生不同程度的影响。

2. 光化学降解

农药分子在光诱导或光催化的作用下发生的化学反应过程，可分为直接光解和间接光解。直接光解是农药分子吸收光能呈激发态后发生的光化学反应；间接光解则是由于生态环境中存在的某些物质吸收光能呈激发态，再激发农药分子的光化学反应。

（二）生物降解

生物降解是通过生物的作用将农药分子分解成小分子化合物的过程。生物类型包括微生物、高等植物和动物，其中微生物降解是最普遍也是最重要的。土壤微生物对农药的降解作用是农药在土壤中消失的最重要途径。凡是影响土壤微生物活动的因素，都能影响微生物对农药的降解作用，农药本身的性质也对其降解有很大影响。微生物对农药降解代谢的途径一般包括氧化、还原、水解及合成反应。

高等植物与动物相比在生化过程和酶系统方面有很大差异，如葡糖醛酸或硫酸结合反应广泛存在于动物体内，在植物体内却很少；而葡萄糖的轭合物在植物体内发生很普遍，在动物体内却很少。高等植物中农药的主要代谢形式有氧化反应、脱氯反应和水解反应。氧化反应在植物体内的农药生物转化中起着重要作用。高等植物有与动物体内相同的氧化酶系，担负着农药的氧化代谢。农药氧化代谢的酶系主要有：过氧化物酶和多功能氧化酶。脱氯反应，如 DDT 在植物体内首先被脱氯化氢酶缩合，脱去氯化氢产生稳定的代谢产物 DDE。水解反应，在植物体中存在能催化农药发生水解反应的植物性酯酶及其他酶系（如芳基酰胺酶），这些酶可以催化多种农药发生水解反应。例如，有机磷杀虫剂（如对硫磷、乐果等）属于有机磷酸酯或硫代磷酸酯类化合物，其进入植物体内以后，可在植物性酯酶的催化下发生水解反应。

第三节　环境污染物的陆地生态毒理学效应

环境污染物进入陆地生态环境之后，其最终结果将会对陆地生物产生不同程度的生态毒理学危害。了解不同污染物对陆地生物毒性作用的表现形式、作用机理和对陆地生态系统的危害，对污染源识别、风险评估及污染治理具有重要意义。对陆地生物和陆地生态系统具有生态毒性作用的环境污染物有很多，其中重金属、农药及酸沉降等对陆地生态系统的污染最普遍、危害最大。此外，外来生物入侵对陆地生态系统的危害也日益受到关注。

一、重金属的陆地生态毒理学效应

重金属对陆地生态系统的影响主要表现如下。

（一）重金属对土壤生态系统的生态毒理学效应

1. 重金属对土壤生态系统的危害

土壤是陆地生态系统中物质与能量交换的枢纽。重金属通过大气和水体进入土壤，在土壤中积累，超过了土壤重金属元素的背景值，导致土壤重金属污染，使土壤中的生物种类和数量减少，生态环境恶化。重金属对土壤的污染具有潜伏性、不可逆性和长期性以及影响后果严重等特点，最终将直接影响到土壤中生物体内重金属的含量，进而影响土壤生态系统的平衡。土壤动物体内重金属含量的分析结果表明，重金属富集量随土壤污染程度的增加而增加。例如，镉是土壤生态系统中的主要有毒元素，某些巨蚓科动物种类对镉的富集系数很高。

据2014年环境保护部（现为生态环境部）和国土资源部（现为自然资源部）发布的《全国土壤污染状况调查公报》，实际调查面积630万 km^2，总超标率为16.1%，其中轻微、轻度、中度和重度污染点位比例分别为11.2%、2.3%、1.5%和1.1%。污染类型以无机型为主，有机型次之，复合污染型比例较小。无机污染占全部污染点位的82.8%。南方土壤污染重于北方。长江三角洲、珠江三角洲、东北老工业基地等部分区域土壤污染问题比较突出。镉、汞、砷、铅四种无机污染物含量分布呈现从西北到东南和从东北到西南方向逐渐升高的趋势。总之，全国土壤环境状况总体不容乐观，耕地土壤环境状况堪忧，工矿业废弃地土壤问题突出。工矿业、农业等人为活动是造成土壤污染的主要原因。

2. 重金属对土壤生化过程影响的表现

重金属对土壤生化过程的影响主要表现在以下几个方面：①对土壤有机残落物降解作用的影响。土壤有机残落物的降解主要是通过土壤微生物对有机质矿化、氨化、硝化与反硝化等作用过程完成的。多种重金属均能抑制微生物的繁殖和生长，从而使土壤有机残落物的降解速率下降。②对土壤呼吸代谢的影响。土壤呼吸作用的强弱与土壤微生物的数量有关，也与土壤有机质水平、氮和磷的转化强度、pH和中间代谢物等有关。灰钙土加入镉、铜、铅和砷的盆栽试验发现，重金属元素都对土壤呼吸强度有一定的抑制作用，其中，砷对土壤呼吸强度的抑制作用最强。不同重金属对土壤呼吸的抑制程度依次为As＞Hg＞Zn＞Sn＞Sb＞Tl＞Ni＞Pb＞Cu＞Co＞Cd＞Bi。

3. 重金属对土壤微生物的毒性作用

重金属进入陆地生态系统后，首先影响土壤中细菌、真菌、放线菌等微生物的生长，其中包括对固氮菌、解磷细菌、纤维分解菌、枯草杆菌和木霉等微生物的抑制作用。不同重金属对土壤微生物的影响存在极大的差异，同一种金属对不同微生物的临界浓度和抑制率也存在差异，即使同一种金属和同一微生物在不同条件下其临界浓度和抑制率也有很大差异。

重金属对微生物的毒性主要表现为使微生物体内带巯基（—SH）的酶失活。许多金属还对其他生物配位体，如核酸、蛋白质也有很强的亲和能力，也可以和细胞膜紧密结合。重金属元素中，汞的毒性最强，除了与酶蛋白中的巯基有极强的亲和力外，还会损害微生物的三羧酸循环和呼吸链。汞、铅、砷等无机毒物在一定条件下，可在土壤中被烷基化，生成烷基金属盐，有些烷基金属盐的生物毒性比其无机金属盐更大，脂溶性更高，还可通过食物链放大，危害高营养级生物的健康。

4. 重金属对土壤酶活性的影响

重金属可以使土壤酶的活性基团、空间结构受到破坏，从而降低其活性；同时，重金属也能通过抑制土壤微生物的生长繁殖而减少微生物体内酶的合成和分泌量，最终导致土壤酶活性降低。不同土壤酶类对同一重金属的敏感性有明显差异，而同一种酶对不同重金属的敏感性也不同。重金属对土壤酶的作用机理可分为三种类型：①激活作用。酶作为蛋白质，需要一定量的重金属离子作为辅基，此时重金属的加入能促进酶活性中心与底物间的配位结合，使酶分子及其活性中心保持一定的结构，维持酶催化反应的性质和酶蛋白的表面电荷，从而可增强酶活性，即有激活作用。②抑制作用。重金属占据了酶的活性中心，或与酶分子的巯基、胺基和羧基结合，导致酶活性降低，即有抑制作用。③无作用。土壤酶与重金属没有专一性对应关系，酶活性没有受到重金属的影响。

5. 重金属对土居动物——蚯蚓的毒性作用

蚯蚓是土壤中的主要动物类群，在农田生态系统中具有重要的作用。当土壤被化学物质污染后，将会对蚯蚓的生长和繁殖产生不利影响，甚至导致死亡，所以，根据化学物质对蚯蚓的毒性大小来评价其对环境的危害程度已被作为土壤污染生态毒理诊断的一项重要指标。蚯蚓体内重金属富集量与土壤重金属含量具有明显的正相关关系，在一定程度上可指示蚯蚓栖息土壤的污染程度。土壤中重金属 Cd、Pb、Zn、Cu 复合污染对蚯蚓的急性毒性作用有极强的协同效应。蚯蚓对重金属的吸收顺序为 Cd＞Hg＞As＞Zn＞Cu＞Pb，其中 Cd 的富集系数大于 1，表现为强烈富集作用。因此，分析蚯蚓体内重金属的含量可作为评价土壤污染的重要指标。

（二）重金属对陆生植物的生态毒理学效应

重金属对陆生植物的影响主要表现在以下几个方面：

①重金属能影响植物根系对土壤营养元素的吸收。首先，重金属能影响和改变土壤微生物的活性和酶的活性，从而影响土壤中某些元素的释放和生物可利用率。其次，重金属能抑制植物的呼吸作用，减少细胞 ATP 的生成，从而影响根系的吸收能力。

②对植物细胞超微结构的影响。植物在受到重金属的影响而尚未出现可见症状之前，在组织和细胞中已发现生理生化和亚细胞结构（如细胞核、线粒体、叶绿体等）等微观方面的损伤。

③对植物种子的生命力、发芽和植物的生长发育有抑制效应。

④对植物生理代谢的影响是植物受害的重要机制。例如，镉污染能影响植物的酶活性、光合作用、呼吸作用、蒸腾作用、营养吸收以及水分代谢等，严重时可从植物的外观（如根、茎、叶等）的形态解剖表现出来。

二、农药的陆地生态毒理学效应

（一）农药对陆地生物种群的生态毒理学效应

1. 农药对植物多样性的影响

农药可渗透于植物组织内而造成药害，碱性药剂（如松脂合剂、石灰过量式波尔多液等）还可侵蚀植物叶面表皮细胞而造成药害。有的农药可堵塞植物的气孔对植物造成药害。严重的药害可以引起植株死亡，甚至导致植物的群落结构发生改变。

农药只有在合理使用时，才能控制有害生物，促进农作物的生长。滥用农药可对植物多样性造成不利影响。长期使用除草剂的农田，植物多样性明显减少，而且附近（5 m 左右）草地和林地的植物多样性也受到影响。此外，除草剂的长期单一使用，可使杂草群落结构发生变化，导致杂草防治的难度进一步增大。在美国东南部的松林中，由于除草剂的使用，松林下方低于 1.4 m 高的木本和草本植被丰富度大大减少。

2. 农药对动物种群的影响

农药的化学毒性在防治害虫方面发挥了巨大作用，但也给非靶昆虫、鱼、兽和人类带来危害，导致一系列生态毒理学问题。据估计，全世界每年有 2 万～5 万人的死亡是由杀虫剂直接引起的。除莠剂的使用是为了铲除杂草，但有的也对动物有毒害作用。例如，杀草快（diquat）和百草枯（paraquat）等对兽类的毒性很强。此外，对害虫高毒的杀虫剂，同时杀灭了其大多数天敌。由于害虫的数量一般较天敌恢复快，在天敌缺乏的情况下，害虫可能再次猖獗，其数量甚至比用药前更多。另外，杀虫剂把主要害虫抑制后，有时会引起次要害虫暴发而成为主要害虫。据统计，在 DDT 等杀虫剂出现后的 10 年内，世界上已有 13 科 50 多种害虫因农药使用而异常增多。

3. 农药对土壤微生物区系的影响

农药对土壤微生物的影响，主要表现在农药对土壤微生物区系和活性的影响，如硝化作用、氨化作用、呼吸作用、根际微生物，以及对根瘤菌的影响等。不同农药对微生物群落的影响不同，同一种农药对不同微生物类群影响也不同。在推荐用量下，有机氯农药和有机磷农药对土壤中细菌、放线菌和真菌的总数及微生物的呼吸作用影响较小。然而，杀虫剂和除草剂如果过量使用，也能杀死一些土壤微生物或抑制其活动，除草剂在高浓度下也能够抑制固氮菌的繁殖和生长，从而抑制其固氮作用。

对土壤微生物影响较大的农药是杀菌剂，这类农药能杀灭和抑制一些有益微生物，如硝化细菌和氨化细菌。此外，杀菌剂特别是杀真菌剂对固氮过程的影响较大，如福美双、克菌丹、灭菌丹等都可抑制固氮菌的繁殖和生长，从使其固氮作用受到抑制。

4. 农药对有益昆虫的生态毒性作用

农药剂量过大或不合理地使用会对蜜蜂、家蚕及害虫的天敌昆虫等有益生物引起严重毒性作用，这不仅对农业生产有严重影响，而且对当地生态系统的稳定也会造成危害。

（二）环境污染物对陆地生态系统的生态毒理学效应

农药对陆地生态系统生态毒理学作用的研究一直受到关注，取得了丰富的成果，在此以有机氯农药和有机磷农药为例论述如下。

1. DDT 的生态系统生态毒理学效应

早期对 DDT 生态毒理学作用的研究主要是观察可比生境下喷药和不喷药地区野生动物的物种变化。起初，低估了 DDT 的害处，错误地认为森林中使用较多的 DDT（5.6 kg/km^2）虽然可影响野生动物，但不足以造成严重后果。后来的研究发现，DDT 的使用显著增加了野生动物的死亡率，具有严重的生态毒理学效应，导致各国先后停止生产和使用 DDT。DDT 生态毒理学研究主要获得以下结论：

（1）动物与特定化学物质的接触频率和持续时间比接触的剂量更重要。有的化学物的 LD_{50} 的数值很大，从急性毒性作用上看属于低毒类毒物，所使用的杀虫剂浓度对非靶动物不能引起急性毒性作用，所以在一定剂量范围内未能发现剂量依赖性的急性毒性效应。但是，这类化学物进入环境后往往是一类难降解的有机化学物，可在环境中长期存在，使野生动物长期暴露而慢性摄入，在脂肪中积累，并转移到不同组织器官引起慢性中毒，甚至引起生殖毒性，导致物种繁衍障碍，产生生态毒理学效应。DDT 和其他有机氯化合物是一类环境难降解的有机化合物，长期污染环境，动物慢性摄入，在脂肪中贮藏和积累，当其转移到脑中可引起亚致死甚至致死性毒性。此外，DDT 和六氯化苯（六六六）的长期暴露还可引起啮齿类动物发生肝脏肿瘤。

（2）农药的代谢转化产物可能比其母体化合物具有更高的毒性或者在动物组织中有更长的持续性。DDT 可在肝脏转化为毒性比 DDT 低但可长期储存在动物体内的 2,2- 双 -

（对氯苯基）-1- 二氯乙烯（DDE），导致体内主要以 DDT 和 DDE 形式储存，其中 DDE 占 60%。

（3）对成年动物毒性较低的一些化学物可能通过影响生殖而抑制其种群发展。野外观察发现，对 DDT 亚致死剂量接触可导致生殖能力的衰退，如 DDT 对鸟类可引起所产蛋的蛋壳强度变小而易破碎，导致其生殖能力减退。生态毒理学试验也证明，饲料中添加 DDT 可减小蛋壳厚度和强度，从而减小鸟类的生殖成功率。有机氯使鸟类蛋壳变薄的机理主要是：血钙进入输卵管需要消耗 ATP，输卵管内壳腺释放的 CO_2 与水形成碳酸的反应需要碳酸酐酶的催化，碳酸与钙反应形成碳酸钙而沉积在卵壳上；而 DDT 的代谢产物 DDE 可抑制 ATP 酶和碳酸酐酶的活性，从而抑制碳酸钙的生成和在卵壳的沉积。

DDT 及其他有机氯农药也是环境内分泌干扰物，可通过干扰动物的性激素代谢而影响性功能，从而对动物产生生殖毒性作用。

有机氯农药还可以通过食物链的富集和放大，对水鸟的繁殖产生影响。例如，在美国某湖施用 DDT 控制蚊蚋，对湖水造成污染，导致鱼体 DDT 水平增加，使以小鱼为生的鸟类鷉鸪体内含 DDT 达 1 600 mg/kg，卵中达 69.2～100.7 mg/kg，导致孵化率和成活率都很低，从而影响该鸟种群的发展。

（4）不同种间对 DDT 的毒性反应相差很大，即使是亲缘关系很近的种，在对特定农药的敏感程度上也可能种间相差很大。

2. 有机磷农药的生态系统生态毒理学效应

正常生理条件下，当胆碱能神经受到刺激时，其末梢部位即释放出乙酰胆碱，将神经冲动向所支配的效应器官传递。随之，乙酰胆碱被效应器官中的乙酰胆碱酯酶迅速分解，以保证神经生理功能的平衡与协调。有机磷农药和氨基甲酸酯类农药均可抑制胆碱酯酶的活性，导致乙酰胆碱蓄积，从而过度刺激胆碱能神经系统及其效应器官，引起组织器官功能改变，产生一系列中毒症状。

（1）有机磷农药的急性和亚急性毒性：初期对有机磷农药的研究，主要集中在通过急性和亚急性毒性试验，观察对鸟类等野生动物的危害。由于有机磷化合物是胆碱酯酶的抑制剂，所以可以通过测定动物脑中胆碱酯酶活性的方法来确定动物中毒是否与有机磷农药相关。

根据动物对化学物质的敏感程度，将有机磷农药的急性和亚急性毒性进行了分级。大部分有机磷农药的亚急性毒性都比急性毒性低，甚至一些急性有毒的化合物在以亚急性方式给药时，基本上无毒，这是因为鸟类对这类化学物质有忌避作用而不去吃它们。因此，单纯的敏感度（如 LD_{50}）并不是可靠的风险指标，一些高毒的化学物质与野生动物的灭绝并无关系，另一些并不是很毒的化学物质却会引起野生动物死亡。这可能与野生动物的行为、饮食习性及生理状态有关；同时，如果该化学物质的气味使动物不悦，动物忌避而不摄食，那么该化学物质的毒性虽然很大，也不能对动物发挥毒性作用。相反，如果化学物质的气味不使动物厌而避之，甚至对动物有诱惑作用，那么即使该化合物毒性很低，但由于动物摄入时间长、摄入数量多、长期暴露的结果也会导致动物慢性中毒甚至死亡。

（2）有机磷农药对生殖与发育无影响或影响轻微：有机磷农药喷洒区的八哥幼鸟的发育仅受到轻微和短暂的影响。给人工饲养的鹌鹑饲料中加入不同浓度的有机磷农药二嗪农，观察到繁殖率降低。给饲养的美洲黑鸭幼鸭饲喂磷胺，对发育只有轻微的影响。给野鸭饲喂有机磷农药双硫磷（temephos），只有在高剂量和低温时才对幼鸭的存活有影响。

这是因为低温可增加胆碱酯酶抑制剂的毒性，并延长毒性作用时间；从而使动物在亚致死剂量下耐低温能力减弱。

（3）农药的食物链效应：农药中毒的鸟类和接触过农药的两栖类动物，可导致以它们为食的动物发生中毒，甚至死亡。野外观察显示，鸥及其幼雏可能因吃了毒死的昆虫而死亡，鹊及其他捕食者会由于嘬食了用杀螨剂处理过的牛身上的毛或螨而中毒。

（4）有机磷农药的种间差异（interspecific differentia）：理想的农药是对害虫有很强的选择毒性，而对非靶（标）生物，特别是对人类相对无毒的种类。有机磷农药具有一定的选择性，故从一种动物得到的毒理学信息去推断对另一种动物的毒性作用可能是不可靠的。家鼠、水禽、鸡类以及两栖动物、爬行动物、鸣禽、猛禽、苍鹭、田鼠等不同动物之间对毒物的反应不同。例如，两栖类动物对大部分胆碱酯酶抑制剂有很高的抗性，这可能是两栖类动物对淡水池塘生活的一种适应；因为在淡水池塘中的有毒藻类可以产生某些类似胆碱酯酶抑制剂的毒素，两栖类动物长期对这类毒素的接触使其产生了对胆碱酯酶抑制剂的耐受机制。

三、酸沉降的陆地生态毒理学效应

酸沉降对陆地生态系统的危害是多方面的，它可导致生物多样性丧失、生态系统复杂性降低，最典型的是引起森林生态系统建群种或群落物种的消亡或更替，甚至发生逆向演替。在 20 世纪中期的研究就已经发现，加拿大北部针叶林在 SO_2 污染的作用下，大面积地退化为草甸草原；北欧大面积针阔混交林在 SO_2 污染的作用下，退化为灌木草丛。生态系统复杂性降低主要表现为酸沉降使生态系统的结构和功能趋于简单化。

（一）酸沉降对土壤化学的影响

酸雨渗入土壤中，导致土壤酸度增大、土壤矿物质的风化加速，使氮、磷、镁、钾、钠、钙等植物重要营养盐类流失，土壤生产力下降。大部分氢离子与存在于土壤颗粒中的碱性阳离子交换，使其他阳离子溶解到土壤溶液中而流失。碱性阳离子的流失会导致土壤 pH 急剧下降。酸雨对土壤的影响程度取决于土壤类型和理化性质，如土壤有机质和黏土矿物提供的总缓冲能力或阳离子交换量的数量、土壤盐基饱和度、土壤剖面中碳酸盐以及土壤耕作制度、农业施肥等。

（二）酸沉降对土壤动物和土壤微生物的影响

土壤动物与土壤微生物的一个共同作用是使土壤有机物无机化，这是植物与土壤进行物质循环的重要环节。酸沉降可直接伤害土壤动物，甚至引起死亡。土壤动物摄取酸性沉降物会使其生长缓慢、繁殖受阻、种群数量减少、群落结构变化，尤其是线虫、蚯蚓类等动物种类特别易受影响。一般来说，酸雨对动物幼体的影响较大。土壤动物与土壤微生物的衰退，会导致土壤有机物无机化过程减缓，使土壤表面枯枝落叶等有机物堆积层增加，生成更多有机酸，促使土壤酸化更为严重。

土壤酸化会影响土壤微生物群落结构和种群数量，并严重影响土壤微生物的活动和营养元素在土壤－植物体系中的循环。酸雨能使土壤中细菌、放线菌和真菌的比例发生变化，土壤微生物总数降低，并对其体内的脱氢酶、过氧化氢酶、脲酶和蛋白酶的活性有明显的抑制作用。

土壤酸化还能抑制土壤硝化和氨化作用。随土壤酸度增加，硝化和氨化过程减慢。在酸雨影响下，适于在中性环境中活动的固氮菌，如根瘤菌、放线菌等活性降低，甚至完全抑制。

（三）酸沉降对昆虫种群的影响

酸沉降及其相关气体污染物 SO_2 和 NO_x 对昆虫种群往往造成不良影响，但由于生活方式和食性等的不同，不同昆虫对酸沉降（包括对 SO_2 和 NO_x 气体）的响应不同，即使同一昆虫也会因污染物及其严重程度的不同而呈现差异。一般来说，酸雨的直接暴露，可使昆虫发育速度、个体大小、存活率、产卵量及飞翔能力等低下。

（四）酸沉降对植物的影响

酸沉降可直接伤害植物叶片表层结构（如角质层和气孔等）和细胞膜结构，影响细胞对物质的选择性吸收，干扰植物正常的代谢过程（如光合作用、呼吸作用和水分吸收等），影响繁殖过程（如花粉的萌发和花粉管的形成，种子的形成和萌发等），导致植被衰退。

酸雨可引起野外植物叶片萎缩变形，叶绿素含量降低，光合作用受阻。然而，在模拟酸雨短时间实验条件下，有时可以获得与野外调查完全相反的结果。例如，采用硫酸根和硝酸根摩尔比为 8∶1 的模拟酸雨对杉木、马尾松、水杉、檫木、火力楠、青冈和油茶的喷洒，结果表明，随酸雨 pH 的下降，上述 7 种树木的叶绿素含量增加。模拟酸雨对菜豆净光合速率与呼吸速率的影响研究表明，随着酸雨酸度的增加，光合作用和呼吸速率都相应增加，呈现一种“小剂量刺激效应”。

四、外来生物入侵的陆地生态毒理学效应

外来生物入侵简称外来种入侵，是指原本不属于某一生态区域或地理区域的物种，通过不同的途径传播到新的区域，并在新的栖息地定殖、建群、扩展和蔓延，同时给传入地的经济和生态系统带来一定的负面影响，这个过程就叫作生物入侵。因此，外来生物入侵是一种环境的生物污染，入侵生物是一类环境生物污染物。农业农村部最新统计显示，我国已成为遭受外来生物入侵最严重的国家之一，入侵的领域从森林到水域、从湿地到草地、从乡村到城市，几乎无处不在。据 2017 年报道，我国外来入侵物种已达 620 余种，在世界自然保护联盟公布的全球 100 种最具威胁的外来物种中，我国就有 51 种。其中给我国农业生态系统带来严重危害的入侵植物有紫茎泽兰、豚草、凤眼莲、喜旱莲子草、刺花莲子草、飞机草、大米草、薇甘菊、毒麦等；入侵害虫有美国白蛾、松材线虫、美洲斑潜蝇、红火蚁、B 型烟粉虱、松突圆蚧、湿地松粉蚧、稻水象甲、蔗扁蛾、苹果棉蚜、马铃薯甲虫、西花蓟马等；入侵动物有福寿螺、非洲大蜗牛等；入侵病原微生物造成的病害有马铃薯癌肿病、甘薯黑斑病、大豆疫病、棉花黄萎病、柑橘黄龙病、松材线虫病等。这些外来生物的入侵给我国生态环境、生物多样性和社会经济造成了巨大危害，据估计，仅对农林业造成的直接经济损失每年就高达 574 亿元。

外来生物入侵对生态系统的危害表现在多个方面。第一，外来入侵物种会造成生态系统不可逆转的破坏和生物污染。大部分外来物种成功入侵后，破坏了原来生态系统的结构和功能，个别物种超常生长，难以控制，对生态系统造成不可逆转的破坏；尤其是许多入侵物种，在新的环境中可能出现基因突变而成为适应性更强的新物种，造成更严重的生物

性污染。第二，外来入侵物种通过压制或排挤本地物种，形成单优势种群，最终导致生态系统多样性、物种多样性、生物遗传资源多样性的丧失和破坏。第三，生物入侵会导致生态灾害频发，对农林业造成严重损害，威胁人类的健康和安全。下面介绍几种主要的外来入侵生物对陆生生态系统的影响。

（一）外来入侵植物

1. 外来入侵植物的概念

玉米、甘薯、马铃薯、西红柿、辣椒等都是我们非常熟悉的，与我们日常生活密不可分的外来植物，但是它们并不是外来入侵植物。所谓外来入侵植物（alien invasive plant）是指非原生态系统进化出来的、由于自然或人为的因素被引入新生态环境的并会对新生态环境或其中的物种构成一定威胁的植物。其繁殖力、适应性和抗逆性极强，竞争力也极强或本身拥有某种化感特性或特殊器官，同时又耐贫瘠、耐污染，并且在入侵地还缺乏有力的竞争生物和天敌。这些植物一旦由原生地进入入侵地后会形成单优势种群，影响生物多样性，破坏生态系统，严重影响农、林、牧、渔生产和环境安全。例如，凤眼莲（*Eichhornia crassipes*）、紫茎泽兰（*Eupatorium adenophorum*）、豚草（*Ambrosia artemisiifolia*）、大米草（*Spartina anglica*）等是典型的入侵植物，对生态系统有很强的破坏性。

2. 外来入侵植物的成灾机制

（1）繁殖力、适应力极强：外来入侵植物的繁殖力、适应力极强。例如，紫茎泽兰以种子繁殖为主，根与茎都能生长不定根，可无性繁殖。大米草具有发达的地下茎，靠地下茎及种子繁殖，单株大米草一年内可繁殖成几十株，甚至几百株。凤眼莲是典型的水生维管束植物，兼有无性和有性繁殖功能，主要以匍匐枝无性繁殖，一匍匐枝可在 5 d 内形成一新的植株，在入侵区域往往形成单一优势种群，覆盖度往往达 100%。

（2）竞争力强，形成优势种群：例如，紫茎泽兰耐阴，苗期可以在荫蔽的林间生长，耐贫瘠，可在路边、墙角等处生长，并将本地物种压制下去。紫茎泽兰对许多害虫有忌避作用或毒杀作用，且可通过地上部分的化感物质向空气环境挥发或地上部分凋落物中的水溶性化感物质的淋溶等途径抑制邻近植物的生长，在竞争生长中，处于优势地位，形成优势种群。

大米草由于叶片布满发达的盐腺，耐盐碱，根系深扎，盘根错节，植株高大，与本地植物竞争生长空间，致使海滩上大片红树林消失。

凤眼莲主要通过匍匐枝迅速繁衍，呈指数级数生长，在富营养化的水体中，往往引起疯长，对其他水生植物的竞争抑制极强，最终形成优势种群。

（3）食草动物忌避：紫茎泽兰等入侵植物的枝叶有毒，可以引起动物中毒甚至致死，牲畜和害虫均对其有忌避作用，避免了食草动物对此类入侵植物的危害。

3. 典型入侵植物对生态系统的危害

（1）大米草入侵：大米草原产英国南海岸，是欧洲海岸米草和美洲互花米草的自然杂交种，是一种多年生禾本科植物，它具有耐盐、耐淹、耐瘠和繁殖力强等特点，主要分布在欧、美、亚、澳四洲温带和亚热带地区的海涂。我国在 20 世纪 60—80 年代分别从英美等国引进大米草用于保护滩涂。到 2003 年，大米草逐渐分布在 80 多个县（市）的沿海海滩上，破坏了近海生物栖息环境，使沿海养殖贝类、蟹类、藻类、鱼类等多种生物窒息死亡，经济损失惊人。同时导致水质下降，并诱发赤潮，致使海滩上大片红树林消失，威胁本地生物多样性。

（2）紫茎泽兰入侵：紫茎泽兰原产于中美洲墨西哥，属菊科、紫茎泽兰属，20 世纪 40 年代从中缅、中越边境自然入侵我国云南南部，现已广泛分布于云南、广西、贵州、四川的很多地区，仅云南目前生长面积即达 2 470 万 hm^2，是一种世界性恶性杂草。由于其具有生长快、繁殖力强等入侵特性，能很快在入侵地建立单一优势种群，本地物种很难生长，从而严重改变当地植被。而地表植被的改变势必影响土壤动物群落特征，紫茎泽兰入侵使土壤动物群落多样性和均匀度也显著下降。据调查，紫茎泽兰入侵后不同地带土壤动物类群总数显著减少，其中针叶林减少 41.3%，阔叶林减少 29.0%，草地减少 36.7%；土壤动物群落个体总数下降，其中针叶林减少 63.5%，阔叶林减少 20.4%，草地减少 43.2%。其危害还在于不断竞争、取代本地植物资源，破坏生物多样性，使当地农业、林业、畜牧业和社会经济发展受到影响。当地牛、羊因无可食饲料而使种群数量锐减。紫茎泽兰含有的生物毒素可引起动物中毒，特别是马匹中毒，表现为“马哮喘病”，导致马匹发病、死亡，使个别县市成为“无马县”。

（二）外来入侵动物

外来入侵动物对入侵地的生态系统危害极大，举例论述如下。

1. 松材线虫入侵

松材线虫（*Bursaphelenchus xylophilus*）原产地为北美洲，是随进口货物的木质包装箱及携带的媒介天牛而无意引入亚洲的。20 世纪 20 年代传入日本，70 年代在日本全面暴发成灾。我国于 1982 年在南京首次发现。松材线虫主要危害松属植物，在植物体内寄生，取食薄壁组织，其引起的松材线虫病被称为松树的癌症，常导致成片松林死亡。受害严重地区的马尾松、黑松和赤松几乎全部被毁。其发生特点是传播途径多、发病部位隐蔽、发病速度快、潜伏时间长、治理难度大。对生态环境危害很大。

2. 美国白蛾入侵

美国白蛾（*Hyphantria cunea*）又叫秋幕毛虫，原产地为北美洲。美国白蛾入侵到欧洲和亚洲后，由于生态环境的改变，天敌的缺乏，在入侵地暴发成灾，危害严重，对这些国家造成了很大的经济损失。目前，除北欧 4 个国家外，美国白蛾已遍布欧洲几乎所有的国家，亚洲已由日本扩散到朝鲜、韩国及中国。1979 年传入我国辽宁丹东一带，现已在我国山东、陕西、河北、上海、安徽、北京等多地发现，目前危害范围仍在扩大。

美国白蛾属典型的多食性害虫，可危害 200 多种林木、果树、农作物和野生植物，嗜食的植物有桑、胡桃、苹果、梧桐、李、樱桃、柿、榆和柳等。幼虫取食树叶，有暴食和群集危害的习性。幼虫常群集于叶上吐丝作网巢，在网巢内取食危害，发生严重时可将全株树叶食光，造成部分枝条甚至整株死亡。网巢有时可长达 1 m 或更大，稀松而不规则，可把小枝和叶片包进网内而食之，形如天幕。被害树木长势衰弱，易遭其他病虫害的侵袭，且抗寒抗逆能力减弱。果树如被危害，减产严重，甚至造成当年和次年不结果。

美国白蛾的繁殖能力很强、扩散速度很快。每一个美国白蛾的卵块平均有 800～900 粒卵，最高可达 1 800 粒。虽然美国白蛾自身的扩散能力并不是很强，成虫每次飞翔距离在 100 m 以内，但成虫和幼虫都可借风扩散，因此每年通过自然扩散的速度可达 35～50 km。而且，最主要的扩散途径是借助于交通工具进行远距离传播。

第四节 农业生态系统生态毒理学

一、农业生态系统的组成与特点

农业生态系统是指在一定时间和地域内，人类从事农业生产，利用农业生物与非生物环境之间以及生物种群之间的相互关系，建立起来的各种形式和不同发展水平的农业生产体系，是一个人类调控下的自然－社会－经济组合而成的复合生态系统。作为被人类驯化了的半自然生态系统，农业生态系统是介于自然生态系统与人工生态系统之间的半人工陆地生态系统。其结构和功能不仅受自然环境的制约，还受人类活动的影响；不仅受自然生态规律的支配，而且受社会经济规律的调节。农业生态系统中的“农业”指包括农、林、牧、副、渔、菌、虫及微生物的大农业。

（一）农业生态系统的组成

与自然生态系统类似，农业生态系统的基本组分也包括生物组分和非生物的环境组分，但这两种生态系统的组成却存在明显的差异。

1. 生物组分

农业生态系统的生物组分与自然生态系统一样，同样是由以绿色植物为主的生产者、动物为主的消费者和微生物为主的分解者所组成。但农业生态系统中的生物主要是经过人工驯化的农业生物，如农作物、家畜、家禽、有益微生物等，以及与这些农业生物关系密切的生物类群，如作物致病菌、家畜寄生虫、根瘤菌、杂草等。此外，农业生态系统相比于自然生态系统还增加了一个最为重要的大型消费者，即人，但其他生物种类和数量一般少于同一区域的自然生态系统。

2. 非生物的环境组分

农业生态系统中非生物的环境组分即指农业生物赖以生存、发育、繁殖的环境，包括自然环境和人工环境。自然环境组分源于自然生态系统，包括农田土壤、农业用水、空气、日光和温度等，但都或多或少受到人类不同程度的调节和影响。例如，为了满足日益增长的粮食需求，人类要对耕作土壤进行多种生产活动，如耕作、施肥、灌溉、改良等，极大地改变了土壤的固有理化性质；作物的种植方式也包括单作、间作和套作等多种形式，这些均会影响作物群体内的环境温度和湿度。

人工环境组分包括农业生产过程所需的各种生产、加工、存储设备和设施，如禽舍、温室、仓库、厂房、住房、防护林、水库等。人工环境与自然环境相比，温、湿、光、养分等条件都受到较大的改变，而且具有独特的特点。

（二）农业生态系统的特点

与自然生态系统相比，农业生态系统具有如下特点：

（1）目标明确，开放性较大。农业生态系统的目标是满足人类日益增长的需要，其目的就是获得最大的“收成”，也正因为如此，人类向系统内施用大量的肥料、农药和灌溉水等。特别是现代化农业，集约化生产更加突出，其耗能密度比多数自然生态系统高出数十倍，在提高产量的同时，带来土壤退化、环境污染等一系列生态问题。而自然生态系统遵从自然演替和进化原理，没有人为干预，最终目标是生态系统更加稳定，从而获得更大的"保护"，对群体本身有利，但不一定能满足人类的需要，而且生产者的有机物全部留在系统内，许多化学元素基本上可以在系统内部循环平衡，是一个接近于"自给自足"的系统。

（2）结构简单脆弱，抵抗外界能力差，缺乏自我调节能力。农业生态系统内的生物种群基本上是人类按高产、优质和多抗为目标反复培育和筛选出来的优良品种，通常具有较高的经济价值和较弱的抗逆性，需要更多的人为调控。而自然生态系统生物种类多，食物链复杂，主要通过自我调控机制来维持生物多样性，对不良环境条件具有更强的抗逆性，因此与自然生态系统相比，农业生态系统稳定性较差。

（3）人类活动作为主控因素，高投入、高产出，生产效率高。农业生态系统中的优势物种以人工驯化培育的农业生物为主，加上各种人为的技术措施作用，强化系统中优势种群的可食部分或可用部分进一步发展，使物质和能量的转化利用率及利用效率得到不断提高，因而农业生态系统的净生产率显著比自然生态系统的高。

（4）受自然规律和社会经济规律双重约束。农业生态系统的发展服从于人类社会，经济发展和生态环境等多方面的要求，农业生产过程既是一种自然再生产过程，又是一种社会经济的再生产过程；在系统的组成上，既有自然组分又有人类社会经济组分。因此，农业生态系统的存在和发展，受到自然规律和社会经济规律的双重制约。例如，在确定一个农业生态系统的优势生物种群组成时，首先要服从自然演替进化过程中的生物与环境相适应原理，选择适宜当地自然条件的生物种群进行养殖或种植，但同时也要考虑其经济价值，根据投资效益变化规律分析所定生物种群形成的产品市场需求情况、生产的经济效益和社会效益等问题。而自然生态系统受人类的干扰很少，因此其存在和发展主要是受自然规律的支配。

二、农业环境污染物及其生态毒理学效应

（一）农业环境污染物及其来源

1. 农业环境污染物

进入农业生态系统的环境污染物，按照性质大致可分为以下三类：

（1）物理性污染物。指来自农业生产、工厂、矿山的固体废物，如塑料薄膜、农药包装等农业废物及尾矿、废石、粉煤灰等工矿垃圾等。此类污染物含有一些较难溶解和分解的物质，进入农业生态系统后，尤其是进入土壤后会严重影响土壤的透水性，对植物根系生长和营养传输都会产生较大影响。而且，经过长时间掩埋，物理性污染物还可能会逐渐分解，进而向土壤中释放化学物质，从而进一步改变土壤的组成和结构。因此，物理性污染物持续时间长，破坏性较大。

（2）化学性污染物。包括无机污染物和有机污染物。根据 2014 年 4 月环境保护部和国土资源部公布的《全国土壤污染状况调查公报》，我国土壤污染以无机型为主，主要污染物为镉、镍、铜、砷、汞、铅、DDT 和多环芳烃。

（3）生物性污染物。主要指农业生态环境中存在的一定量的病原体，如肠道致病菌、肠道寄生虫、钩端螺旋体、破伤风杆菌、霉菌和病毒等。土壤中存活的植物病原体能严重影响植物生长，造成农业减产。例如，某些植物致病细菌污染土壤后能引起番茄、茄子、

辣椒、马铃薯等百余种植物发生青枯病，而且这类污染物通常可以在适宜的环境中迅速扩散，破坏性非常大。此外，有的土壤生物性污染物还会直接或间接危害人体健康。

2. 主要污染源

进入农业生态系统的环境污染物主要源于农业生产和工矿排放等，主要包括以下几方面来源：农用化学品、污水灌溉、污泥农用、矿山开采和冶炼、大气沉降、垃圾堆放等。

（二）环境污染物的农业生态毒理学效应

环境污染物进入农田生态系统后，经过一系列的环境过程，生物有效部分会对农田生态系统中的生物，主要包括土壤动物、农作物和微生物，产生生态毒理效应，其毒性作用的性质和机理与其对其他陆地生态系统的动物、植物和微生物的毒性作用是一致的。在此仅对农业生态系统比较独特的生态毒理学效应进行论述。与其他生态系统不同，农田生态系统与人类关系最为密切，农作物和家畜、家禽是人类食物的主要来源，环境污染物在农田生态系统中表现出的毒理效应或在食物链中的富集放大效应将直接影响人类的健康及其生产生活活动。

1. 重金属污染物

重金属进入农业生态系统后，可以被农作物的叶片或根系吸收。许多重金属元素（如 Cu、Zn 等）是植物必需的微量元素，对植物的生长发育起着不可替代的作用，而一些重金属不是植物必需的元素（如 Cd、Hg 等）对植物具有很强的毒性，进入植物体内后会严重影响植物的生长发育。然而，无论是必需元素还是非必需元素，当其在环境中的含量超过某一临界值时，都会对农作物产生一定的毒害作用。其中，重金属对农产品品质的影响远比对野生植物品质的影响受到人类更大的关注。

一些重金属对植物根部细胞的结构和功能有毒性作用，从而影响农作物对营养元素的吸收和积累，导致植株和籽粒中营养元素和成分的改变。高浓度重金属可能会破坏蛋白质的合成系统从而降低作物籽粒的蛋白质含量。此外，农作物从土壤中吸收重金属并在其体内累积，重金属不能被生物降解，因此能通过食物链的传递而进入人体，因为农作物是人类食物的重要来源。例如，农田土壤中的镉、砷等在水稻中的吸收和富集，不但会对水稻植株当代和子代产生分子水平乃至个体水平的生态毒理效应，而且对长期食用其籽粒的人的健康也会产生不利影响。这也是农业生态系统生态毒理学的研究内容有别于其他陆地生态毒理学的原因之一。

2. 有机污染物

当土壤中有机污染物的浓度达到一定值后，会对植物造成胁迫伤害。例如，2,4-D 能以多种方式影响植物细胞分裂，低浓度时能够强烈促进细胞生长，当浓度超过一定限度之后其促进作用下降，并转而强烈抑制细胞生长。除草剂能抑制农作物种子的萌发和根、茎的伸长，其原因是除草剂对种子萌发相关重要酶的活性可产生不利影响，对种子萌发时根尖细胞有丝分裂速率也有不利作用。此外，除草剂还能破坏植物的根系，使其吸收功能破坏。例如，采用含有高浓度的阿特拉津和乙草胺的水灌溉稻田，可引起水稻幼苗的根由白变黑，不生新根，接着腐烂的毒害现象。环境污染物的这些生态毒理作用最终有可能导致农作物的产量减少、品质下降。此外，一些有机污染物在陆地食物链中具有明显的生物放大作用，对于高营养级生物包括人会造成一定的生态和健康风险。

农业生态系统除与人类的关系密切外，它本身也有自己的特点。例如，一种新烟碱类杀虫剂噻虫嗪可在土壤食物链“杀虫剂处理的大豆种子—蛞蝓—甲虫”中传递，即噻虫嗪在软体动物蛞蝓体内逐渐累积，并通过捕食关系被传递到蛞蝓的捕食者甲虫体内。由于蛞蝓并不是噻虫嗪的靶向生物，因此受到杀虫剂的影响很轻微，但该食物链的传递却造成了甲虫损伤或死亡，导致被甲虫扑食的害虫猖獗，破坏了农业生态系统中的生态平衡，并最终由于害虫对大豆的危害而导致大豆产量减少。由此可知，研究农业生态系统生态毒理学不但具有理论意义，而且具有重要的应用价值。

3. 肥料

虽然肥料的施用能为农业带来丰收的喜悦，然而长期过量的施用却为农业生态系统带来严重危害。有机肥料和化学肥料的长期过量施用，残留在土壤中的肥料发生分解或转化，从而导致大气中 NO_x 等能够消耗臭氧层臭氧的气体增加、CO_2 等温室气体水平升高、水体富营养化发生等问题，使生态环境的恶化加剧，从而间接对动物、植物及微生物产生生态毒理作用。此外，肥料特别是化学肥料（化肥），往往混杂有重金属、农药、苯类、酚类、偶氮类、抗生素等多种无机和有机污染物，它们随施肥而进入土壤以后，可直接对植物、土居动物和微生物造成严重生态危害。

化肥的不科学施用还可导致植物对氮、磷、钾的吸收失之平衡，如氮肥过多，可导致植物疯长、开花滞后、抗病能力下降、易倒伏、产量低、品质差等问题。微量元素肥料施用不当，往往会导致一种微量元素过多而影响农作物对另一种微量元素的吸收或代谢问题，从而对植物的生长造成不利影响。

三、农业生态系统对环境污染的防治和修复作用

农业生态系统对环境污染的防治和修复作用主要表现有两种方式：一是农业生态系统的自修复，也就是通常所说的自净能力；二是农业生态系统的强化修复。

（一）农业生态系统对环境污染物的自净能力与修复作用

1. 自净能力及其局限性

农业生态系统的自净能力是指在不改变结构与功能的前提下，通过自身机制而消纳和降解环境污染物，保持或恢复该系统原有稳定状态的特性与能力。农业生态系统的自净能力主要表现在两个层面：一是农业生态系统组成要素层面，主要包括植物（主要为农作物）、动物（包括养殖动物和土壤动物等）、微生物，以及非生物因素（不同环境介质及其包含的无机物）的作用；二是农业生态系统整体层面，主要表现为在农业生物与环境的相互作用下，通过农业生态系统自身的运转而实现环境污染物的降解和去除。值得注意的是，尽管农业生态系统对环境污染物具有修复作用，但这种消纳与自净能力是有一定限度的。

2. 农作物对环境污染物的自净和修复

农作物在对环境污染物的自净和修复方面具有重要作用。土壤中的有机污染物可以通过农作物对有机污染物的吸收代谢而去除，农作物可以将吸收到体内的有机污染物转化为非植物毒性的代谢物积累于植物组织中；另外，农作物可以通过根系向土壤释放促进有机污染物降解的生物化学反应酶类，从而促进根际对环境污染物的降解；此外，土壤中的有机污染物也可以通过农作物根际微生物的降解作用而削减。近年来，许多研究发现豆科植物（如紫花苜蓿、羽扇豆、鹰嘴豆等）因生长速度快、耐受性强，是修复有机污染物的理想植物。

3. 土壤对环境污染物的自净和修复

土壤在对环境污染物的自净和修复方面具有重要作用。土壤对环境污染物具有一定的缓冲能力，通过土壤的缓冲机制能够降解和固定有害物质，减轻化学物对生态环境的毒害作用，但一旦环境污染物的数量超过了临界值，农业生物和农业生态系统两方面均会受到严重影响，甚至使农业生态系统遭到破坏，难以恢复。此外，农业生态系统由于受人类活动影响较多，农业生物的种类相对于自然生态系统较少，系统结构也相对较脆弱，因此农业生态系统对环境污染物的自净能力也通常低于自然生态系统。因此，在污染较重的农田生态系统中，既要充分发挥农业生态系统的自净能力，但也不能过分依赖该系统的这种能力，而应该着眼于构建修复作用更强的农业生态系统，并加强管理，采取一定的农艺措施调控，从而更加快速地去除系统中的环境污染物，维持农业生态系统的稳定与持续性。

（二）农业生态系统对环境污染物的强化修复

1. 强化修复的概念与修复主体

农业生态系统的强化修复即利用修复作用更强的生物为主体构建新的农业生态系统，通过该系统内植物、动物和微生物吸收、降解、转化土壤和水体中的污染物，使污染物的浓度降低到可接受的水平，或将有毒有害的污染物转化为无害的物质，也包括将污染物稳定化，以减少其向周边环境的扩散。

农业生态系统中的修复主体，通常包括植物修复、动物修复和微生物修复三种类型。其中植物修复、微生物修复以及植物－微生物联合修复技术已经在污染土壤修复领域得到了广泛应用和认可。

2. 植物对重金属的提取修复技术

对于重金属污染土壤，植物提取修复技术被认为是目前最有应用前景的一种修复技术。利用重金属富集植物或超富集植物将土壤中的重金属转运到植物的地上部分，再通过收获植物将重金属移走，以降低土壤中的重金属含量。从第一种超积累植物布氏香芥（*Alyssum bertolonii*）被发现到现在，人们已发现了 400～500 种超积累植物，其中镍超积累植物最多，有 300 多种，约占超积累植物总数的 70%。这些超积累植物涵盖了 50 多个科，其中以十字花科（Brassicaceae）植物居多。

但目前发现的超富集植物一般生物量较小、生长缓慢，难以机械收割，而且很多超富集植物具有很强的地域性，多为野生品种，缺乏相关的人工栽培技术，很难大规模推广应用；而那些生长快速、生物量大、有较强重金属耐性的植物，在自然条件下对重金属的吸收富集很难达到实际修复要求。上述这些因素导致了单纯使用植物提取修复技术效率通常很低，因此有必要辅以一些农艺调控的强化措施，例如，通过施肥、添加络合剂等一系列土壤调控措施，改良土壤的理化性状，提高土壤肥力，缓解重金属污染对植物的毒害，同时提高土壤重金属的生物有效性，使其易于被植物吸收富集。

3. 微生物对有机污染物的强化修复技术

通过向污染土壤添加降解性功能微生物以促进污染土壤生物修复的生物添加技术或通过调整土壤环境条件增强微生物对有机污染物降解去除的生物强化技术也是修复有机污染土壤的较有应用前景的微生物修复技术。例如，向 PCBs 污染土壤中添加营养盐，刺激土壤中 PCBs 降解菌的增殖，增强对 PCBs 的降解活性。

思考题

1. 名词解释

液相迁移、光化学降解、生物降解、土壤呼吸作用、土壤酶、酸沉降、外来生物入侵、外来入侵植物

2. 简述陆地生态系统的类型、功能及其常见污染物。

3. 举例说明陆地生物对污染物的吸收、富集与降解。

4. 重金属对陆地生态系统的生态毒理学效应有哪些?

5. 农药对陆地生态系统的生态毒理学效应有哪些?

6. 酸雨对陆地生态系统的生态毒理学效应有哪些?

7. 举例说明外来生物入侵对陆地生态系统的危害。

8. 农业生态系统的主要特点是什么?

9. 农业生态系统有哪些主要环境污染物? 它们的农业生态毒理学效应如何?

10. 农业生态系统对环境污染的防治和修复有什么作用?

第八章　淡水生态系统生态毒理学

淡水生态系统是人类赖以生存的重要生态系统之一，具有重要的生态功能和生态服务功能，影响着人类的生存与环境安全。淡水生态系统生态毒理学（ecotoxicology of freshwater ecosystem）是研究环境污染物对淡水生物及其生态系统的危害与防护的科学。它主要研究不同环境污染物，特别是环境化学污染物对生态系统损害的定量化规律与防护对策，揭示环境污染物在淡水生态系统水平上的毒性作用及其机制，筛选对生态系统安全有预警作用的生态标志物，为环境损害的监测、水体污染的治理以及生态工程的实施提供科学依据和措施，同时也为环境标准和法规的制定提供科学依据。在具体的环境执法和环境核算过程中，淡水生态系统生态毒理学实测数据，常常可为合法处理环境纠纷提供有效证据。

此外，在湿地、河流、湖泊、水库等水体中的绿色植物可以通过光合作用而固定大气二氧化碳形成淡水生态系统的碳汇。淡水生态系统中的浮游植物、大型水生植物等通过光合作用吸收二氧化碳并将二氧化碳转化为有机碳，后者可被滤食性、草食性人工养殖动物（如鱼类、贝类、虾蟹类等）摄食，随这些水产品被移出水体。因此，凡不需投饵料的淡水渔业生产活动均具有碳汇功能。湿地由于水分过于饱和的厌氧的生态特性，其微生物活动相对较弱，植物残体分解释放二氧化碳的过程缓慢，因此形成了富含有机质的湿地土壤和泥炭，起到固定碳作用。如果湿地因环境污染而遭到破坏，湿地的固碳功能将减弱，同时湿地中的有机物也会氧化分解而产生二氧化碳，湿地就会由“碳汇”变成“碳源”。

因此，淡水生态系统生态毒理学研究不仅对生态毒理学的发展有重要的理论意义，而且对淡水生态系统的保护也有重要的实践价值。

第一节　淡水生态系统概述

淡水生态学的研究对象为河流、湖泊、水库、溪流、湿地等内陆淡水水体，淡水生态系统与海洋生态系统共同组成水域生态系统。本节仅就淡水生态系统的结构、特点、类型及污染物概况进行简要介绍。

一、淡水生态系统的结构

淡水生态系统的基本组成可概括为非生物和生物两大部分，生物成分又分为生产者、消费者和分解者。

1. 非生物成分

非生物成分主要包括能源和各种非生命因子，如太阳辐射、无机物质和有机物质。非生物成分为生物提供生存的场所和空间，具备生物生存所必需的物质条件，是生态系统的生命支持系统。

2. 生物成分

生物成分是指在生态系统中所有活的有机体，它们是生态系统的主体。淡水生态系统可以分为两类：一类是流水生态系统（lotic ecosystem），即河流生态系统，主要指江河、溪流等生态系统，其中植物以及附生的水苔、绿藻为主，动物以虾、鱼为主；另一类是静水生态系统（lentic ecosystem），主要指池塘、湖泊等生态系统，池塘边常有大型植物，池塘中有蚌、螺、虾、蟹、鱼等动物。

按照营养关系来分，淡水生态系统的生物成分包括生产者、消费者和分解者。其中生产者主要包括水生高等植物和浮游植物。通常浮游植物的生产量在淡水生态系统的总初级生产量中占绝对优势。浮游植物的特征是体型微小但数量惊人，其代谢率高、繁殖速度快，种群更新周期短，能量的大部分用于新个体的繁殖，因此其生产力远比陆地植物高。淡水生态系统的初级消费者主要是个体很小的浮游动物，其种类组成和数量分布通常随浮游植物而变。在大型淡水水域中，浮游植物合成的物质几乎全部被浮游动物所消费。大型消费者，除草食性浮游动物之，还包括底栖动物、鱼类等。这些水生动物处于食物链（网）的不同环节，分布在水体的各个层次，其中不少种类是杂食性的，并且有很大的活动范围。同时，很多草食性或杂食性的水生动物，还以天然水域中大量存在的有机碎屑作为部分食物。淡水生态系统中的分解者分布范围很广，通常以水底沉积物表面的数量为最多，因为这里积累了大量有机物质。

二、淡水生态系统的特点

淡水生态系统主要以水作为其环境介质，而陆地生态系统主要以空气、陆地或土壤为其环境介质，正是由于这些环境介质理化特征的不同，水、陆两类生态系统在系统的结构和功能上存在许多明显的差异。淡水生态系统的特点如下。

1. 环境特点

淡水生态系统最大的环境特点在于以淡水为其环境介质。与空气相比，水的密度大、浮力大，许多小型生物（如浮游生物）可以悬浮在水中，借助水的浮力度过它们的一生。水的密度大还决定了水生生物（hydrobiont，hydrobios，aquatic organism）在构造上的许多特点。水的比热较大、导热率低，因此水温的升降变化比较缓慢，温度相对稳定，通常不会出现陆地那样强烈的温度变化。

2. 营养结构特点

淡水生物都适于淡水生活，在水中有明显的分层分布。水生植物有明显的分层分布特点，如湖泊中有生活在水中的沉水植物（sunken plant，submerged plant），也有浮在水面的浮水植物，还有根长在水底，叶片伸展在水面上的挺水植物（emergent plant）。动物也有分层分布的特点，如鲢鱼、鳙鱼分布在水的上层，以浮游植物或浮游动物为食；草鱼分布在中下层，以水草为食；青鱼常生活在水的底层，以螺蛳、蚬等软体动物为食。河流、池塘生态系统也有类似的特征。消费者层次的组成状况在淡水和海洋两类生态系统中的差别较大。在淡水水域，消费者一般是体型较小、生物学分类地位较低的变温动物，新陈代谢过程中所需热量比恒温动物少，热能代谢受外界环境变化的影响较大。

3. 光能利用率较低

与陆生生态系统相比，淡水生态系统初级生产者对光能的利用率比较低。据奥德姆对佛罗里达中部某银泉的能流研究，初级生产者实际用于总生产力的有效太阳能仅为 1.22%，除去生产者自身呼吸消耗的 0.7%，初级生产者净生产力所利用的光能只有 0.52%。

三、淡水生态系统的类型

根据生态系统生态学的基本观点，淡水生态系统可以分为流水生态系统和静水生态系统。

流水生态系统包括江河、溪流和水渠等，在河流的上游，水的流速较快，下游流速较慢。急流中的生产者大多是由藻类构成的附石植物群，消费者大多是具有特殊器官的昆虫和体型较小的鱼类。缓流与急流相比，含氧量较少，但是营养物质丰富，因此，缓流中的动物、植物种类也较多。缓流中的生产者主要是浮游植物及岸边的高等植物。此外，从陆地上随雨水等进入河中的叶片碎屑等，也是水生生物的重要营养来源。缓流中的消费者有穴居昆虫和各种鱼类，此外，虾、蟹、贝类等动物也较多。

静水生态系统包括湖泊、池塘和水库等，其中植物一般都分布在浅水区和水的上层，包括挺水植物（如芦苇、香蒲和荷花等）、浮水植物（如睡莲等）及沉水植物。在水体的上层，有大量的浮游植物，其中单细胞的藻类最多，这些藻类在春季大量繁殖，能使湖水呈现绿色或形成“水华”。湖泊中的动物分布在不同的水层。浮游动物在水体的上层吃浮游植物。以浮游植物或浮游动物为食的鱼通常栖息在水体的上层，如鲢鱼、鳙鱼等。以水草为食的鱼通常栖息在水体的中下层，如草鱼等。螺蛳、蚬等软体动物栖息在水的底层，以这些软体动物为食的鱼通常也在水体的底层生活，如青鱼等。

四、淡水环境污染物的分类

进入水体的环境污染物分为物理性、化学性和生物性三类。物理性环境污染物，包括非溶解性环境污染物、热污染、放射性污染；化学性环境污染物，包括有机污染物如酚类化合物、苯类化合物、卤烃类化合物、油类、苯并 [*a*] 芘、丙烯酰胺等，无机污染物如砷、铜、铅、镉、汞、锡、银等金属及其化合物等；生物性污染物如致病细菌、致病病毒、寄生虫和入侵生物等。

第二节 环境污染物在淡水中的迁移、转化与生物富集

环境污染物在淡水生态系统中经过一系列的物理、化学和生物变化过程，对环境产生重要的影响。这些变化过程主要包括迁移、转化和生物富集等。

一、环境污染物进入淡水水体的途径

（1）通过大气沉降进入地表水环境：空气中的污染物可以通过湿沉降和干沉降（吸附在颗粒物表面）进入地表水体引起水环境污染。

（2）通过下渗进入地下水环境：粪池、垃圾填埋场、地下输油管、灌溉污水、农药等可通过淋溶、渗透等方式渗入地下水。

（3）通过地表径流或直接排放进入地表水环境：①在化学品生产、排放、流通和使用过程中，有毒化学物质或直接随废水排入水体，或通过地表径流进入地表水如大规模使用

的农药、杀虫剂等；②突发事故造成大量有毒化学品外泄进入水体。

二、环境污染物在淡水水体中的分布和迁移

在淡水环境中污染物的分布和迁移主要与水的流动性有关，污染物可以随着河水的流动而远距离迁移。风力也有一定的作用，在等温条件下，风力可使水体下面的沉淀物重新悬浮。随着夏天的来临，湖水中的浮游植物在浅水层大量繁殖，浮游动物剧增，从而使湖水中的污染物类别改变。水中污染物还可与较大的颗粒物结合而沉降到达深水层。一些水体中的污染物能被水底的沉淀物所吸附，并与之结合，从而不均匀地分布在河流或湖水的沉积物中。

水环境污染物的分布和迁移还与其环境化学反应有关。环境污染物进入水体后要发生各种反应，它们在水环境中的迁移转化主要取决于其本身的性质以及水体的环境条件。环境有机污染物一般通过吸附作用、挥发作用、水解作用、光解作用、生物富集和生物降解作用等进行迁移转化。重金属在水体中的迁移主要与重金属的沉淀、络合、螯合、吸附和氧化还原等作用有关。

为表征污染物的行为特征，有必要在不同环境介质（如沉积物、淡水）中和水生生物中测定该物质，了解该物质在这些介质内和介质间的迁移和运输，并追踪该物质在每一介质内被代谢、降解、储存或浓缩的过程。环境污染物的化学转移既发生在环境介质之内，也发生在环境介质之间。对于释放进入环境的化学物质，可能发生的是它先被释放进入某一环境介质，继而分配到各个环境介质，在各个环境介质内部迁移和反应，在各个环境介质及存在于该介质中的生物部分之间分配，最终到达某个生物器官的活性部分，以足够高的浓度和足够长的时间引起某种生态效应。例如，多环芳烃通常通过有机质燃烧、干湿沉降、废水排放、石油污染以及路面径流进入大气圈、水圈、土壤圈，一旦进入水生生态系统，其疏水性能使大多数附着在悬浮颗粒物上，进而沉入水底并且在沉积物中积累形成长期的潜在污染源。

三、淡水水生生物对环境污染物的吸收与富集

（一）吸收

淡水水生动物对污染物的吸收主要有三条途径：经鳃吸收、经消化道吸收及经体表吸收。低等淡水水生动物可通过其体表吸收水中的污染物，以这种形式吸收的污染物主要是脂溶性的，如有机汞、四乙基铅等有机金属化合物。鱼类、甲壳类的呼吸器官——鳃是污染物进入体内的主要途径。有学者运用同位素示踪技术发现镧主要是经草鱼鳃吸收进入体中，还有人对水中各种形态的铅、铜等在金鱼鳃中的吸收积累做了一系列的研究，证明鳃是吸收不同形态重金属的主要途径。鳃吸收环境污染物的主要方式是被动扩散，吸收速率与以下四个因素有关：①换气速度（水流过鳃的速度）；②污染物透过鳃瓣的扩散速度；③血液流过鳃的速度；④水体中污水层的厚度与鳃的形状等。

淡水水生植物中挺水植物主要通过根吸收污染物。浮水和沉水植物与水接触面积较大，可通过植物根、茎、叶的表面吸收污染物。植物的细胞壁是污染物进入植物体内的第一道屏障，植物细胞壁中的果胶成分为结合污染物提供了大量的交换位点。研究表明，当铅在水中的浓度较低时，铅被细胞壁全部吸附而不能进入细胞内；当水中的铅浓度相当大

时，有部分细颗粒铅可通过细胞壁，穿过细胞质膜进入细胞质。

（二）生物富集

淡水水生生物可以从周围淡水环境吸收并富集某种元素或难分解的有机化合物。例如，有些淡水水生植物体内镉的浓度可比水相高 1 620 倍，这比陆生植物富集能力高数倍。

影响生物富集的因素很多。生物的特性、污染物的性质、浓度与作用时间以及淡水环境条件均是生物富集的影响因子。由于有机污染物主要在脂肪中积累，生物体内的脂肪含量与其对有机物的累积能力具有密切关系。一般降解性小、脂溶性高、水溶性低的物质，生物富集系数高；反之，则低。PCBs 在鱼类肝脏中的浓度最大，其次是鳃、鱼体、心脏、脑和肌肉。生物体内分解污染物的酶的活性也与生物对污染物的富集能力有关，分解酶的活性越强，污染物就越容易降解，越不容易积累。

生物富集的程度随淡水生物不同的器官、不同生育期和不同的生物种而不同。以鲢鱼为例，不同器官富集重金属铅的量从大到小的顺序为鳃＞鳞＞内脏＞骨骼＞头部＞肌肉。对鱼的鳞片、卵的分析表明，鳞片的含铅量相当高。这是因鳞片能大量吸附铅，同时鱼在铅的刺激下皮肤分泌大量黏液，易于大量吸附铅。卵的含铅量虽低，但积累时间很短，如以单位时间计，含铅量还是很高的。

受铅污染后，芦苇幼苗各器官铅含量大小顺序为根＞地下茎＞茎＞叶片，细胞不同部分铅含量的大小顺序为细胞间隙＞细胞壁＞液泡＞细胞质。水稻铅污染模拟试验的结果表明，各器官铅的富集量差别很大；各器官含铅量的大小次序为根＞叶＞茎＞谷壳＞米。水生维管束植物各器官富集污染物的一般规律与陆生植物相似，但器官之间的差异没有陆生植物明显。

此外，影响淡水水生生物对污染物生物累积的环境条件主要包括水温、盐度、硬度、pH、溶解氧含量和光照状况等。环境条件影响污染物在水中的分解、转化，同时也影响水生生物本身的生命活动过程，从而影响水生生物对污染物的生物富集能力。

1. 温度

温度主要改变变温生物的生理过程，对生物的代谢活动和生物积累有一定的影响。温度对水中污染物的生物转化作用、酶的诱导、残留停滞和毒性均有很大影响。

例如，水温增高，食蚊鱼耗氧量增加，对 DDT 的吸收量也增加，水温升高 15℃，对 DDT 的吸收量增加约 3 倍。食蚊鱼对水中甲基汞的富集系数随着温度的上升而增大，10℃时为 2 500，26℃时为 4 300；从水和食物中同时吸收时，其富集系数：10℃时为 3 000，26℃时为 27 000；但当温度升高时也会提高汞从鱼体内的清除率，从而降低汞在鱼体中的残留量，例如将上述染汞鱼转入清洁水体以后，在温度为 10℃时，排毒 30 d 后鱼肉中汞残留 83%，而在 18℃时残留 40%，26℃时仅残留 11%。

2. 酸碱度

重金属和酸性水体二者对鱼的毒害作用具有协同效应，尤其在低钙条件下该协同效应更为明显。对于多种鱼类，若水中不含高浓度的毒性金属，pH 为 5.0 左右的水质不会引起成鱼的急性死亡；只有 pH 小于 4.0 的酸性水体，低浓度重金属才可对鱼类产生严重的生态毒性效应。此外，水体酸化还可提高一些金属盐类的水溶性，从而使这些金属的生物可利用率增加。

3. 光照

太阳光可以诱发光化学变化直接参与很多环境有机污染物的分解或转化反应。光解作用是有机污染物真正的分解过程，因为它不可逆地改变了污染物分子的结构，对水环境中某些污染物的归趋影响很大。然而，一些有毒化合物的光化学分解的产物可能还是有毒的。例如，辐照 DDT 反应产生的 DDE 在环境中滞留时间比 DDT 还长。环境污染物的光解速率依赖于许多的化学和环境因素。研究硝基芳烃类污染物的光解结果表明，不同光源、光强、溶解氧、pH 和水中杂质等生态环境因子中，光强对污染物的光解影响最大。此外，硝酸根及腐殖质对污染物光解作用的影响也很大。

4. 流速和流量

当水流急的时候，水体可挟入化学物质；水流缓的时候，水体中的化学物质可产生沉淀。化学物质进入淡水环境后，与水混合，并逐渐被稀释，使水体中的浓度大大降低，以致可达到对水生生物无损害的程度。水体的混合稀释能力因流速、流量、河床形状的不同而异。流速大、流量大、河床弯曲不平，其混合稀释能力较强。环境污染物进入水体后，可与水体中的颗粒物或络合物结合，由于重力作用而逐渐沉降到水底，也可使这些化学污染物在水体中的浓度降低。湖泊由于水交换缓慢，更容易积累污染物质。例如，海河流域的蓟运河，1976 年为枯水年，水量和流速减小，水体污染严重，河中无任何底栖生物；1979 年雨量充沛，水污染有所改善，底栖动物种类明显增多，还出现了一些清水生物如浮游稚虫、蜻蜓稚虫和日本沼虾，秋季还发现了蟹、鲚和银鱼等。

（三）淡水环境污染物的生物可利用性

在淡水环境中出现的所有化学物质中，只有一部分对生物体的摄取具有潜在有效性，这个概念被称为化学物质的生物有效性或生物可利用性（bioavailability）。在许多环境介质中化学物的生物可利用性对它的毒性性质和大小有决定性作用。例如，在水相沉积物中的总汞浓度并不一定与摇蚊属（*Chironomus*）的摇蚊幼虫体内的汞浓度相关。在这一例子中，重要的是应考虑汞的形态，如是有机的还是无机的，以及底泥的物理和化学特性[如酸性挥发硫化物（acid volatile sulfide，AVS）的浓度、pH、离子活度等]。大多数情况下，汞不会以单质存在，但会以多种稳定的形式分布。因此，总的汞含量的单一分析结果并不足以描述沉积物中汞存在的危害。

在水体中，污染物的行为和生物可利用性一般与其水溶性直接相关。当水中有某些组分存在时，可能会影响毒物的水溶性。在沉积物中外源性物质的行为和生物可利用性是一个复杂的现象，为了了解水生污染物沉降到沉积物后的结局和分布，必须对金属和非生物或生物成分之间的相互作用进行研究。典型的例子是，汞在沉积物中通过微生物反应被甲基化，而甲基汞比无机汞的生物可利用率大为增加，且毒性更强。

有关在沉积物中影响金属生物可利用性诸过程的研究，可为不同沉积物中金属毒性阈值浓度预测模型的构建提供依据。对沉积物中金属的研究着重于在厌氧环境中的二价阳离子。在这种环境条件下，酸性挥发硫化物（AVS）优先与二价阳离子结合。有关 AVS 的最初研究集中在镉上，它能与 AVS 反应，取代铁生成硫化镉沉淀：

$$Cd^{2+} + FeS \longrightarrow CdS + Fe^{2+}$$

假如沉积物中 AVS 的量超过镉的加入量，在沉积物或底泥的间隙水中镉浓度就不能检出，而且镉也不具生物可利用性，因此，此时的镉是没有毒性的。这个过程可被拓展到其他阳离子，包括镍、锌、铅、铜、汞等，也许还有铬、砷和银。

此外，有热力学证据表明一个二价阳离子（如 Cu^{2+}）的存在，可能取代原先以比较弱的键结合的二价阳离子（如 Cd^{2+}）。如果取代反应的结果是生成不溶性的铜硫化物和可溶性的镉化合物，则会导致铜的生物可利用率降低，而镉的生物可利用率增大。因此，沉积物或底泥中的金属生物可利用率可通过测量 AVS 和同步提取的金属（simultaneously extracted metal，SEM，在 AVS 提取时产生的）进行预测。如果 SEM 与 AVS 的物质的量比＜1，可认为该金属（SEM）低毒或无毒；如果物质的量比＞1，可认为该金属（SEM）能致敏感物种损伤甚至死亡。对于这个方法，并非没有争论。尽管许多科学家相信，在厌氧沉积物中的二价阳离子的生物可利用性方面，AVS 扮演着重要的角色，但大多数人认为仅用 AVS 不能预测金属的生物可利用性。其他的沉积物包括氧化物和氢氧化物无疑在金属的生物可利用性上也有作用。另外，在沉积物中栖息的生物对周围环境的氧化能力可使金属硫化物的结合键断裂。

此外，平衡分配理论认为，在沉积相或底泥中存在水相和固相，测定污染物在间隙水和固态的有机碳部分之间发生的平衡分配系数，可以预测底泥中污染物的毒性。这个理论假设，污染物在间隙水中的浓度 - 效应（或反应）关系，与在单一水相中该污染物的浓度 - 效应（或反应）关系是一致的。因此，在间隙水中的污染物的毒性可以用在水体中对该污染物的生物评估结果来预测。这个理论的一个假定是，对于这些化合物，栖息在沉积物中的生物仅仅是通过间隙水接受污染物的暴露，而且分配在固相上的污染物没有生物可利用性。

第三节　环境污染物对淡水生态系统的生态毒理学效应

人类的生产和生活活动使大量污染物进入水体，导致水环境公害事件不断发生，同时对水域生态系统也产生了严重的危害。就淡水生态系统而言，淡水污染产生的生态毒理学后果主要表现为河流水质下降、湖泊富营养化、生物多样性锐减以及淡水生态破坏事故经常发生。与其他生态系统相比，淡水生态系统的物种密度最大，是地球上最脆弱的生态系统之一。过去 100 年间，世界有一半的湿地遭到破坏。在世界淡水鱼类中，有 20% 的种类受到威胁，濒临灭绝。研究发现，在北美的淡水水生动物是面临灭绝危险最大的野生动物群体，其灭绝速度是陆地动物种类的 5 倍。

环境污染物对淡水生态系统的生态毒理学效应可在以下几个层次上进行分析：分子水平、细胞水平、组织器官、个体、种群、群落、生态系统水平。不同层次的研究对于探索水域生态系统风险预警和生态修复具有重要价值。

一、分子水平

分子生物学理论和技术的快速发展使从分子水平探索环境污染物对生态系统产生毒性作用的机制成为可能。分子水平的研究使人们能够尽快确定环境污染物的早期检测终点（endpoint）并进行早期预警（early warning）。例如，美国伊利湖中的一种底栖鲈鱼（*Perch fercaflavescens*）因接触环境污染物而对其他不利环境因素（如低温、高盐等）的适应性显著降低，利用分子生物学技术研究发现，这种降低源于该类生物种群的遗传变异性水平的降低。

从生物化学变化的角度来看，由于某些酶的活性可以反映出淡水生态系统污染程度的大小，现已将此类酶作为特定污染物的生物标志物。例如，鱼脑中的乙酰胆碱酯酶（acetylcholinesterase，AChE）的活性下降可以反映出水中有机磷、氨基甲酸酯的污染程度。鱼血清中谷氨酸草酰乙酸转氨酶（glutamic oxaloacetic transaminase，GOT）升高，指示水体中有机氯杀虫剂和汞污染严重，鱼体内肝脏受损。

环境污染物对淡水生态系统中的各种生物均可产生多种分子生物学效应，如引起细胞DNA损伤、基因转录水平的变化、蛋白质结构及功能的改变及酶活性的变化等。重金属如铅、镉、铜、锌等，一方面对水生生物具有遗传毒性，可导致水生生物（如鲫鱼等）染色体和DNA分子的变异；另一方面也可引起非遗传性毒性效应，如诱导鱼类金属硫蛋白（MT）转录水平升高；同时重金属还可导致体内产生大量的活性氧自由基，这些自由基可引起细胞DNA断裂、脂质过氧化、酶蛋白失活等，从而使暴露生物遭受多种损害。

近年来，随着组学技术的发展，一种或多种组学技术（包括基因组学、转录组学、蛋白质组学、代谢组学及表观遗传组学等）被引入淡水生态系统生态毒理学研究中。DNA微阵列（DNA microarray）又称DNA阵列或DNA芯片，是一块在数平方厘米面积上安装数千或数万个核酸探针涂层的特殊玻璃片。经由一次测验，即可提供大量基因序列相关信息，是基因组学和遗传学研究的重要工具。目前，已有多个物种的商业化芯片用于水生生态毒理学研究。利用cDNA芯片，将大型蚤野外样本的基因表达谱与室内暴露研究进行比较，发现二者的基因表达谱是一致的，从而证明基因组的表达分析可以用来预测特定的环境污染物。应用转录组学分析技术有助于揭示“水华”发生时浮游动物耐受藻毒素毒害的分子机制。单一或复合重金属（如三价砷、五价砷和镉等）污染对大型蚤蛋白质组学的研究，鉴定出了多种发生变化的蛋白质均可用于作为淡水生态系统重金属污染的生物标志物。对环境污染物引起水蚤代谢组学变化的研究，对于淡水生态系统代谢生物标志物的筛选具有重要价值。表观遗传组学研究发现，在环境毒物的暴露下，水蚤的体长、产卵量和性别分化等受到影响，而相应水蚤的生长和繁殖相关基因的DNA甲基化也发生异常改变。

总之，探讨淡水生态系统中环境污染物对生物组分的分子毒理效应，对于研究淡水生态系统生物标志物和探讨淡水生态系统生态毒性作用的机理是非常重要的。

二、细胞、亚细胞及器官水平

淡水生态系统中的生物组分受到环境污染物的胁迫时，在尚未出现可见症状之前，就已在细胞和组织水平出现生理生化与显微形态结构等微观方面的变化。了解这些变化对探讨和确定水域生态系统风险预警及其生物标志物有重要价值。

1. 环境污染物对植物细胞、亚细胞水平的效应

淡水水生植物细胞及其细胞器对重金属等环境污染物的毒性作用非常敏感，且有明确的剂量－效应关系。例如，挺水植物水花生（*Alternanthera philoxeroides*）经15 mg/L Cd^{2+}处理后的根细胞，细胞核受害较轻，核膜轻微破损，核质出现凝聚；当浓度达到20 mg/L时，在分裂期的根尖细胞核膜凹凸不平，部分受损，染色体凝聚；当浓度高达40 mg/L时，根细胞核核质进一步浓缩，核周腔普遍膨大，核膜多处破裂消失，核结构解体，细胞中其他结构多数遭破坏，细胞趋于死亡。又如，多年生沉水草本植物菹草（*Potamogeton crispus*）用 1 mg/L 的 Cd^{2+} 处理后，其叶细胞的细胞核没有任何变化；当浓度达到 10 mg/L 时，核仁分散成数个小核仁，核膜尚保持完整；当浓度高达 50 mg/L 时，细胞核大部分消失，空泡化现象明显，且核膜还有断裂。

植物的叶绿体、线粒体等细胞器对环境胁迫因子也很敏感。例如，在盐湖水中除了氯化钠还含有多种元素化合物，在其中生长的芦苇，其叶肉细胞中的叶绿体由正常的椭圆形变为圆形，在叶绿体周围出现聚集紧密、数目较多的线粒体，叶绿体的类囊体膨大明显，且排列紊乱、扭曲、松散；类囊体膜局部被破坏，部分类囊体膜解体，空泡化，甚至消失，一些溶解了的类囊体其内含物流进细胞质中。

2. 环境污染物对动物细胞及器官的效应

淡水水域环境污染物对动物内脏的破坏作用非常明显，可造成淡水动物骨骼发育畸形，引起肝、肾等组织器官及血液发生病理性变化。例如，用含镉（0.01 mg/L 和 0.05 mg/L）水分别饲养鲤鱼 50 d 和 30 d 后，鲤鱼的脊椎发生弯曲，用 X 射线透视发现变形鱼脊椎骨有空洞现象。鲫鱼经 Cu^{2+} 处理后白细胞数大为增加，红细胞数和血红蛋白量也发生了较大变化。底鳉鱼在 PAHs 污染条件下可诱发肝脏肿瘤发生。农药氯丹可使虹鳟鱼肝脏退化；浓度为 3.2×10^{-4} mg/L 的 DDT 可使虹鳟鱼鱼苗肝脏出现空泡。

三、个体水平

1. 环境污染物对淡水生物形态结构的影响

生物形态结构的变化是淡水水生生物受到污染物严重损害的基本指标。用浓度为 6.5 mg/L 的萘处理，可使水花生幼嫩叶片失绿、萎蔫甚至腐烂；当浓度为 16.1 mg/L 时，成熟叶片出现由绿变紫红的损伤现象。

水污染还可引起鱼类的鳍和骨骼变形，甚至发生肿瘤。当铅浓度为 1 mg/L 时，鱼的形态开始出现弯曲变形现象（图 8-1），鱼肝瘤和其他肝病变也多有发生。研究还发现，三丁基锡（TBT）可以引起软体动物畸形发生。

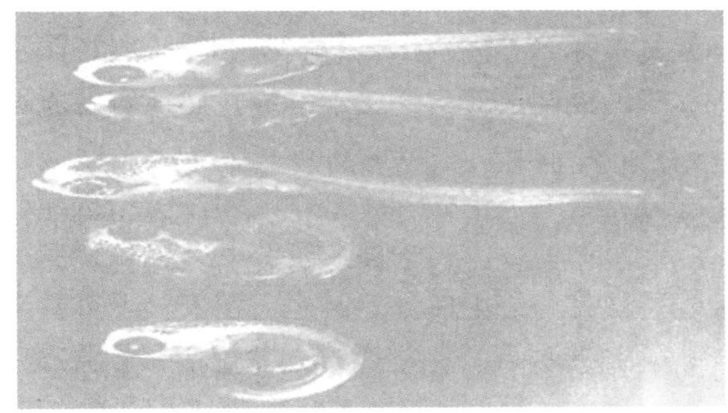

图 8-1　正常水体和受铅污染水体中鱼的形态对比

注：前三只鱼是在不含铅水中鱼的形态，后两只鱼是暴露于 10 mg/L 铅的鱼的形态。

2. 环境污染物引起淡水生物生长抑制与死亡

毒性较大的环境污染物可对淡水生物产生严重毒害作用，其中对淡水生物毒害最强烈的有氰化物、硫化物、铜盐、铅盐、汞盐等无机物，其次为甲酚、酚、环烷酸等有机物。这些物质对水体污染轻者可影响水生生物的生长发育，污染严重时，藻类、浮游动物、鱼类和底栖生物的生长繁殖均可受到抑制甚至死亡。鲫鱼在镉浓度为 0.01 mg/L 的水体中

8～18 h 就会出现死亡。水中悬浮物还可以伤害鱼鳃，浓度很大时甚至使鱼死亡。悬浮物沉淀时，由于覆盖水底而引起底生生物死亡。

污水中所含的溶解和悬浮的有机污染物进入水体后，在微生物作用下进行强烈的氧化分解反应，大量消耗水中的氧气。由于急剧降低水中的溶解氧和放出有毒气体（如 H_2S、NH_3、CO_2 等），水生生物大量死亡。例如，中国四川盆地的母亲河——沱江，全长 550 km，由于河水污染，先后发生过 16 次阵发性死鱼事件，最严重的一次，至少有 10 万 kg 鱼死亡而浮于水面。

3. 环境污染物对水生植物光合作用和呼吸作用的影响

淡水环境中的污染物还可影响水生植物的光合作用和呼吸作用。例如，当 Cd^{2+} 在 1 mg/L、2 mg/L 浓度下，荇菜（*Nymphoides peltatum*）的光合作用和呼吸作用都有明显增强的现象，而当浓度为 5 mg/L 时，其光合作用、呼吸作用短暂增强后，又呈明显回落状态，处理时间越长，毒害作用越明显。此外，水中悬浮污染物可遮挡光线，阻碍水生植物的光合作用。

4. 环境污染物对淡水生物行为的影响

水环境污染会对淡水生物行为（behavior of freshwater organisms）可产生严重影响。若水环境温度、光照、污染、辐射等因素使水生动物行为改变超过正常变化的范围，就会产生行为毒性。鱼类所有的行为都易受到环境污染物的影响。淡水环境中的污染物所造成的鱼类回避和社会行为的毒性作用可使水环境中鱼类的组成、区系分布发生改变，从而影响原有的生态平衡。例如，在含有一定浓度的 DDT 水中生长的鲑鱼，对低温非常敏感，它被迫改变产卵区，把卵产在温度偏高的、鱼苗不能成活的水中，导致该鱼群密度下降。

鱼类受到外来侵袭时，其皮肤上皮细胞会释放一种示警物质作为化学信号，其他鱼群通过嗅觉器官接收这一信号之后，便会本能地回避这一危险的环境。用亚致死剂量锌 5 μg/L 处理雌鱼 9 d，锌能破坏嗅觉和味觉上皮组织，丧失对示警信号和食物的感知功能，导致行为异常，从而影响繁殖能力。研究发现，暴露于含镉水体中 7 d，鱼群对示警物质正常的回避行为消失；鱼体荧光放射性自显影证实，嗅觉器官对镉的蓄积比其他器官高，导致鱼体行为异常。显然，水环境中的锌、镉等破坏了鱼群对示警物质的正常行为和生理反应，改变了鱼群的回避策略。此外，鳟鱼鱼群暴露于含镉水体中 24 h，可导致其与非暴露鱼群的对抗能力下降，转移至清洁水中净化 5 d 后，对抗能力可基本恢复正常，表明环境污染物对鱼体行为的轻微损伤是可逆的或部分可逆的。

5. 环境污染物对水生动物繁殖的影响

某些淡水中的污染物对动物繁殖（animal reproduction）有影响。有机氯农药对鱼类、水鸟、哺乳动物的繁殖有严重影响。鳟鱼卵中的 DDT 含量大于 0.4 mg/kg 时，孵化出的幼鱼的死亡率为 30%～90%；0.02～0.05 mg/kg 的 γ- 六六六可使阔尾鳟鱼卵母细胞萎缩，卵黄形成受抑，且可抑制黄体生成素对排卵的诱导作用，使卵中的胚胎发育受阻。有机氯农药还能使许多鸟类蛋壳变薄，例如 DDT 污染使加拿大安大略湖等地区的鸬鹚蛋壳厚度降低了 2.3%，21% 的鸬鹚的嘴也发生了畸变。狄氏剂、PCBs、毒杀酚等具有雌激素的作用，能干扰内分泌系统，甚至可使雄性动物雌性化。例如，用剂量为 5 mg/kg 的 PCBs 喂水貂，可使其丧失繁殖功能。

四、种群、群落水平

1. 环境污染物的种群效应

环境污染物对淡水生态系统的生物种群所产生的效应主要体现在种群密度、年龄组成、性别比例、出生率和死亡率的改变上。

较高浓度环境污染物可以引起水生生物种群在短时间内发生种群数量减少，甚至趋于灭亡；而较低浓度下长期接触环境污染物的生物种群可能对毒物产生耐性和抗性。不同种群对水污染的敏感性和耐性不同。生物的瞬时耐性可能来源于如金属硫蛋白合成和混合功能氧化酶激活这种短期生理适应。敏感性和耐性也可产生于生物对污染物的遗传适应机制，即污染环境对暴露生物的选择作用可导致具抗性基因型个体增加，当这些生物体再放回清洁水中时，遗传耐性依然存在，且能传给下一代。

不同种群对水中污染物的敏感性和耐性不同。例如，蓝藻中的螺旋藻属（*Spirulina*）和小颤藻（*Oscillatoria tenuis*）可在污染严重的水体中生存，而硅藻中的等片藻（*Diatoma*）和绿藻中的凹顶鼓藻属（*Euastrum*）则喜欢在清洁的水体中生活。因此，可以用不同种群作为监测生物来评价水体的污染状况。

环境污染物对淡水生物种群或群落的毒性作用符合剂量－反应（或效应）关系。以硝基芳烃类有机污染物对斜生栅列藻（*Scenedesmus obliquus*）种群的毒性作用研究为例，当对－硝基甲苯浓度为 2×10^{-4} mol/L 时，藻类生长抑制率为 23.67%，此时，细胞的生长和繁殖受阻；浓度为 2.26×10^{-4} mol/L 时，藻类生长抑制率为 57.14%，此时的细胞核和细胞器解体；浓度为 3.16×10^{-4} mol/L 时，藻类生长抑制率为 73.97%，此时，细胞的原生质解体。

2. 环境污染物的群落效应

正常水体具有协调的群落结构和功能。而当水体受到污染时，敏感种类消失，耐污种类数量增加，物种多样性下降，群落结构改变或破坏，群落功能失调。例如，在发生原油泄漏之类的灾难性事件后，一般来说，水生生物的群落结构会发生改变或破坏，某些幸存种类的种群会不同程度地突然增加。

目前对群落变化的研究多以大型底栖生物为对象，因为它们具有种类多、数量多、生活场所相对固定和易于采集的特点。一般而言，在严重污染之后，可观察到底栖群落的变化。一些种类已不复存在，一些种类的种群明显减小，而另一些种类密度加大。例如，长江河口南岸底栖生物共 30 种，主要由环节动物和软体动物组成，平均生物量为 80.93 g/m^2，平均密度为 4 098 个 /m^2，由于直接受上海市工业废水和生活污水的污染，不耐污的种类逐渐消失，耐污种却大量滋生，结果导致底栖生物群落遭到严重破坏。

在同一群落中，不同种群对污染物的敏感性有一定的差异。以单甲脒农药对群落的影响为例。不同浓度单甲脒处理 2 周后，藻类种类减少 50%～75%，多样性指数明显下降。藻类群落结构变化明显，绿藻比例增加，占比多达 98.89%，硅藻、蓝藻、裸藻仅占 1.11%，隐藻、金藻、甲藻和黄藻全部消失。

单甲脒农药对大型水生植物生长的影响也非常明显，经过高浓度单甲脒农药处理 2 周后，挺水植物受到严重伤害，全部下沉水底，不能正常挺立水层；在浓度较高的处理组，挺水植物也逐步表现出受害症状，如叶片脱落，色素变黄等，但浓度较低的处理组挺水植物未见明显变化。可见大型水生植物对单甲脒农药的抗性比藻类强。

高浓度单甲脒农药处理下，秀体溞属（*Diaphanosoma*）和低额溞属（*Simocephalus*）等浮游甲壳动物很快死亡，耐性最强的盘肠溞类也在 2 周内全部被杀灭；底栖动物除少量耐污的颤蚓外，大部分也于 2 周内被杀灭。在单甲脒农药处理组，浮游动物种类及多样性指数也有不同程度地下降。

比较各类生物群落的变化可见，藻类群落对单甲脒农药的反应最为敏感，浮游动物和大型水生植物其次，底栖动物较强，好氧异养菌耐性最强。

五、生态系统水平

在淡水环境中，当污染物在一定的时空范围内持续作用于水生生态系统时，生态系统物质流动和能量流动受阻，生态系统的健康受到影响，逐步走向衰退。长期环境污染对水生生态系统的生态毒理学效应主要包括生物多样性丧失（如遗传多样性丧失、物种多样性丧失和生态系统多样性丧失等）、生态系统复杂性降低及自我调控能力下降等。

1. 农药污染

农药污染对淡水生生态系统的危害很大。例如，在 12.5～50.0 mg/L 高浓度单甲脒农药的作用下，藻类和水生植物的光合作用十分微弱甚至完全停止，导致水体生物产氧量急剧下降，呼吸量大于产氧量，水体 pH 和溶解氧量也明显降低，藻类和水生植物严重受损甚至死亡，生态系统的功能明显衰退。在这种营养物质和氧气缺乏的水体中，鱼类等消费者的死亡率增加，生态系统受到严重损害，随着时间的延长，生态系统结构与功能受损越来越严重，到一定严重程度将不可恢复。

2. 酸雨

酸雨对水生生态系统的影响非常严重。酸雨可引起湖泊水体酸化，使鱼卵不能成功孵化、鱼类失去繁殖能力甚至死亡。酸雨也可使土壤矿物质中的有害重金属转化为可溶形式而渗入水体，使多种水生生物生长减慢甚至死亡。此外，酸雨还可使水体中的微生物活动受到抑制，影响水体有机物的分解、营养成分的释放及物质与能量的循环。

通常鱼类生长的最适 pH 为 5～9；pH 在 5.5 以下时鱼类生长受阻，产量下降；pH 在 5 以下时鱼类生殖功能失调，繁殖停止。由于酸雨的影响，鱼类在许多湖泊中消失。

鱼胚和鱼苗阶段是鱼类生活周期中对低 pH 最为敏感而且最易死亡的阶段。比较 96 h 半数耐受（或致死）水平，鱼的胚胎比仔鱼对低 pH 敏感 10 多倍；不影响鱼苗存活的 pH 的下限为 5.5，而不影响鱼胚存活的 pH 的下限为 6.0；当水体 pH 为 4.0 时，鱼卵不能孵化；而 pH 在 4.0 以下时，鳃组织严重损伤，气体交换受阻，鱼窒息死亡。

水体酸化对其他水生生物的影响也很严重，例如，可使多种藻类和浮游动物种类减少、种群密度降低，间接影响高一营养级生物的生存，使生态系统中食物链的物质与能量循环受阻。

3. 淡水富营养化

在多数富营养化水体中，蓝藻数量多且为优势种，但也有部分湖泊中绿藻为优势种；随着水体富营养化程度加重，原生动物数量增多，而轮虫和棱角类、棱足类动物减少或消失。

淡水富营养化（eutrophication in freshwater）引起某些种类的水生生物特别是某些藻类的生长过旺，大量消耗水中的氧和营养物质，使多种好氧水生生物（包括好氧的分解者）由于缺氧而死亡，残留的尸体分解缓慢，水质极度恶化，对淡水水生生态系统造成严重破坏。淡水湖泊常见的“水华”现象就是由于淡水富营养化引起某些藻类，如蓝藻（严格意义上应称为蓝细菌）、绿藻、硅藻等疯长所形成的。“水华”发生时，水体呈蓝色或绿色。形成“水华”的这些藻类可产生大量藻毒素使水源污染，藻毒素可以引起多种生物特别是鱼类死亡，并可通过饮水或食物链影响人体健康。例如，蓝藻“水华”产生的藻毒素能损害肝脏，具有致癌作用。又如，澳大利亚曾经发生在以铜绿微囊藻污染严重的水库作为水源的居民中，很多居民肝脏受损，导致其血清中某些肝脏酶含量增高。对中国泰兴肝癌高发区不同饮用水类型的人群进行比较研究后发现，长期饮用微囊藻毒素（microcystins，MCs）污染的水，导致血清谷丙转氨酶（alanine aminotransferase，ALT）、碱性磷酸酶（alkaline phosphatase，ALP）和γ-谷氨酰转移酶（gamma-glutamyl transferase，γ-GT）等肝损伤指标显著高于对照组，此外也导致血清乙型肝炎病毒（hepatitis B virus，HBV）感染标志物水平升高，表明饮用者对乙型肝炎病毒感染的抵抗力降低。

4. 环境突发事件引起的多种化学物污染

环境污染突发事件的发生常常导致大量不同种类的有毒有害化学物排入淡水水体，使水体中的污染物浓度在短时间内急剧升高，引起水生生态系统严重破坏，大量水生生物特别是鱼类死亡。在这种情况下，虽然对水体水质的破坏可能是短时间的，但对水环境生态系统的破坏往往是严重的和长久的，如果要使其恢复到原来状态需要很长时间。例如，1986 年 11 月 1 日发生在瑞士的莱茵河化学污染事件，由于瑞士巴塞尔市桑多兹（Sandoz）化学公司化学品仓库起火，大量剧毒的杀虫剂、除草剂、除菌剂、溶剂和有机汞等和灭火剂排入莱茵河，有毒物质形成 70 km 长的微红色飘带向下游流去。在巴塞尔下游各种鱼类大量死亡，特别是鳗鱼死伤最为严重。供鱼食用的水生动物也受到严重影响，栖息的小动物（如蜗牛、蚌、蠕虫、小虾）数量明显减少。这次环境污染突发事件殃及莱茵河流经的瑞士、德国、法国及荷兰四国河段共 835 km，使该河流下游的水生生态系统甚至莱茵河下游的河流景观受到严重损害。

5. 外来水生生物种入侵

外来水生生物种入侵对淡水水生生态系统的危害非常严重。例如，凤眼莲在一些湖泊中疯狂生长，侵占湖泊水面，使水中生物种类锐减。云南滇池水面曾一度被凤眼莲大面积侵占，使湖中 68 种土著鱼种竟有 38 种面临灭绝，16 种植物难觅踪影。有统计资料指出，凤眼莲入侵每年造成的经济损失高达 80 亿～100 亿元。云南大理洱海原产鱼类 17 种，曾经由于人们无意中引入 13 个外来鱼种，使原有的 17 种土著鱼种中的 5 种濒临灭绝，而后者恰是具有重要经济价值的洱海特产。

食蚊鱼（*Gambusia affinis*，图 8-2）入侵是外来水生动物入侵破坏水域生态系统的典型事例。食蚊鱼又叫大肚鱼或胎鳉，是胎鳉科食蚊鱼属鱼类。原产地为美国南部和墨西哥北部。最初是作为蚊子的生物防治天敌有意引进的。因其能随船舶做长距离传播，又嗜食孑孓，认为可预防疟疾而被广泛引进到世界各地。1911 年引入台湾，

图 8-2 食蚊鱼

1927 年从菲律宾引入上海。由于食蚊鱼可生活于咸水、淡水，更可沿海岸线扩散到沿海江河中，所以现已散布于长江以南的各种低地水体中（如湖泊、池塘、水沟等），分布区域有香港、台湾、广东、海南、上海、江苏和福建等。事实上，已有很多实验证明，食蚊鱼并不特别喜欢食孑孓，捕食孑孓的能力也并不比食性相近的当地鱼类强。食蚊鱼适应环境能力强，能生活于不同环境的水体中，且对温差、低氧及污染物的耐受性强。卵胎生，生长速度快，繁殖能力强。由于竞争力强，对生态位相似的当地鱼类造成相当大的压力，而且还会袭击体形比自己大 1 倍的鱼类。目前，食蚊鱼在华南已取代了当地青鳉鱼（*Oryzias latipes*），成为当地低地水体的优势种，威胁到这些青鳉的生存，甚至影响当地蛙类、蝾螈等两栖动物的生存。

思考题

1. 名词解释

淡水生态系统、湿地、微宇宙、中宇宙、生物可利用性

2. 举例说明鱼鳃吸收环境污染物的方式及影响因素。
3. 试述环境污染物的生物富集与动植物不同器官的关系。
4. 简述组学研究在淡水生态系统生态毒理学研究中的作用。
5. 环境污染物对水生生物个体水平的生态毒理学效应主要有哪些？
6. 环境污染物在生态系统水平上对水生生物有哪些危害？

第九章　海洋生态系统生态毒理学

海洋作为地球生命的起源，是地球最大的生态系统，其表面积约为 3.62×10^8 km^2，约占地球总表面积的 71%。海洋可接收和蓄积太阳能，并与大气进行物质和能量交换，是全球气候的重要调节者。海洋物产资源丰富，拥有庞大的生物体系。据统计，我国海洋生物有 2 万多种，约占全世界海洋生物总数的 10%。

海洋对人类的生存与可持续发展有着极为重要的意义，然而随着全球工业化发展，沿海人类活动频繁，浅海、滩涂水产养殖膨胀，港口、码头海运活跃，以及海上石油的开发，城市化达到前所未有的发展速度，大量工业废水和生活污水排放入海，部分海域遭到不同程度的污染，对海洋生物、沿海居民生活环境、海水质量以及人们的健康都有一定影响。海洋生态毒理学是研究环境污染物特别是环境化学污染物对海洋生物及其生态系统的危害与防护的科学。也就是说，它主要研究环境污染物对海洋生态系统的生物和非生物成分的影响，及对生态系统物质流、能量流和信息流等的毒性作用，并综合性评估其生态风险，为制定海洋环境保护相关政策和污染防治措施提供科学依据。

海洋是地球上最大的活跃碳库，是地球上最重要的“碳汇”聚集地。2009 年，联合国环境规划署、粮农组织和教科文组织政府间海洋学委员会（Intergovernmental Oceanographic Commission，IOC）发布了《蓝碳：健康海洋对碳的固定作用——快速反应评估报告》，提出了蓝碳的概念，即蓝碳是指利用海洋活动及海洋生物吸收大气中的二氧化碳，并将其固定、储存在海洋的过程、活动或机制。红树林、海草床和滨海盐沼组成了“三大滨海蓝碳生态系统”。报告指出，在世界上每年捕获的碳，即光合作用捕获的碳中，一半以上（55%）由包括浮游生物、细菌、海藻、盐沼和红树林等在内的海洋生态系统所捕获。据测算，海洋碳储量是陆地碳库的 20 倍、大气碳库的 50 倍，在应对全球气候变化、保护生物多样性和实现可持续发展等方面发挥着重要作用。由此可见，通过学习和研究海洋生态系统生态毒理学，了解海洋环境污染对其生态系统的危害作用与防护对策，不仅有重要的理论意义，而且有重要的应用价值。

第一节　海洋环境污染概述

海洋处于地球上的最低处，来自陆地、海洋自身以及通过大气传输的污染物，最终都可能进入海洋环境。虽然海洋可以通过洋流运动进行物质交换和循环，对排入其中的污染物也有一定的稀释、扩散、氧化、还原和自净的能力，然而人类的频繁性活动导致污染物的持续性输入已超过海洋的自净能力。

海洋环境污染的 80% 来自陆地，其中很大一部分来自非点源污染。例如，农业和城镇居民过量使用的肥料、除草剂和杀虫剂、个人护理品以及农牧业养殖产生的排泄物和废弃物、工矿业废水等。其污染种类和含量除受人类生产活动影响外，还与土壤、植被、降雨以及地表径流等自然条件密切相关。海洋环境的点源污染主要包括沿岸工矿企业和海底钻探开发的排污，以及海上船舶运输和突发的海上事故等，其污染物和倾泻物可直接进入水体。此外，大气也是许多天然物质和污染物从陆地输送到海洋环境的重要途径。营养盐（如氮和磷）、重金属、矿物质和持久性有机污染物等均可随着大气的干、湿沉降过程进入海洋环境。

海洋环境中的污染物有多种分类方法，从毒理学角度，把进入海洋环境中的污染物分为化学性污染物、物理性污染物和生物性污染物三大类。

一、化学性污染物

1. 生活污水及有机废弃物

主要是从沿海城市排放的生活污水和印染、食品、酿造、造纸等轻工企业排放的含有色素颜料、糖类、脂类、酒渣、纤维素、木质素等的废液，以及沿岸鱼类、虾类等养殖场排放的饵料残渣、生物残骸、代谢排泄物等有机废弃物和营养盐。营养盐含量的增加，会引起局部水域富营养化，常常导致赤潮的发生。

2. 石油及石油产品

主要包括原油和从原油中分馏出来的溶剂油、汽油、煤油、柴油、润滑油、石蜡、沥青等，以及经过裂解、催化等生成的各种产品。目前全球每年排入海洋的石油污染物约1 000万t，其主要来源包括：船舶和海上石油平台排放含油废水，油轮漏油及压舱水、洗舱水的排放，海底油田开采溢漏，油井、油轮事故，石油的自然泄漏及石油烃的大气沉降等。

3. 重金属

海洋环境中的重金属主要来自工业废水、矿山废水、污泥和大气中的颗粒物质等，包括铅、铜、锌、汞、镉、银、铬、镍、砷等。它们是海湾、河口以及近岸水域环境中的主要污染物。海水中含有多种能与重金属生成络合物的配位体，包括无机的（如 Cl^-、CO_3^{2-}、S^{2-}、PO_4^{3-}、NH_4^+ 等）和有机的（如氨基酸、多肽、络合剂、腐殖酸等）配位体。它们决定了海水中重金属的存在形态，并进而影响其对生物体的毒性效应。

4. 农药

主要源自森林、农田等农药施用而随水流迁移入海，或逸散入大气后经扩散而沉降入海。农药种类繁多，主要包括含汞、砷、铅、铜等的重金属农药、有机磷农药，百草枯、蔬草灭等除草剂，DDT、六六六、狄氏剂、艾氏剂等有机氯农药。有机氯农药性质稳定，能在海水中长期残留，对海洋的污染较为严重，并由于其疏水性易在生物体内富集，通过食物链进入人体，对海洋生物和人类危害较大。

5. 有机锡化合物

有机锡化合物是一种由锡和碳元素结合形成的金属有机化合物，分为烷基锡化合物和芳香基锡化合物两大类。在海洋环境中，有机锡化合物曾被广泛地应用于防止海洋附着生物如海藻、软体动物、海绵等对船体、码头和钻井平台的侵蚀，是迄今为止由人类活动大量引入海洋环境中最毒的物质之一，其在水体和沉积物中低浓度时就可以对水生生物产生高毒性，影响生物的生殖及繁衍，甚至诱发海洋腹足类生物发生性畸变。目前，该类化合物的使用已被欧盟进行严格的管控和限制，国际海事组织（IMO）也对所有类型的船舶禁用含有三丁基锡的防护漆，然而作为一类相对持久性的有机污染物，有机锡化合物对海洋环境的生态影响仍不容小觑。

6. 个人护理品和药品

个人护理品和药品（PPCPs）涵盖了人类和动物使用的药物、香料、防晒品、化妆品和家庭日用品等。海洋环境中 PPCPs 主要通过污水处理厂和下水道、化粪池、水产养殖、农业以及垃圾填埋场渗滤液、地表径流等排放进入水体环境中。目前不同种类的 PPCPs 在中国河口以及沿海海域被广泛检出。以抗生素为例，中国是其生产和使用的大国之一。抗生素被广泛添加在饲料和养殖水体中，应用于防治细菌感染、保护动物、植物安全和维护生殖性能的健康等海洋养殖业领域。抗生素的滥用可导致人类和动物体内抗性基因的产生，海水养殖作为海洋环境中一个重要的抗生素污染源，抗性基因在海洋中的传播、迁移以及对生态系统的潜在危害已引起广泛的关注。

二、物理性污染物

物理性污染一般分为悬浮物质污染、热污染和放射性污染。

1. 悬浮物质与塑料污染

悬浮物质污染是指海水中含有的不溶性物质，包括固体物质和泡沫塑料等，主要是由生活污水、垃圾、采矿、采石、建筑、食品加工、造纸等产生的废弃物通过河流进入海洋环境，尤其是河口区的污染比较严重。悬浮物质会影响水体外观、妨碍光照而影响水中植物的光合作用、干扰水生生物的正常生理功能。

塑料是一类由石油或天然气提取并合成的有机聚合物，化学组成主要包括聚乙烯、聚苯烯、聚苯乙烯、聚氨酯、聚酰胺等。其性质稳定，不易分解，可长期存在于海洋环境中。海洋塑料垃圾主要来源于陆源输入，即人类生活产生的塑料废弃品、工农业生产中产生的塑料碎片以及污水处理过程中的塑料颗粒等。塑料垃圾根据其粒径主要分为：①大型塑料（macroplastic），包括渔网、聚苯乙烯泡沫等塑料碎片；②直径小于 5 mm 的微型塑料（microplastic），其主要来源包括生产和使用过程中产生的塑料纤维和颗粒，以及大型塑料的碎片化和降解；③纳米塑料（nanoplastic），指直径小于 1 μm 或小于 100 nm 的塑料微粒。微塑料甚至塑料碎片经常被一些海洋动物误认为是食物而摄食，从而引起机体损伤，甚至死亡。

塑料垃圾对海洋生物的影响主要包括：由塑料缠绕和误食等引起的海洋鱼类、鸟类及哺乳类动物等健康损伤，甚至死亡；海洋物种随漂浮的海洋塑料碎片转运到新的栖息地成为外来的非本地物种；大量塑料碎片沉降对海洋底栖生物的健康造成影响等。此外，微型塑料作为一类比表面积较大的塑料颗粒，可吸附不同种类的有毒污染物，并可通过生物富集和食物链放大等作用而增加其海洋生态风险。

当前，环境塑料污染已经成为生态毒理学研究的热点问题之一。有研究报道，塑料缠结每年可引起 4 万余只海豹死亡，而 52% 的海龟吃过塑料污染物，且因此会导致海龟肠道堵塞、肠壁穿孔或吸收塑料中的化学物质而受到损伤，甚至死亡。研究还发现，微塑料还会沿着食物链，从低营养级生物传递至高营养级生物。聚苯乙烯纳米颗粒会沿着栅藻—大型蚤—鲫鱼三级食物链传递，最终蓄积在鲫鱼体内，导致鲫鱼的群集行为、生理状态和脂质代谢效率均发生改变。此外，在食物链传递过程中，微塑料携带的有毒污染物以及病原微生物可能会一起转移至高营养级生物，并在高营养级生物体内扩散，最终危害海洋生态系统乃至人类的健康。

2. 热污染

热污染主要来源于各种工业冷却水的排放，若不采取措施，直接排放将导致周围海水温度升高，溶解氧含量下降，水中存在的某些污染物的毒性增加等现象，从而危及海洋鱼类等生物的生长等。

3. 放射性污染

放射性污染主要来源于核试验、核舰艇以及核工业排污等，海洋环境中检测到的核素主要有 ^{137}Cs、^{90}Sr、^{239}Pu 等。放射性物质可以被海洋生物富集并危害海洋生态乃至人类健康。Pu（钚）同位素（^{238}Pu、^{239}Pu、^{240}Pu、^{241}Pu、^{242}Pu）等放射性物质是人类利用原子能的产物，其半衰期很长，目前被认为是海洋中重要的放射性污染物之一。

三、生物性污染物

人类生活及生产活动所排放的生活污水和工业废水将一些致病细菌、致病病毒及寄生虫等带入海洋环境，导致海洋生物污染。例如，原来存在于人畜肠道中的伤寒、副伤寒、霍乱细菌等病原菌都可以通过人畜粪便的污染而进入水体。副溶血性弧菌是海洋环境中的常见菌，也是海洋水产动物体内的一种条件致病菌，当环境条件恶化时便会表现出特有的致病力。该菌对动物有侵袭作用，其产生的一些物质有溶血活性和肠毒素作用，对心脏也有毒性作用。一些病毒对海洋环境也造成了污染，如肝炎病毒等已在污染海水的贝类等水生生物体内检测到。

另外，工业废水和生活污水的排放及河流汇入，将大量有机物携带入海水中，使附近海水富营养化，藻类和细菌大量繁殖，随之也会带来海洋固有病毒的大量繁殖甚至大暴发，致使许多海洋生物被细菌和病毒感染而死亡。海水水温升高也为细菌和病毒的繁殖创造了有利条件。

第二节　海洋环境污染物的生态毒理学效应

海洋生态毒理学基本上是遵循毒理学的研究思路和方法，即基于剂量 - 效应关系探索和预测污染物对生物体的影响。不同的是，海洋生态系统的高盐环境、海陆交汇地带以及水深等对污染物在不同环境介质的归趋和生物毒性效应的影响更为复杂，此外，海洋环境中食物链所包含的营养级关系比淡水生态系统更为多样化。本节将从污染物在海洋生物的吸收富集、生物转化以及产生的毒理学效应等方面进行论述。

一、海洋环境污染物的生物吸收、转化、富集和放大

海洋污染物对生物的毒性作用取决于生物对其的吸收利用、生物转化、生物富集和积累的程度，并受污染物的理化性质、环境因素（如盐度、温度、pH 等）、生物种类的影响。

（一）海洋生物对污染物的吸收途径

海洋环境中许多低等生物的体表黏膜（如海洋微生物、浮游藻类、底栖藻类和某些浮游动物）以及一些大型生物的皮肤（如头足类、鱼类、哺乳类及一些底栖无脊椎动物等）是抵御外源污染物的天然屏障。不同海洋动物的皮肤结构不同，屏障作用差异较大。此

外，一些低等动物（如腔肠动物、环节动物等）其表皮细胞对环境污染物侵袭的防御能力较低，海洋污染物渗透体表后可以直接进入体液或组织细胞。

对于具有消化道或者具有类似消化道结构与功能的海洋生物，消化道摄入是海洋污染物的主要接触暴露途径。例如，虾蟹类、鱼类、哺乳类、海鸟类等动物均可通过消化道摄入大量海洋环境污染物。此外，呼吸道也是一种重要的环境污染物吸收途径。例如，海洋鱼类依靠进入血流量丰富的鱼鳃部位的水流进行氧气交换，同时也可将海水中的有毒污染物吸入体内。

（二）生物富集

海洋污染物的化学形态与结构，以及在海水环境下其性质的变化是决定其生物富集能力的重要因素。衡量非极性有机化合物生物富集的一个重要因素是脂水分配系数（K_{OW}），例如，多环芳烃在海洋双壳类软体动物和鱼类的生物富集系数（BCF）与 lg K_{OW} 呈明显的正相关关系，即疏水性越高的多环芳烃越倾向于在富含脂质的生物体内富集，而且鱼类的富集潜力要高于双壳类软体动物，呈现明显的物种差异。

对于极性化合物，海水的酸碱环境以及盐度决定了其非离子和离子形态之间的不同比例。在非离子化状态下，其生物富集规律与非极性的脂溶性化合物相似。在离子状态下，如五氯酚，主要通过细胞膜内外离子浓度梯度差进行跨膜转运，其被细胞吸收的能力要低于非离子状态。

对于重金属，其生物富集机理更为复杂，涉及金属的化学形态以及其与生物体内发生的生物化学反应。金属通过生物体的鳃细胞膜、肠上皮细胞膜和其他身体表面的细胞膜而被吸收的方式主要有：金属及其水溶性配体结合后以带电离子的形式透过细胞膜，以金属－配体络合物的形式透过细胞膜，以载体介导的转运方式、水合离子的离子通道扩散或离子交换泵方式透过细胞膜，底栖生物还可以内吞作用的方式透过细胞膜。进入生物体内的大多数金属离子可通过细胞膜的简单扩散的转运方式，沿着浓度梯度分布于生物体的不同器官中。

研究发现，海洋生物对某些重金属具有相当高的富集作用，例如，牡蛎可通过滤食来吸收海水以及悬浮颗粒物中的铜离子，被认为是海洋生物中铜的超级累积者。在福建省九龙江口香港巨牡蛎（*Crassostrea hongkongensis*）和葡萄牙牡蛎（*Crassostrea angulata*）中，重金属铜和锌浓度已达到其干重比例的 2.4%，导致肌肉组织整体呈蓝绿色。与此同时，海洋环境中的重金属可被微生物甲基化，例如离子态汞可被海洋微生物吸收并甲基化为甲基汞，相较于汞的离子形态，甲基汞更容易穿过生物膜，具有更高的生物富集和放大潜力。

（三）生物放大

海洋生物吸收和累积的污染物可通过食物链或食物网的传递转移到更高营养级别的生物组织中。污染物的生物放大需要具备两个条件：①污染物具有高的生物富集效应；②污染物的代谢以及排出率要低于其积累率，即生物放大作用仅针对具有较高生物累积潜力的污染物。

对于非极性化合物，由于其较高的脂溶性，更容易被储存在高脂肪含量的组织中。海洋环境中常见的持久性有机污染物包括多环芳烃、多氯联苯、有机氯农药，以及新型有机污染物如全氟和多氟类烷基化合物、溴化阻燃剂和氯化石蜡等，具有较高的亲脂性和生物代谢惰性，极易在生物体脂肪组织中累积并沿食物链放大。海洋哺乳类动物如海豚、海豹、鲸类等，是持久性有机污染物通过生物放大在体内积累的主要靶向生物，其体内浓度可反映周围海域的污染程度。一般来说，有机污染物的 lg K_{OW} 是衡量其在哺乳动物生物放大潜力的重要因素之一，该潜力同时受污染物的分子量、化学结构、卤化程度以及周围环境因素等影响。

（四）生物转化

环境污染物进入生物体内以后将发生一系列的生物转化。多数污染物经过生物转化会产生毒性较小而水溶性较大的代谢产物。但部分污染物经过生物转化可产生毒性更大的中间产物或者末端产物，导致对水生生物毒性作用增大。以多溴联苯醚（PBDEs）为例，其在生物体内可代谢为羟基多溴联苯醚（OH-PBDEs）和甲氧基多溴联苯醚（MeO-PBDEs），在北极熊（*Ursus maritimus*）和白鲸（*Delphinapterus leucas*）等海洋哺乳动物体内检测发现 OH-PBDEs。OH-PBDEs 对海洋生物的毒性比其母体化合物 PBDEs 更大，会产生一定的内分泌干扰作用和神经毒性作用。

二、海洋环境污染物的生态毒理学效应与机理

环境污染物对海洋生物的毒理效应及作用机理是多层次、多方面的。了解海洋环境污染物在生物学不同层次上的毒理效应及机理，对污染物的毒性分析、生物标志物筛选、海洋环境监测与评价以及海洋污染防治等，都具有十分重要的意义。本节主要从分子、细胞、组织、器官、个体、群落及生态系统等不同层次上污染物对海洋生物的生态毒理学效应进行论述。

（一）分子水平

海洋分子生态毒理学研究主要通过采用分子生物学方法和技术研究污染物对海洋生态系统及其生物组分的毒性效应，阐明其毒性 - 构效关系，探讨污染物对生物体的分子作用机制，并筛选适于海洋生态环境的分子生物标志物。在海洋分子生态毒理学研究和应用中，分子生物标志物因其特异性、预警性和普适性等特点，已被广泛地应用于客观检测和评价污染物对生物体的毒性作用方式和效应，从而为海洋环境监测提供早期毒性预警。

环境污染物对生物体的分子毒理效应主要包括癌基因的激活和抑癌基因的失活、基因组不稳定性（genomic instability）增加、基因表达及调控异常，以及引起生物大分子的结构、功能和生物合成等相关分子事件发生。目前，对海洋污染物的生物毒性分子机制的研究主要包括以下几个方面。

1. 海洋污染物对 DNA 结构和功能的影响

DNA 结构和生物学功能的完整性是保证生物体正常生命活动的基础，环境污染物进入生物体内，可通过不同的生物化学反应途径包括氧化、烷基化、胺化、配位作用等引起 DNA 损伤，以及点突变、插入、缺失、倒位及双链断裂等影响其复制过程，并进而产生一系列的毒性效应。

环境污染物在生物代谢过程中可产生活性自由基攻击细胞核和线粒体 DNA，导致 DNA 氧化损伤，引起 DNA 加合物形成。此外，某些海洋污染物及其代谢产物具有亲电

子活性，容易与遗传物质 DNA 上的亲核基团共价结合，产生 DNA 加合物，致使 DNA 分子的结构改变、功能异常；还可使染色体畸变或形成微核，造成生殖细胞遗传物质的改变而影响下一代健康，或者是改变体细胞功能从而导致畸变或癌变的发生。以多环芳烃（PAHs）为例，其在体内经细胞色素 P450 酶代谢活化可产生具有毒性的活性代谢产物并诱导活性氧种类（ROS）产生，其代谢产物也可与 DNA 分子中的脱氧腺嘌呤及脱氧鸟嘌呤外环上的氨基共价结合形成 PAH-DNA 加合物，导致 DNA 结构和功能改变，从而引起细胞遗传损伤。例如，在典型 PAHs 致癌物苯并 [*a*] 芘（B*a*P）的暴露下，鱼体肠道中 B*a*P-DNA 加合物随暴露浓度而显著增加。对发生原油泄漏的海湾贝类生物取样发现，石油烃污染可诱导相应的 DNA 损伤并进而导致遗传毒性效应。此外，在低浓度石油烃的长期暴露下，相应的 PAH-DNA 加合物在比目鱼（*Limanda limanda*）和大西洋鳕鱼（*Gadus morhua*）的肝脏中均有检出，并可作为暴露生物标志物进行石油烃的生态风险评价。

ROS 作为细胞有氧呼吸和能量代谢产生的活性氧分子，其在体内过多的积累可破坏机体氧化和抗氧化系统之间的平衡，引起 DNA 氧化损伤，并导致 DNA 发生点突变和链断裂等。其中，8- 羟基脱氧鸟苷（8-OHdG）作为最常见的 DNA 碱基修饰物，可诱导 DNA 中的 G-T 碱基转换和碱基脱落等 DNA 突变，具有遗传毒性并可稳定地存在于生物体内，且易检出。因此，8- 羟基脱氧鸟苷已被广泛用作评价 PAHs 等海洋污染物暴露对多种海洋模式生物产生 DNA 氧化性损伤的生物标志物。

此外，一些人工合成的农药及某些化工副产品等，可通过影响 DNA 甲基化等表观遗传过程产生毒性效应。DNA 甲基化是由 DNA 甲基转移酶介导的 DNA 修饰过程，该过程广泛地存在于原核和真核生物中，并参与生物机体的各种生命活动，发挥着重要的生物学功能。研究发现，持久性有机污染物如 PAHs、PCBs，其在海龟体内的浓度与 DNA 甲基化水平呈现明显的正相关关系。全氟辛烷磺酰基化合物（PFOS）在低浓度暴露下，即可引起成年海胆（*Glyptocidaris crenularis*）性腺的 DNA 甲基化多态性、甲基化率以及去甲基化率均随着暴露时间的延长而增加。某些重金属即使在 1 μg/L 浓度的暴露下，也可通过改变软体动物体内 DNA 甲基化水平并引起同源基因的表达损伤，引发遗传毒性效应，甚至产生胚胎毒性。

2. 海洋污染物对基因表达的影响

基因表达是指细胞在生命活动中将 DNA 的遗传信息经转录和翻译转变成蛋白质分子的过程。基因表达水平通常用基因转录 mRNA 的表达量来衡量。环境污染物可以通过影响基因表达的效率或基因表达的调控通路，使基因表达发生改变，从而引起暴露生物生理生化指标的响应，最终使环境污染物的毒性作用发生。此外，环境污染物也可以通过与细胞中的相应受体结合，使该受体调控的靶基因的表达发生改变，导致污染物毒性作用的发生。以芳香烃受体（AhR）为例，在外源环境刺激下，AhR 可调控细胞色素 P450 酶系（Cytochrome P450，CYPs）的基因表达。PAHs 和二噁英等污染物可与 AhR 结合，从而引发受体（AhR）构象变化而活化，活化的受体入核，与 AhR 受体的核内转运蛋白（aryl hydrocarbon receptor nuclear translocator，ARNT）形成异二聚体复合物，然后结合于基因调控序列而诱导 *CYPs* 基因转录，使 *CYPs* 基因的 mRNA 表达及其酶活性提高。

研究发现，苯并 [*a*] 芘（B*a*P）可诱导真鲷（*Pagrus major*）胚胎的细胞色素 P450 酶系 *CYP1A*（*P450 1A*）基因的 mRNA 表达，进而影响中脑区域血液循环减弱，导致中脑区域细胞凋亡。P450 1A 酶的诱导被认为是鱼类暴露于 PAHs、PCBs、二噁英以及相关化合物的早期预警信号及高度敏感的生物毒性反应。鱼类胚胎中 CYP 1A 酶对污染物的暴露也同样非常敏感，暴露于 PAHs 污染地区的太平洋鲱鱼（*Clupea pallasii*）胚胎的 *CYP 1A* 基因表达显著高于来自未污染海域该鱼的胚胎，并与其体内富集的 PAHs 呈现一定的剂量－效应关系，进而影响其胚胎的存活率。

雌激素受体（ER）、雄激素受体（AR）、甲状腺激素受体、过氧化物酶相关受体（peroxidase related receptors，PPARs）、维 A 酸受体（retinoic acid receptors，RARs）以及视黄醇 A 受体（retinol A receptor，RAR）等也可介导对基因表达的调控作用；当这类受体被环境污染物激活以后，它们就可以影响相关基因的表达，导致相关毒性效应的产生。例如，雌激素和雄激素受体属于固醇类激素受体，当其被环境内分泌干扰物（配体）激活后可作为转录因子来调控雌激素和雄激素的效应，从而参与调节组织细胞分化与个体发育等。天然雌激素、人工合成雌激素类药物和环境内分泌干扰物等均可通过激活该类受体而干扰生物体内源激素的分泌和代谢，如雌二醇可通过激活雌激素依赖性受体而显著上调牡蛎体内卵黄蛋白原（*vitellogenin*，*Vtg*）基因 mRNA 表达，影响相关雌激素信号传导通路，进而影响发育和生殖功能，对生殖系统产生毒害作用。

又如，海洋中的某些环境内分泌干扰物如有机锡化合物，可诱导雌性的疣荔枝螺（*Thais clavigera*）产生不正常的雄性特征，使其生殖能力丧失；性畸变严重时可导致疣荔枝螺种群衰退和局域性灭绝，对其的毒理研究发现，雌性个体阴茎增长与阴茎形成区 RARs 基因的表达增强与其性畸变显著相关。有机锡化合物还可以通过激活 PPARs 基因的转录表达，引发海洋螺类动物性畸变。

此外，小分子核糖核酸，又称微小核糖核酸（microRNA，miRNA）是一类由基因编码的单链 RNA 分子，它们的种类非常多，在动植物中参与 mRNA 表达的基因调控。近年来研究发现，环境污染物对动植物的毒性作用机理，往往是污染物通过影响 miRNA 的合成或表达，从而使 miRNA 对其靶 mRNA 表达的调控作用发生改变，导致暴露生物的生理生化指标的响应，最终引起环境污染物毒性作用的发生。

3. 海洋污染物对蛋白结构和功能的影响

蛋白质是生命活动的物质基础，并参与生物体内的物质转运、代谢过程、免疫作用和信息传递等生命活动。蛋白质种类繁多，能与许多内源性和外源性小分子物质结合形成复杂的分子复合物。蛋白质分子中氨基、羟基和巯基等功能基团是酶的催化部位或对维持蛋白质构型具有重要的作用。环境污染物或其代谢产物常与这些活性基团共价结合，进而影响蛋白的生物结构和功能，产生毒性效应。例如，汞、铅、镉、砷等重金属会高度特异性地使动物机体内血液和肝脏中血红素代谢酶的结构和活性改变，进一步造成该酶的功能损伤。

大多数重金属原子核外电子层都有未充满的 d 电子轨道，是良好的电子接受体，与许多蛋白酶和活性基团有很强的亲和力，如重金属能与生物体内酶的催化活性部分中的巯基（—SH）结合生成难溶解的硫醇盐，抑制酶的活性，从而影响机体的代谢作用。

有机磷农药和氨基甲酸酯类杀虫剂的分子结构与生物体胆碱酯酶的催化底物乙酰胆碱相似，能够与酶酯基的活性中心发生不可逆的结合，从而抑制该酶活性。因此，胆碱酯酶活性常常被用于评价有机体对于杀虫剂和神经性毒物（如重金属）的暴露程度。

生物的多种酶系其本质是蛋白质，这些酶直接参与环境污染物的代谢转化，如果环境污染物对酶蛋白发生损伤作用，便可影响酶的活性，从而影响该污染物在体内的代谢水平。例如，细胞色素 P450 酶系作为Ⅰ相代谢酶而参与大量外源性物质（如药物、毒物等）和内源性物质（如类固醇激素、维生素 D、胆酸等）的代谢。抗氧化酶系包括超氧化物歧化酶（SOD）、谷胱甘肽过氧化物酶（GSH-Px）和过氧化氢酶（CAT）等在海洋生物（如藻类、浮游动物、贝类以及鱼类等）中广泛存在。研究发现，环境污染物对细胞色素 P450 酶系和抗氧化酶系均有严重的毒性作用，从而导致污染物代谢受阻或生物体的氧化损伤。因此，该类酶也可作为一类生物标志物，被应用于环境污染物的毒性研究和生态环境的预警。

此外，重金属可刺激生物体金属硫蛋白（MT）合成增加。MT 是生物体对环境中过量金属暴露的一种防御机制，能够减缓有毒物质及其代谢产物对有机体的影响。作为一类特异性金属生物标志物，对 MT 的分析可以将细胞内具有显著毒理效应的生物可结合态金属与不可利用的络合态金属区分出来。目前常用贻贝消化腺上皮细胞中溶酶体膜的稳定性以及金属硫蛋白含量的测定作为水体环境重金属污染的评价指标之一。

（二）细胞及亚细胞水平

目前已有许多细胞学方法用于检测海洋生物的病理变化。海洋生态毒理研究表明，污染物可以导致海洋生物溶酶体膜稳定性下降、溶酶体体积增大、脂褐体累积等。溶酶体也可以累积进入细胞内的 PAHs 和含氮杂环类化合物。贻贝消化管中的消化细胞是许多污染物的主要影响部位，因此它被认为是海洋环境污染评价的敏感指标。重金属在贻贝体中的累积就发生在这些消化细胞的溶酶体中。

鱼类离体卵巢组织在浓度为 10 mg/L 氯化汞海水溶液中培养 48 h 后，经电子显微镜观察，发现卵巢细胞的细胞器遭到破坏并出现大小不一的液泡。

一些重金属可引起细胞膜化学成分的改变，DDT 改变膜脂的流动性，进而引起细胞整体功能的损伤，导致细胞受伤甚至死亡。

有些海洋污染物可破坏细胞线粒体的结构和功能，干扰细胞能量的产生，使细胞不能产生 ATP，ATP 的缺乏使细胞的生命活动缺少能量供应，从而导致细胞功能丧失甚至死亡。

此外，海洋生物不同类型的细胞有不同的形态、结构和功能，对污染物的敏感性也不同。例如，海洋单细胞生物，在污染胁迫下，有的形成防御性孢子沉入海底，有的则迅速中毒而死亡。

（三）组织及器官水平

海洋污染物可以对海洋维管植物的根、茎、叶、花以及果实产生毒害作用，从而出现病斑，并造成茎叶腐烂、脱落等；还可以造成海洋动物生殖腺异常、骨骼发育畸形、肝、肾功能指标异常等病理学结构变化。例如，铜污染会破坏鱼类的鳃，使其出现黏液、肥大和增生，导致吸氧困难，引起鱼窒息死亡；另外，铜污染还可造成鱼体消化道的损害。铅对海洋生物的最低有害作用浓度为 0.01 mg/L，铅污染可导致海洋动物的红细胞溶血，还能引起肝、肾、雄性性腺、神经系统和血管等组织器官的损害。

（四）个体水平

海洋生物种类繁多，千差万别，从原始的原核生物到高等的哺乳动物，几乎包含了

"进化阶梯"各个阶层的生物种类，海洋污染物对它们造成的损伤取决于不同的毒性作用方式以及其作用剂量和作用时间。例如，高浓度或剧毒性污染物的存在，可引起海洋生物急性中毒，生命活动代谢异常，严重时会在极短时间内造成生物个体的大量死亡。例如，赤潮暴发期产生的藻毒素可以导致鱼、虾等多种海洋生物在短期内中毒致死。

绝大多数情况下，海洋污染物对生物体的暴露是一种长时间和低剂量的暴露方式。虽然生物体不会立即死亡，但会导致生长发育不良，健康状况低下，生物行为异常，繁殖率和子代成活率下降，甚至诱发畸变。例如，长期生活在石油泄漏环境中的幼鱼表现出行为异常且生活力弱，甚至导致鱼体发生畸变。镉和砷对海洋动物均为高毒性物质，可产生致畸、致癌、致突变作用。此外，不同种类的海洋动物对环境污染物的耐受性不同，例如六价铬对无脊椎动物的毒性比鱼类大得多，其中牡蛎对铬最敏感。

1. 海洋污染物对海洋生物形态结构的影响

生物体形态结构的变化程度是生态毒理学的重要指标。当污染物作用于海洋中的鱼类时，可使鳍、骨骼等组织器官变形，还可以形成肝肿瘤等疾病。例如，船舶外体防腐剂 TBT，可引起疣荔枝螺等软体动物的性畸变，导致雌性个体出现雄性特征；在游艇经常停泊的港口水域中，TBT 污染还导致牡蛎个体的畸形，出现贝壳加厚，壳内空间变小等现象。

2. 海洋污染物对海洋动物行为的影响

污染物的存在可以改变海洋动物的正常行为，造成行为毒性。研究较多的是回避行为、捕食行为和警惕行为。回避行为是指海洋游泳动物（如鱼、虾、蟹等）主动避开被污染的水域，转而游向清洁水域的行为。有研究发现，导致梭鱼出现 50% 回避率的铜、锌浓度分别为 4.3 mg/L 和 7.2 mg/L，而镉浓度需高于 10 mg/L。梭鱼对铬的回避反应很迟钝，当剂量达 100 mg/L 也未出现回避反应。回避行为会使种群的组成、区系分布随之改变，打破原有的生态平衡，还会使一些经济鱼类失去索饵场和产卵场，到达不适合产卵的水域产卵，孵化出来的鱼苗成活率降低。

捕食行为是指大型海洋动物的捕食能力和捕食活动。它取决于多种因素，其中最主要的是食欲、搜索猎物的策略和感觉系统。污染物可以影响动物的食欲，最终导致捕食的停止；污染物还可以影响搜索猎物的策略和感觉系统，降低捕食能力，影响对猎物的选择，降低捕捉猎物的效率。捕食行为的破坏，可导致生物机体获得食物资源减少，最终导致生长发育及繁殖受阻。

海洋动物因具有警惕行为才会有逃避被捕食的能力，而警惕行为可因污染物的毒性作用而破坏，使其容易被捕食，从而增加死亡率，导致种群数量下降。

3. 海洋污染物对海洋生物发育和繁殖的影响

海洋污染物的存在直接或间接地影响生物的生长、发育和繁殖，特别是海洋污染物中的环境激素类，可以影响海洋动物的性激素分泌和功能，使其生殖腺结构和功能异常，导致不育或繁殖率降低。再如，TBT 等有机锡化合物能导致海洋腹足类性畸变，并可降低海洋鱼类胚胎的孵化率，引起明显的形态异常。鱼和虾对油类的敏感浓度为 0.05 mg/L，石油可以降低鱼类的繁殖力，使鱼卵难以孵化，孵出鱼苗多呈畸形，死亡率高。锌作为微量元素在生物代谢中有重要作用，但浓度较高时能降低鱼类的繁殖力，如锌污染能使雌性鱼产卵次数明显减少。

（五）种群水平

海洋污染物的毒性作用，严重时可在种群水平上表现出来，主要体现在种群基本特征的改变上。

1. 种群的密度和数量的改变

通常污染物可以使种群中的个体因中毒而死亡，减少个体数量，降低种群密度，同时污染物也能导致耐污生物种类的个体数量猛增，使种群密度增加，而对污染物敏感的种类个体数会大量减少甚至消失。例如，美国加利福尼亚近海曾因油轮失事，泄漏出的柴油杀死了大量植食性动物海胆和鲍，致使某些海藻大量繁殖，改变了生物群落原有的种群数量和密度。再如，在富含营养盐的大气中，如果遇到局部降雨，这种湿沉降使表层海水中叶绿素和浮游植物的生物量在短期内迅速增加，有可能导致表层海水的暂时富营养化、藻类大量繁殖和赤潮发生。

2. 种群结构的改变

海洋中的环境激素类污染物，不仅可影响种群的繁殖，还可影响生物的性别发育，造成性别逆转，改变种群的性别比例结构。由于生物生长发育阶段中的幼体期比成体期对污染物敏感，幼体死亡率增高，加之卵的孵化率下降，这种长期污染导致种群年轻个体减少，老年个体增加，改变了种群原来的年龄结构，使之趋于老化。

（六）群落与生态系统水平

1. 海洋污染物对群落结构和物种多样性的影响

在海洋污染物的长期作用下，群落中对污染物敏感的生物种类转变为稀有种，甚至完全消失，造成耐污生物种类的个体数量增多，从而导致物种多样性下降，结构单一化，影响了生态系统的物质循环、能量流动和信息交流过程，降低生态系统的自我调节等各种功能，严重时将导致整个生态系统的崩溃。海洋藻类急性毒性试验表明，苯并 [*a*] 蒽和荧蒽两种 PAHs 可显著降低海藻的生物量，且藻细胞粒径越小的海藻［如等鞭金藻（*Isochrysis galbana*）、微小绿藻（*Nannochloris* sp.）等］，对污染物的敏感度越高。

在有机污染严重的水域，小头虫（*Capitella capitata*）数量明显增多，可占群落总生物量的 80%～90%，从而降低群落的生物多样性，使生态平衡失调。通过可控的生态系统模型试验，发现低浓度的铜、汞、镉和 PCBs 能改变初级生产者的种类组成，进而改变食物链的类型。许多海洋生物对重金属、有机氯农药和放射性物质具有很强的富集能力，它们可以通过直接吸收、生物富集和食物链（网）的放大、转移，参与生态系统物质循环，干扰或破坏生态系统的结构和功能，甚至危及人体健康。

人类的过度捕捞活动虽然没有把污染物带入海洋，但对海洋生态系统的生态平衡危害极大。过度捕捞可使生态系统的承载能力超载，导致捕捞对象个体小型化、重要经济类物种种群数量锐减甚至消失、食物链简单化，使生态系统结构发生重大改变。此外，海水养殖业使滨海湿地生境改变或丧失，造成群落组成类型的改变。厄尔尼诺现象曾经引发热带太平洋地区表层水温改变，进而引起大洋食物网崩溃。

2. 对群落演替的影响

生态系统是生物群落与生境相互作用的统一体，这种相互作用的结果导致整个生态系统的定向变化，即群落的生态演替。依据控制演替的主导因素不同，将群落的生态演替划分为自源演替（自发演替）和异源演替（被动演替）。

自源演替（autogenic succession）是由群落内部生物学过程所引发的演替，其显著特点是由于群落中某种群的活动而改变其环境，这种被改变的环境对该种群本身不利，而对其他种群有利，从而被另外的物种所取代。这是群落演替的最基本和最普遍的原因。

异源演替（allogenic succession）是由外部环境因素的作用引起的演替。气候变动、地形变化、人类生产以及污染物作用等原因引起的群落演替都属于异源演替。如果一个海区（如河口湾等）由于严重污染而引起的异源演替过程超过了自源演替过程，那么群落的发展趋势就可能与自源演替方向相反，生态系统就难以保持相对稳定，甚至有可能导致原有生态系统的崩溃。

第三节　海洋典型污染事例及其生态毒理学效应

一、赤潮

赤潮（red tide）是在特定的环境条件下，海洋浮游植物暴发性增殖或高度聚集而引起海水变色的一种有害生态现象。赤潮会因赤潮物种和数量的不同而使水体呈现出红色、砖红色、绿色、黄色、棕色等不同颜色。目前，赤潮已经成为一种世界性的公害，美国、日本、中国、加拿大、法国、瑞典、菲律宾、马来西亚、韩国等30多个国家的赤潮发生都很频繁。我国大面积赤潮主要集中于东海、渤海和黄海海域。赤潮频繁发生的海域多为受无机氮和磷酸盐污染较重的海域。

赤潮的发生已经给人们带来灾害性的后果。它对渔业资源的危害和海洋生态环境的破坏十分严重，主要表现在以下几个方面：首先，赤潮破坏了海洋的正常生态结构，因此也破坏了海洋中的正常生产过程，从而威胁海洋生物的生存。其次，有些赤潮生物会分泌出黏液，黏附在鱼、虾、贝等生物的鳃上，妨碍呼吸，导致其窒息死亡。最后，大量赤潮生物死亡后，在尸骸分解过程中，消耗海水中大量的溶解氧，导致赤潮海域形成缺氧环境，从而引起鱼、虾、贝类的大量死亡。赤潮生物一般密集于海水表层几十厘米以内，使阳光难以透过表层，水下其他生物因得不到充足的阳光而影响其生存和繁殖，严重时可造成底层海洋生物死亡。此外，赤潮生物能够分泌藻毒素，例如，麻痹性贝毒毒素和腹泻性贝毒毒素，可引起鱼、贝类等养殖动物病变和死亡，甚至危害人类健康和海洋生态安全。

目前对赤潮的治理仍是一个难度很大的课题，至今还鲜有在大面积海域治理成功的技术和方法，因此应该突出以预防为主、科学做好赤潮的预防工作。对赤潮的预防主要体现在以下几个方面：

（1）严控富营养化物质入海量。造成海水富营养化是赤潮形成的物质基础，预防应该从污染源头上严格控制工业废水、城市生活污水、农业、畜牧业的废水超标排放入海。例如，建立污水处理装置，对入海的废水和污水进行处理。另外，应该统筹规划，采取污水排放水量和浓度控制相结合的方法分期、分批排放，以减少海水瞬时负荷量。

（2）严控海区自体污染，科学开发利用海洋。首先，开展海洋功能区划工作，因地制宜。其次，采取和推广科学养殖技术，建立鱼、虾、贝等合理搭配的科学混养方式，即生态养殖的方式进行生产，进一步减轻养殖海区自体污染程度。

（3）加强赤潮预测预报，建立海洋环境监视网络。对赤潮进行预测预报是赤潮预防工作的重要环节。诱发赤潮的因素众多且复杂，一般可从以下几个方面进行预测：一是根据海水中一切与赤潮发生有关的化学物质含量以及水体的 pH 和溶解氧的含量变化，作为预测指标。例如，当海水中氮、磷、铁、锰、硒等含量比正常值高出一定水平，且差异很显著时，或者当 pH 超过 8.25、溶解氧的饱和度超过 110%～120% 时，则有可能发生赤潮。二是根据海洋生物特别是赤潮生物的生长量、增殖速度、藻类细胞中叶绿素 a 的含量变化及其光合作用等生物学特征的异常变化进行预测。三是根据海水的水温、盐度以及气压、风速、光照强度等气象条件进行预测。

二、海洋石油污染

海洋石油污染的来源主要包括人类活动如船运、海上石油开采、油轮泄漏及自然渗漏。据估计，目前全世界每年流入海洋的石油及其产品超过 1 000 万 t，其中由船舶事故和石油开采中发生的井喷事件产生的溢油超过 300 万 t。以 2010 年美国墨西哥湾原油泄漏事件为例，其流失原油 45.36 万 t，10 mm 厚的原油覆盖了 1.9 万 km^2 的海面。

海洋石油污染对生物的危害主要体现在以下方面：①原油溢入海面后会立即在大气和海流等作用下扩散形成范围很大的油膜，从而阻断了大气和海水之间的物质和能量交换，减弱了太阳辐射透入海水的能量，影响海洋植物的光合作用。油膜可玷污海兽的皮毛和海鸟的羽毛，溶解其中的油脂，使它们失去保温、游泳或飞行的能力。②石油污染会干扰生物的摄食、繁殖、生长、行为和生物的趋化性等能力。受石油污染严重的海域还会导致个别生物丰度和分布发生变化，从而改变群落的种类组成。例如，高浓度的石油会降低微型藻类的固氮能力，导致其死亡；沉降于潮间带和浅水海底的石油可使一些动物幼虫、海藻孢子失去适宜的固着基质，或使成体的固着能力降低。③石油组分的各类烃化合物如 PAHs，可积累在海洋动物体富含脂肪的组织中。对于一些分子量较高、毒性较大的 PAHs，一旦被转移或结合而进入某些脂类组织中，就很难被释放和代谢，并沿着食物链向更高营养级的生物传递，产生“三致”（致突变、致癌变、致畸变）效应。

对海洋溢油突发事故的应急管理主要包括：①客观获取灾情的基础资料；②对溢油灾害成因研究；③制定应急抗灾措施，如控制源头、人工捕捞以及喷洒石油分散剂等。然而，目前对溢油的处理方法和技术手段仍不完善，因此对溢油的源头控制应得到重视。

三、气候变暖与海洋酸化

由于化石燃料燃烧、森林砍伐等人类活动的影响，大气中二氧化碳浓度不断升高并导致全球变暖和气候异常。海洋作为地球表面最大的碳库，其对二氧化碳的吸收极大地减缓了大气中二氧化碳浓度上升的趋势；与此同时，海水的二氧化碳－碳酸盐体系被改变，使得海水中氢离子的浓度增加，碱性下降，引起海洋酸化。据统计，自工业革命以来，海洋水体 pH 下降了 0.1。根据国际气候问题专家组（International Pack of Climate Crooks，IPCC）推测，至 2100 年表层海洋水体 pH 将会下降 0.3～0.4，氢离子浓度则增加 100%～150%。海洋酸化正在逐渐改变海水的理化性质、海洋生物的生理机能和海洋生物群落，并进而威胁到海洋生态平衡。研究表明，人为气候变化的影响从根本上改变了海洋生态系统，包括海洋生产力下降，食物网动态变化，栖息地物种丰度减少以及物种分布变化等。以珊瑚礁为例，海洋酸化会导致珊瑚钙化率下降，导致阳光紫外线辐射对其损害增强，使其生存受到严重威胁。此外海水温度升高也会导致珊瑚白化和体内光合色素的消失。据估计，由于海洋酸化，全球范围内的珊瑚礁可能已从净堆积状态转变为净溶解状态。

联合国通过制定《联合国气候变化框架公约》及《京都议定书》对全球二氧化碳的排放进行了一定的管控，但并不能完全解决海洋酸化问题。因此，加强海洋酸化的国际性的环境危害研究，以一种全面和综合性的方式促进海洋环境的国际治理显得尤为重要。

四、环境污染对红树林的生态危害

滨海湿地介于陆地生态系统和海洋生态系统之间，是地球上最活跃的生态系统之一。红树林（mangrove）是滨海湿地重要的生态系统类型，是分布在热带和亚热带海岸潮间带的木本植物群落，主要由红树科树种组成。滨海湿地主要分布在江河入海口及沿海岸线的海湾内，是全球四大湿地生态系统中最具特色的一个。尽管其面积有限，仅占陆地表面的0.1%，但它比陆地生态系统具有更高的碳储存和碳捕获的能力。

红树林具有自身不同寻常的外貌结构和生理生态特征，如郁闭致密的林冠、发达的气生根和支柱根、超强的渗透吸水和透气能力，以及独特的胎生现象等，使得红树林能很好地适应海岸潮间带特殊的生境和剧烈的物质和能量波动，而使其成为海洋与陆地间的一条缓冲带，起到抗风消浪，减轻海啸等海洋危害，造陆护堤以及维持海岸带生态系统结构和功能稳定的作用。同时，由于周期性的潮汐淹没、土壤厌氧和独特的复杂根系，红树林能有效捕获悬浮物质，埋藏有机物，并降低有机质分解速率，从而达到固碳的效果。因此，通过植树造林、生态修复，防止红树林退化是增加蓝碳碳汇的有效途径。

此外，红树林作为一道天然的生态屏障，可通过物理作用、化学作用及生物作用对各种污染物进行吸收、积累起到净化作用。有研究表明红树林植物可吸收污水中的营养物质氮和磷及有害物质（如重金属、石油、人工合成有机污染物）等，净化水质并减少赤潮的产生。然而，这些环境污染物能对红树林产生不良的深远影响，例如重金属离子对红树林植物内在的生理影响（如叶片褪色、枯萎等）以及碳氢化合物（如石油、杀虫剂、除草剂等）对红树林根系和幼苗及对软体动物等可产生生态毒性效应。除此之外，人类对红树林的砍伐开垦以及水产养殖等使其生境遭到破坏，资源丧失严重。据2020年估计，全球35%的红树林已经消失，目前还在以1%～2%的速度减少。我国红树林面积在20世纪50年代约为5万 hm^2，2000年减少到2.2万 hm^2，在自然和人为因素中砍伐和开垦是主要原因。随着近20年保护修复力度的加大，2019年我国红树林面积增加到约2.9万 hm^2。我国红树林面积总体呈现先减少后增加的趋势。红树林具有重要的生态、社会与经济价值，其结构和功能的破坏将会对当地的环境、区域经济以及人类的生活造成不良的后果。

红树林生态系统的修复是一个长期的系统工程，需了解各物种的分布、丰度、彼此之间（包括动物与植物、植物与植物、动物与动物）的关系，以及它们在生态系统的能量流动和物质循环当中扮演的角色。根据其受损情况，需因地制宜、量情施策，制定相关的法规和政策，并加强红树林对不同干扰类型反应机制的研究。

五、海水养殖对生态环境的影响

我国海洋面积广阔，大陆架占世界大陆架面积的27.3%，并有十几条河流入海，沿岸营养物质丰富，水质肥沃，加以我国处于温带、亚热带及热带，温度适宜。因此，我国沿海是海水养殖的良好场所。据统计，我国海水养殖产量可达 3 000 万 t，约占世界总产量的 70%，养殖品种主要包括鱼类、甲壳类、贝类以及藻类植物等，养殖方式主要为池塘、普通 / 深水网箱、筏式、吊笼、底播和一些工业化养殖方式等。我国海水养殖业发展迅速，由此带来的生态环境问题不容小觑。一方面，由于城乡发展，内陆水面和浅海滩涂可养水面积大幅减少，养殖空间受到严重挤压，养殖密度加大，造成养殖生态系统物质循环和能量流动紊乱，远超过其承受能力；另一方面，近海养殖产生的大量残饵、碎屑、粪便、人工垃圾以及养殖过程中投加过量的兽药（如抗生素、消毒剂、杀虫剂等）对周围水体、沉积物及水生生物造成不可逆的影响。

从碳汇角度来看，海水养殖可以促进海洋生物吸收海水中的二氧化碳，并通过收获养殖生物产品将碳移出水体而发挥碳汇功能，直接或间接降低大气二氧化碳浓度。在海洋中凡不需投饵的渔业生产活动均具有碳汇功能而提高海洋碳汇水平，如藻类养殖、贝类养殖、捕捞渔业与人工渔樵等。保护海洋养殖环境、提高养殖效率，是增强海洋碳汇功能的一种经济有效的途径。

根据污染物的来源和理化性质，海水养殖的污染物主要分为以下几类。

（一）饵料污染

在养殖过程中，人工合成饵料以及养殖生物的排泄物等富含各种有机质。据估计，在海水网箱养殖鲑鱼中，投喂的饲料有约 20% 未被食用，而在食用的饲料中，有 25%～30% 未被消化成为粪便排泄物，这些未被摄食的饲料和粪便等可进入周围水体及底层沉积物中，使底部生物在分解利用这些有机物的过程中耗氧量剧增，导致水体溶解氧减少。残饵中富含的氮、磷等营养物质可成为邻近浅海富营养化的主要来源，使其成为赤潮的高发地。

（二）化学污染

1. 营养盐污染

海水养殖中营养盐急剧增加的主要原因为高密度的养殖环境以及过量饵料的使用，其污染类型主要为硝酸盐和磷酸盐。研究发现，通过饵料输入的大部分氮、磷化合物约有 70% 被直接或间接排放到水体中。硝酸盐如 NO_3^--N、NO_2^--N、NH_4^+-N 等主要分布在养殖水体中，有研究发现我国部分海域如珠江口、杭州湾、象山港和桂山湾的鱼、虾、贝、藻类养殖区的无机氮均 100% 超标。氮也会在沉积物中积累，但只占总输入的 12%～20%。磷酸盐的蓄积以沉积物为主，在部分养殖区上覆水和底质沉积物中磷酸盐含量差别可达两个数量级。除氮、磷营养盐外，养殖水体中还有碳酸盐、硅酸盐等。过量长时间的碳输入容易增加水体的碳负荷，引起细菌大量繁殖，水体的溶解氧下降，造成水质恶化。

2. 化学试剂及药品污染

在海水养殖中常使用抗生素、杀虫剂、消毒剂和治疗剂等化学药品来预防和控制动物疫病。以抗生素为例，据统计，2013 年中国兽用抗生素用量达 7.8 万 t。抗生素虽然半衰期较短，但由于其频繁使用并易进入水体环境中，形成“假持久性现象”。此外，抗生素伴随的抗性基因的产生和传播对水生生态环境可造成不可逆的生态风险。有研究表明，在中国部分流域和近海海域（如渤海、珠江口等）以及中国主要的海水养殖地区，抗生素残留和抗性基因在水体和沉积物中被广泛检出，其中海水养殖水体的污染浓度可达 300 ng/L

以上。抗生素可通过干扰其他非靶向水生生物如浮游动物、藻类以及其他鱼类等的正常生理功能，并产生毒性效应。

此外，其他化学药品的大量使用，如除菌剂用来防治动物疾病，除藻剂和除草剂等控制水生植物的生长以及杀虫剂和杀螺剂等消除敌害物种，均可造成不同程度的环境残留，引起潜在的生态风险。

目前对海水养殖污染的防止措施主要是：从科学规划养殖出发，确定不同养殖水体的使用功能和负载能力，并采用综合养殖模式进行混养，以利用养殖生物间的代谢互补性来消耗有害的代谢物，减少养殖生物对养殖水域的自身污染。在养殖用药上，进行严格管控，根据养殖需求配置，并采用增氧、清淤、紫外杀菌和换水等方法来减少水中有害物质的产生。另外，对养殖废水进行科学处理，避免其直接入海，做到不达标，不入海。

思考题

1. 名词解释

蓝碳、纳米塑料、海洋酸化、赤潮、异源演替、自源演替

2. 海洋污染物主要包括哪些种类？

3. 举例说明海洋环境污染物的生物吸收、生物富集与放大的特征。

4. 举例说明海洋环境污染物的生态毒理学效应及其机理。

5. 论述海洋溢油发生的原因、危害及其防治办法。

第十章　生态风险评价

生态风险评价（ecological risk assessment）主要是对人类各种生产活动所产生的不良生态效应或潜在的不良生态效应进行科学评价，对已经发生或可能发生的环境生态危害做出评价和科学预测，为控制这些不良影响并将其减少到最小程度提供科学依据。生态风险评价是在风险管理的框架下发展起来的，重点是评估人为活动对生态系统的不利影响，最终为风险管理提供决策支持，在制定环境政策时扮演越来越重要的角色。美国国家环境保护局（U.S. Environmental Protection Agency，USEPA）在 1992 年提出了生态风险评价的定义，在 1996 年提出了生态风险评价准则，1998 年正式颁布了《生态风险评价指南》（EPA/630/R-95/002F），并提出了问题形成、分析（暴露表征和生态效应表征）和风险表征的生态风险评价“三步法”框架。不同国家根据本国的实际情况，在 USEPA 提出的框架基础上，构建了各自的框架。国际上较成熟的环境污染物质生态风险评估技术指南文件还有欧盟委员会 2003 年发布的《风险评估技术指南文件》（*Technical Guidance Document for Risk Assessment*，TGD），以及 2006 年 12 月欧洲议会与欧盟委员会出台的关于化学物质注册、评估与授权的法规（REACH 法规）等。近 30 年来，我国生态毒理学工作者对生态风险评价的基础理论和技术方法也进行了大量的研究和探讨，特别是在水环境化学生态风险评价、区域或景观生态风险评价以及农药化学品生态风险评价等方面比较突出，为生态风险评价的发展和应用做出了重要贡献。

第一节　概　述

生态风险（ecological risk）是指生态系统及其组分所承受的风险，指在一定区域内，具有不确定性的事件、事故或灾害对生态系统及其组分可能产生的作用，这些作用的结果可能导致生态系统结构和功能的损伤，从而危及生态系统的安全和健康。如由于环境污染物的污染，河流水质发生明显改变，河流中的水生生物（包括浮游动物、虾类、鱼类和水禽等）种群数量下降等。

生态风险评价是指以环境学、化学、生态学、地理学、毒理学和生物学等多学科综合知识为理论基础，采用数学、物理学、计算机科学和概率论等量化分析技术，预测、评价、分析环境污染物或人类活动对一个种群、生态系统及整个景观的不利影响，以及在现阶段和未来一段时期内，减少该种群、生态系统及整个景观内某些自身要素的健康、生产力、遗传结构、经济价值和美学价值的可能性。简单地说，生态风险评价就是指生态系统受一个或多个胁迫因素影响后，对不利的生态后果出现的可能性进行评估。

具体地说，生态风险评价可以确定风险源与生态效应之间的关系，判断有毒有害物质对生态系统产生影响的概率，以及当前污染水平下对评价区域内多大比例的生态物种产生影响，为环境风险管理提供理论及技术支持。

实际上，为了加强环境保护和管理，早在生态风险评价提出之前，就已经率先开展了环境影响评价（environmental impact assessment）工作。环境影响评价是指对规划和建设项目实施后可能造成的环境影响进行分析、预测和评估，提出预防或者减轻不良环境影响的对策和措施，制定进行跟踪监测的方法与制度。因此，生态风险评价也是环境影响评价工作的一个组成部分，只要该建设项目具有对生态系统的结构和功能产生风险的物质或者风险单元，就需要开展生态风险评价。在具体操作上，根据环境保护的具体情况，对于某个建设项目来说，生态风险评价工作可以单独进行，也可以作为环境影响评价中的一个专题来进行。

一、生态风险的特点

1. 不确定性

生态风险是随机的，具有不确定性。任何一个生态系统或者区域发生哪种风险和导致这种风险的灾害（风险源）都是随机事件。人们事先很难准确预料生态风险发生的时间、地点、强度及范围，仅知道生态风险发生的可能信息，确定这些事件可能发生的概率大小，并根据上述信息去估计和预测生态风险发生的类型和强度。

2. 内在价值性

在经济学上的风险评价以及自然灾害的风险评价中，通常将风险用经济损失来表示，但针对生态系统所作的生态风险评价是不可以将风险值用简单的物质或经济损失来表示的，生态系统更重要的价值在于系统本身的完整、健康和安全。分析和表征生态风险一定要与生态系统的结构和功能、物质循环和能量流动等特征相结合，以生态系统的内在价值为依据。

3. 危害性

危害性是指导致生态风险事件发生后的不良生态学效应对风险承受者具有的负面影响，这些影响将有可能导致某些物种在遗传结构上发生某些突变和畸变，导致某些敏感生物种群数量下降甚至灭绝及生物多样性丧失，导致生物群落结构改变，导致生态系统物质循环和能量流动发生紊乱。虽然某些事件发生以后对生态系统或其组分可能具有某一方面的积极的作用，例如，沙尘暴可能有助于大气污染物的扩散，改善局部区域的大气环境质量，但进行生态风险评价将不考虑这些积极的影响。

4. 客观性

任何生态系统随时都处于与外界的能量交换和自身的物质循环的动态过程中，它必然会受许多具有不确定性和危害性因素的影响，也就必然存在生态风险，只不过是生态风险发生的时间、地点、范围及危害程度不同而已。由于生态风险是客观存在的，是我们无法回避的事实或自然现象，所以，人们在进行各种生产活动，特别是可能对生态系统能量流动和物质循环产生消极影响时，就应该意识到生态风险的存在，从而采取科学严谨和实事求是的态度对生态风险给出恰当的评价。

二、生态风险发生的规模

按照尺度大小，生态风险可以分为局部生态风险（local ecological risk）、区域生态风险（regional ecological risk）、景观生态风险（landscape ecological risk）。

1. 局部生态风险

局部生态风险是指特定事件对较小范围内环境产生的生态风险。例如，某些化工或冶金企业排放的污染物对其周围生态环境的影响等。

2. 区域生态风险

区域生态风险是指特定事件对较大范围内环境产生的生态风险。例如，2011 年 3 月 11 日地震导致的日本福岛核泄漏对周围生态环境产生的影响以及过程等；我国在黄河三角洲开发石油对生态环境的影响，工农业生产和生活污水对山西省的母亲河——汾河的整个流域生态系统的影响；外来物种入侵导致当地生态系统紊乱等。

3. 景观生态风险

景观生态风险是指特定事件对大范围内环境产生的生态风险。例如，我国修建青藏铁路对青藏高原沿线自然景观的影响，南水北调工程对沿线自然景观的影响等。

三、生态风险评价的类型

生态风险评价的类型通常可以分为预测性生态风险评价（predictive ecological risk）、回顾性生态风险评价（retrospective ecological risk）。

1. 预测性生态风险评价

预测性生态风险评价往往是对尚未发生或即将发生的生态风险评价进行评价，因此这种评价结果具有一定的前瞻性，包含一定的不确定性。例如，某一大型水利工程在开工前，对濒危水生生物的生态风险进行评价，作为保护这些濒危物种的科学依据。

2. 回顾性生态风险评价

回顾性生态风险评价是目前应用最广泛的生态风险评价方法，是针对已经发生的生态风险进行评价，因此评价结果往往较为准确。例如，河流遭受污染后，对动物、植物进行的生态风险评价，修建水坝对于北美大马哈鱼（三文鱼）洄游的生态风险评价，三峡大坝对白鳍豚种群生长、发育、产卵的生态风险评价等都属于回顾性生态风险评价。

目前所进行的生态风险评价主要是针对环境污染物而进行的，这主要是由于人类对自然生态环境的物理破坏所产生的或将要产生的不良效应大多数是可以预期的，而且这些不良效应远比前者要小，如在城市近郊建设经济技术开发区，将农田变为厂房、写字楼等，这将必然导致生态景观格局发生改变和局部的“热岛效应”等生态风险产生。

四、生态风险评价的科学基础

在预测和评价环境污染物的生态风险时不可避免地要用到生态学、生物学、生态毒理学、数学、计算机科学、化学和概率论等多学科的知识，这些学科的发展为生态风险评价提供了理论基础和分析技术手段。

1. 生态学

生态学是研究生物与环境相互作用的学科，包括个体、种群、群落、生态系统和景观等不同层次。环境污染物对个体、种群、群落和生态系统的不良生态学效应（即生态毒理学效应），可以通过研究个体、种群、群落和生态系统的生态学特征来评估。在个体水平上，可以研究个体的代谢、生长、繁殖等生理指标是否正常。在种群水平上，可以研究种群的出生、死亡、扩散、迁徙等数量动态，来分析环境污染物的不良生态学效应。在群落水平上，可以研究群落的结构和动态，包括种类组成的改变、演替方向的变化等，从而对环境污染物的不良生态学效应进行科学评估。在生态系统水平上，可以研究环境污染物沿着食物链和食物网的传递和富集规律，为控制环境污染物对整个生态系统的危害提供科学依据。在景观水平上，可以研究环境污染物通过对生态系统结构和功能的影响，最终导致景观改变，进而对环境污染物对整个景观的危害给出科学评价。

2. 分子生物学

应用各种分子生物学方法和技术，对环境污染物的危害可以给出更精确的评价，特别是环境污染物对基因表达、突变和癌变等的作用和状况给出准确的描述。另外，应用分子生物学技术可以对转基因生物（genetically modified organisms，GMOs）——转基因农作物大田播种后，其转入基因是否“逃逸”、是否在生态系统中传播，以及对非目标生物的危害情况给出科学评价。

3. 生态毒理学

生态毒理学是研究环境污染物对生物个体、种群、群落和生态系统的不良生态学效应，以及从分子、细胞、组织和器官等不同生命层次，和从生理、代谢、发育、遗传、生殖等不同生命现象研究环境污染物的作用及其机理，并揭示生物的适应机制和确定反映环境胁迫的指示表征的学科。在生物圈中，同种的生物个体组成种群，若干种群的有机联系及它们的生境组成群落，群落及其生境的相互作用构成生态系统。由此，可以想象：一旦某种环境污染物排放到环境中，将会产生潜在的复杂生态学效应，会通过食物链逐渐向上传递并迅速富集，它的不良生态学效应会在个体、种群、群落和生态系统的不同水平上逐渐显现出来。如 20 世纪 60 年代之前，农业上大量使用 DDT 作为杀虫剂。由于降水、灌溉等原因，土壤中残留的 DDT 渗入地下水，排入河流，汇入海洋。通过食物链的富集和传递，结果在南极洲的企鹅体内发现了 DDT。尽管一种化学物质在特定环境中产生的生态学效应可能十分复杂，但评价这种效应的方法则应该是有序和符合逻辑的程序，而且能够检测出此种化学物质对个体、种群、群落及生态系统的影响方式和程度。

4. 数学方法

数学方法主要是统计学以及数学建模方法。应用统计学可以定量描述生态风险发生的概率，应用建模的方法可以对生态风险进行模拟。

风险度量的基本公式：

$$R = P \times D \tag{10-1}$$

式中：R——灾难或事故的风险；

P——灾难或事故发生的概率；

D——灾难或事故可能造成的损失。

因此，对于一个特定的灾害或事故 x，它的风险［$R(x)$］可以表示为

$$R(x)= P(x) \times D(x) \tag{10-2}$$

式中：$P(x)$——灾害或事故发生的概率函数；

$D(x)$——灾害或事故造成的损失函数。

对于一组灾害或事故，风险可以表示为

$$R = \sum_{i=1}^{s} P(x) D_i(x) \tag{10-3}$$

在有些情况下，灾害或事故可能被认为是连续的作用，它的概率和影响都随 x 而变化，则这种风险就可以表示为如下的定积分：

$$R = \int_{u_1}^{u_2} P(x) D(x) \mathrm{d}x \tag{10-4}$$

第二节 生态风险评价程序

目前，生态风险评价程序主要是以各国制定的生态风险评价框架中的步骤为主要内容。生态风险评价框架是一套标准化的方法体系，规定了生态风险评价的总体工作内容、技术路线、关键方法步骤和各阶段产出成果，为生态风险评价的科学方法有效转化为生态环境管理策略提供途径。

美国是世界上最早开展生态风险评价方法制定的国家。1983 年，美国国家研究委员会（National Research Council，NRC）首次提出了人类健康风险评价框架，主要包括 4 个步骤，即危害识别、剂量 - 效应关系、暴露评价和风险表征。以这 4 个基本步骤为指导，1992 年，USEPA 编制了《生态风险评价框架》，提出了生态风险评价的一般性原则和部分术语。在该框架的基础上，USEPA 于 1998 年正式发布了《生态风险评价指南》。

随后，欧盟、英国、澳大利亚、加拿大等组织或国家先后颁布了自己的生态风险评价框架。我国水利部于 2009 年颁布了《生态风险评价导则》（SL/Z 467—2009），生态环境部也于 2020 年颁布了《生态环境健康风险评估技术指南 总纲》（HJ 1111—2020）。不同国家生态风险评价的程序基本上是一致的，主要包括 3 个阶段：问题形成、风险分析（暴露分析和生态效应分析）和风险表征（图 10-1）。

一、问题形成

生态风险评价的目的是支持生态管理决策。在评价策划阶段，风险评价者、风险管理者和其他利益相关方需要充分沟通，因此，在风险评价之前，还有一个阶段是计划。在计划中，风险管理者与风险评价者，还有利益相关者进行协商，提出评价想要达到的目的及可用的资源等。内容包括：管理目的——评价者必须明确希望达到的环境状态；管理选项——评价者必须清楚进行评价和评比的措施；风险评价的范围和复杂性——评价受限于决策（国家或者地方）的性质、时间、完成评价的资源，以及风险管理者希望达到的完整性、准确度和详细度。

问题形成是将生态风险管理者赋予生态风险评价者的职责转化为生态风险评价计划。在问题形成阶段，需要解决的问题包括整合可用信息、确定评价终点、建立概念模型并制订分析计划。

1. 整合可用信息

收集和概述关于排放源、污染物或其他要素、效应和环境的信息。评价的开始，就必须对动因以及相应的排放源进行全面而详尽的描述。环境描述通常包含的信息有地理位置和界限、重要的气候和水文特征、生态系统（动物、植物的生境）的类型、需要特别注意的物种、优势物种、观察到的生态效应和特征及其在空间上的分布等。暴露情景除了描述暴露已经发生或即将发生的区域之外，还必须描述暴露发生的条件。如果某个动因的作用非常短暂，或者它的作用在时间上具有很大的变化性，或者它能够在将来以其他形式发挥作用，那么描述其暴露可能发生的条件就尤为重要。

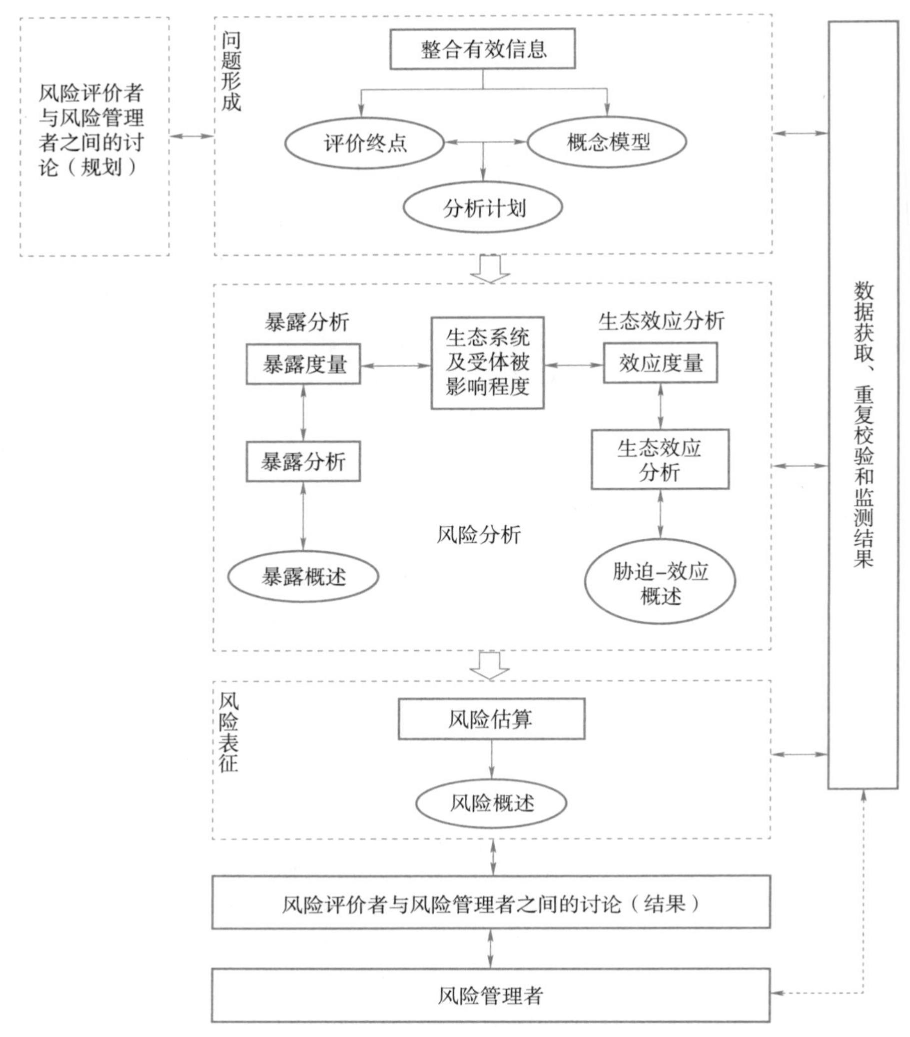

图 10–1 生态风险评价框架

2. 确定评价终点

评价终点是指我们要保护的对象以及生态风险评价的目标或焦点。选择评价终点的过程就是通过对实体某些特征的描述来代表或者阐明风险管理者想要达到的目标，同时还要求这些实体的特征能够通过测量或者模拟而进行评估。终点可界定在生物个体、种群、群落或者生态系统的结构或功能属性上。评价终点的样本包括濒危物种的保护（如大熊猫、白鳍豚等）、有经济价值资源的保护（各类渔场），或水质（特别是饮用水水源）的保护等。生态风险评价选择评价终点的标准有以下几条：①政策目标和社会价值；②生态学关联；③易感性；④操作的可定义性；⑤合适的尺度；⑥实用性。

3. 建立概念模型

形成排放源与终点受体之间相关性的描述。概念模型是阐述有毒动因或有害行为如何对终点实体产生影响的一系列操作假定。包括对来源、受纳环境以及受体直接暴露于污染物或者通过已受污染物影响的其他因素间接暴露于污染物的过程等内容的描述。风险评价中概念模型的基本作用就是将被评价的动因或者行为导致效应这一过程概念化。概念模型能够帮助筛选去除一些不可能发生或存在的损害。概念模型由图表和相应的阐述内容组成。大多数概念模型的图表都采用流程图的形式。图表模型采用表示实体（如源、介质和有机体等）的图画以及表示相互关系的箭头来展现整个系统的组成。

4. 制订分析计划

为获得所需数据和进行评价而制订的分析计划。这个计划应该包含需要采集何种数据、应用何种模型或者数学、逻辑分析以及需要以何种形式展现结果等内容。同时，也应该描述数据获取以及模型建立的方法和途径。还应该界定评价分为几个阶段及各阶段所需时间，付出何种程度的努力以及相应的成本。而且也应该提供质量保证计划，从而详细说明减少不确定性的方法以及结果的不确定性水平。对于常规性评价，如新化学动因的评价，其分析计划可以按照相关部门制定的标准方法执行。但是，对于新的和针对现场的评价，就需要重新制订计划。

二、风险分析

（一）暴露分析

暴露是指污染物或其他动因与生物受体（通常是生物体，也可以是器官、种群或群落）的相互接触或共同存在。暴露分析是生态风险评价的中间分析阶段，其分析结果应该引入到下一步的风险表征中，而不是止于大量的文字、表格或者数字。暴露分析的内容主要包括以下 3 个方面。

1. 暴露度量

暴露度量是指在某要素可能与受体联系的位点处，对可表明其特性、分布和数量的参数进行测量及其测量结果。因此，暴露度量首先要对污染源进行源的识别和表征。当污染介质引起重大风险时，应当查明污染源。源识别往往开始于寻找可能的来源。根据不同的污染物和环境，有关资料可以来自排污许可证、土地利用地图和航空拍摄照片、对当地居民的采访、历史记录和区域调查等。找到污染源后，通过采样和分析测定环境介质的背景浓度和相关性质，如 pH、硬度和温度等，用于后续的暴露分析。具体的样品采集技术，样品制备、处理和分析技术可以在权威部门发布的有关环境检测或分析的标准方法中查阅到。

2. 暴露分析

暴露分析是指对终点群体中的受体受到的暴露强度以及暴露在空间和时间的分布进行分析预测。对暴露分布的评价可以通过两种方式进行，一种是测定介质中的污染物，另一种是通过建模来分析物质的迁移转化等环境行为。对化学物质或其他动因的排放所引起的污染物暴露进行预测和评价时，必须基于它们的排放量。对污染区域进行暴露评估，应该包括目前存在的暴露以及该区域将来可能发生的污染物暴露两个方面。暴露建模的界限因环境背景的改变而变化。迁移转化模型应该包括生物体对化学物质的吸收和富集作用，然而目前通常所进行的暴露预测都只停留在对非生物环境介质中化学物质的分析。

在任何情况下，暴露分析都应该对暴露强度、暴露时间和空间大小做出合理的定义。化学物质的暴露强度通常用介质中的物质浓度来表示，也可以采用剂量和剂量率来表示。

对非化学因素暴露，必须采用相同的强度尺度表示。暴露时间通常是指与污染物的接触时间，与时间相关的其他方面（如季节性等）也会影响暴露。暴露空间大小通常是指暴露发生的区域，或者暴露发生流域的直线距离。如果污染呈间断性，那么污染的空间分布类型很重要。因此暴露必须定义为空间和时间上的暴露强度。

3. 暴露概述

暴露概述是指暴露分析结果的摘要，应涵盖全部终点受体的所有暴露途径，以确保对所有途径都进行了分析。暴露概述需要对每一条暴露途径的暴露过程都给予评价，对评价结果进行汇总，并指出相关的不确定性。如果风险界定过程中，对同一个评价终点进行了多个证据链的描述，那么每一个证据链中对暴露的度量都需要一一说明。对每一条证据链和终点，都需要对它的暴露介质、暴露途径、暴露强度进行表述，同时还需要包含时间、空间上的分布，以及相关的不确定性，如采样的变化、分析的精密度以及模型的不确定性等。

（二）生态效应分析

在生态效应分析中，评价者将化学物质或者其他物质所产生效应的性质和数量的变化作为暴露结果。暴露结果一般是由生态毒理学研究获得的，其中常用的方法有以单物种测试为基础的外推法和以多物种测试为基础的微宇宙和中宇宙法。近年来生态风险评价模型发展很快，它的出现使生态风险评价由单纯依靠生态毒理学试验数据向生态毒理学试验与模型模拟相结合的方向转化。

1. 效应度量

效应度量是指对暴露引起的终点反应的测量或观察及其结果。效应可以通过试验、野外观察以及数学模拟进行估计。在效应分析中，必须对效应数据进行评估以确定哪些数据与评价终点有关，然后再进行分析与综合，以适用于风险的界定。

2. 生态反应分析

生态反应分析是指对生态毒理效应数据的定量分析。效应分析必须考虑以下两个问题：第一，在现有的生态毒理效应的测定方法中，哪种方法最接近评价终点的实际情况？第二，生态毒理效应数据的表达与暴露表达是否一致？暴露水平的空间和时间模式一旦确定，暴露和效应就共同决定了效应的性质和程度。例如，当暴露于某一物质（如无铅汽油等）时，如果仅对该物质在短时间内引起土壤发生持续性毒害作用进行分析，那么，就应该将这些数据用于分析在这段时间内目标化学品（如无铅汽油等）引起的生态反应；同时，对于野外观察获取的该化学品（如无铅汽油等）的数据也应该集中用于分析那些迅速发生的短期生态效应（如群体死亡等），而不是长期效应。

3. 胁迫－反应概述

胁迫－反应（又称暴露－反应）是专门用于确定暴露量级或持续时间与终点效应相关性的生态反应分析。通常根据“毒作用阈值的浓度或者剂量”这样一个基准值，评价某一物质的暴露－反应关系。同时，一般情况下还需要进行试验（如采用相关受体的可控暴露试验）或者进行暴露和效应的现场观察研究。由于试验通常不会包括所有相关的物种和生命周期，因此就需要用外推模型来估计个体水平、种群水平或生态系统水平上的效应。对个体水平，由于几乎所有的试验都是在个体水平上发生的生态反应，因此可采用简单的假定或者统计模型外推出它的反应终点；而对于种群或者生态系统水平，就要采用包括数学模拟的跨分类水平的外推方法，才能外推出它们相应水平下的生态效应。

在暴露分析和生态效应分析的评价工作中，都必须紧密联系评价终点、概念模型，并仔细评价相关科学数据的真实有效性。暴露分析过程所关注的是各项胁迫要素的来源、在环境中的分布以及使生态风险受体受到胁迫的可能性。在生态效应分析阶段，评价者需要评价生态系统对生态胁迫的暴露水平，以及建立生态效应与胁迫水平的胁迫 - 反应关系。

三、风险表征

风险表征是生态风险评价的一部分，它是通过整合暴露与暴露 - 反应关系，来估计不良生态效应发生的概率，并根据这些结果得出科学的结论。

1. 风险评估

风险评估是将暴露分析结果参数化并用于暴露 - 反应模型和风险估计，以及分析相关不确定性的过程。目前有两类完全不同的风险表征，第一类是筛选评价，它的目的是把风险快速分为两部分，即需要引起重视的风险和可以忽略的风险；第二类是确定性评价，它的目的是为风险管理人员提供所有评价终点的风险评价。风险评估是基于一系列标准假设、情景及模型，输入信息并使用标准程序进行计算的过程。风险评估的推理会根据现有数据和评价类型的不同而采用不同的形式，关键在于如何利用现有的证据得出结论。

2. 风险描述

风险描述是指风险评价者与风险管理者沟通，为后者描述和说明风险评估结果的过程。在风险表征阶段，评价者将暴露水平与胁迫 - 效应关系进行综合分析，通过逐条证据讨论，描述生态风险，确定生态负面效应，并编制报告。一个成功的风险表征工作应清晰地对结果进行表述，准确陈述所运用的假设及涉及的不确定性，全面论证可能存在的各种合理解释，并将科学结论与政策决定加以严格区分，以确保准确表达风险评价者与管理者的共识。风险管理者在风险评价结论的基础上，综合考虑经济、法律等因素，可以形成相应的风险管理对策，并与利益相关方和大众进行交流沟通。

在生态风险评价工作完成后，风险管理者应决定是否应采取相应的行动，以降低生态风险。在制订风险控制计划时，也应考虑相应的监测计划，确定监测指标，以考察风险控制行动是否切实降低了生态风险，或者使生态系统得到了恢复。必要时风险管理者可以决定是否应进行补充评价，以提供更充分的信息，支撑管理上的决策。由于生态风险评价涉及多方面的背景知识，因此无论是评价者，还是风险管理者，都需要与环境科学、生态科学、生态毒理学和生物学等多学科的专家进行交流与合作，以保证评价的全面性与科学性。

第三节 生态风险评价方法

生态风险评价方法主要包括暴露 - 效应评估方法和风险表征方法两部分。

一、暴露 - 效应评估方法

生态风险评价是量化有毒污染物生态危害的重要手段，最终目的是得出一个浓度阈值或风险值，为环境决策或与其相关的标准或基准的制定提供参考依据。在生态风险评价中，比较常用的指标是预测环境浓度（predicted environmental concentration，PEC）和预测无效应浓度（predicted no effect concentration，PNEC）。围绕着无效应浓度的评估，暴露-效应评估方法主要有以单物种测试为基础的评价方法、以多物种测试为基础的评价方法以及以种群或生态系统为基础的生态风险模型法等三种，在此，仅对以单物种测试为基础的评价方法进行介绍，以为学习生态风险评价方法奠定基础。

在以单物种测试为基础的生态风险评价中，由实验室获得的单物种毒性测试结果可以用来推测化合物的效应浓度，为了保护一个区域的种群，通常使用外推法来得到合适的化学物浓度水平，最常用的两种方法是评估因子法和物种敏感度分布曲线法。

（一）评估因子法

评估因子法（assessment factor，AF）就是由某个物种的急性毒性数据或慢性毒性数据除以某个因子以得到该化合物的预测无效应浓度（PNEC）。该方法主要是在可获得的毒性作用数据较少时，用于 PNEC 的计算。其评估因子的确定主要是依赖对于最敏感的生物体来说可获得毒性数据的数量和质量，例如，物种数目、测试终点、测试时间等，评估因子（AF）的取值范围通常是 10～1 000。评估因子法操作较为简单，但在因子选择上存在很大的不确定性。

例如，国内一项研究采用评估因子法计算海河中有机磷酸酯——磷酸三（2-氯乙基）酯［tris（2-choroethyl）phosphat，TCEP］对淡水藻、大型蚤、鲫鱼的预测无效应浓度（PNEC）。该研究测得 TCEP 对淡水藻（*Scenedesmus subspicatus*）、大型蚤（*Daphnia magna*）、鲫鱼（*Carassius auratus*）的 LC_{50} 分别为 50 mg/L、330 mg/L、90 mg/L。参照国内相关研究和表 10-1 淡水水生生物评估系数（AF 值），根据该研究中 TCEP 获得基础水平的三个营养级别水平的每一级中都有一项短期数据（即 LC_{50}），AF 值选用 1 000，所以得出该污染物的预测无效应浓度（PNEC）分别为 0.050 mg/L、0.330 mg/L、0.090 mg/L。

表 10-1　淡水水生生物评估系数

可获得的试验数据	评估系数（AF 值）
基础水平的三个营养级别水平每一级至少有一项短期 L（E）C_{50}（藻、蚤、鱼）	1 000
一项长期试验的未观察到有作用浓度（NOEC）（鱼类或藻类）	100
两个营养级别的 2 个种的长期未观察到有作用浓度（NOEC）	50
三个营养级别的至少 3 个种的长期未观察到有作用浓度（NOEC）	10

（二）物种敏感度分布曲线法

物种敏感度分布曲线法（species sensitivity distribution method，SSD）是假定在生态系统中不同物种可接受的效应水平随一个概率函数（即种群敏感度分布）而变化，并假定有限的生物种是从整个生态系统中随机取样的，并因此认为评估有限物种的可接受效应水平是适合整个生态系统的。该方法主要是在可获得的毒性作用数据较多时，用于预测无效应浓度（PNEC）的计算。物种敏感度分布曲线的斜率和置信区间揭示了风险估计的确定性。在以物种敏感度分布曲线法进行生态风险评价中，一般用危险浓度的 x 百分值

（hazardous concentration of x%，HC_x）来表示最大环境许可浓度值，通常取值 5% 的危险浓度（hazardous concentration of 5%，HC_5），HC_5 表示在该化学物质浓度下受到影响的物种数不超过总物种数的 5%，即达到 95% 物种保护水平时的浓度。虽然选择保护水平是任意的，但它反映了统计学考虑（HC_x 太小，风险预测不可靠）和环境保护的需求（HC_x 应尽可能小）的折中。

任何一种生态风险评价方法都需要定义一个可接受的终点效应的水平，而不是绝对的无效应终点。例如，在以单物种测试为基础的生态风险评价中，定义的可接受的效应终点是 HC_5 或 EC_{20} 而不是未观察到有作用浓度（NOEC）或最大无作用浓度（MNEC）。原因有二：首先 HC_5 或 EC_{20} 比 NOEC 更可信赖，更具有统计学意义；其次 HC_5 或 EC_{20} 被认为是可以忍受的最大抑制值，而且许多学者已报道 NOEC 值与 5%～30% 抑制在统计学上并没有显著差别。

关于 HC_5 的测定计算方法，以国内的一项研究为例，该研究采用 SSD 法对弥河流流域四溴双酚 A（BPA）的 HC_5 值进行推导。此研究选择了 12 个物种，筛选出的慢性毒性数据 NOEC 分别为：0.002 4 mg/L、0.019 mg/L、0.023 mg/L、0.10 mg/L、0.20 mg/L、0.49 mg/L、0.49 mg/L、0.50 mg/L、0.94 mg/L、4.00 mg/L、4.57 mg/L、7.80 mg/L，将其进行对数转化并按从小到大的顺序进行排序：−6.03、−3.96、−3.77、−2.03、−1.61、−0.71、−0.71、−0.69、−0.062、1.39、1.52、2.06。最终使用 Sigmoid 曲线函数计算累积概率为 5% 时所对应的毒性数据，得到 BPA 的 HC_5 为 1.17 μg/L。

基于单物种测试的外推法虽然在评估环境污染物的效应时起到了很好的预测作用，而且通过一定的假设能应用到对整个生态系统的风险评估，但该法存在很多不符合实际情况的假设。例如，该法中没有考虑物种通过竞争和食物链相互作用而产生的间接效应。如果敏感的物种是关键的捕食者或是一个食物链的关键元素，那么这种间接作用的影响就会非常显著，并且有可能导致基于单物种测试的外推法得到的风险水平与根据生态系统物种依存关系获得的生态风险评估结果之间存在较大偏差。因此，如有必要，还应采用以多物种测试为基础的评价方法、以种群或生态系统为基础的生态风险模型评价方法进行暴露－效应评估。

二、风险表征方法

风险表征是对暴露于各种胁迫下的有害生态效应的综合判断和表达，其表达方式有定性和定量两种。当数据、信息资料充足时，人们通常对生态风险实行定量评价。定量风险评价有很多优点：允许对可变性进行适当的、可能性的表达，能迅速地确定什么是未知的，分析者能将复杂的系统分解成若干个功能组分，从数据中获取更加准确的推断，并且评价结果具有重现性。目前，定量风险表征方法主要有商值法、概率风险评价法、多层次的风险评价法。在此，仅对商值法和概率风险评价法进行介绍，以为学习更复杂的生态风险评价方法打好基础。

（一）商值法

商值法（risk quotients，RQ）是将实际监测或由模型估算出的环境暴露浓度（EEC 或 PEC）与表征该物质危害程度的预测无效应浓度（PNEC）相比较，从而计算得到风险商值的方法。由于其应用较为简单，当前大多数定量或半定量的生态风险评价根据商值法来进行，适应于单个化合物的毒理效应评估。比值大于 1 说明有风险，比值越大风险越大；比值小于 1 则安全，此时各种化学物的参考剂量和基准毒理值被广泛应用。

例如，一项关于沈阳细河水苯并蒽生态风险评价的研究，选用商值法作为生态风险表征方法，以各采样点化学分析所得的浓度数据（范围：0.023～0.180 μg/L）为环境暴露浓度，以查得的淡水中苯并蒽生态基准值 34.6 μg/L 为毒性参考值，计算各采样点苯并蒽浓度值除以生态基准值获得各自的商值，从而得到其危害商值范围在 0.001～0.005，均远小于 1，说明苯并蒽在细河中的生态风险相对较小。

商值法通常在测定暴露量和选择毒性参考值时都是比较保守的，它仅仅是对风险的粗略估计，其计算存在很多不确定性。例如，化学参数测定的是总的化学品含量，假定总浓度是可被生物利用的，但事实并非完全如此。而且，商值法没有考虑种群内各个个体的暴露差异、受暴露物种的慢性效应的不同、生态系统中物种的敏感性范围以及单个物种的生态功能。并且商值法的计算结果是一个确定的值，不是一个风险概率的统计值，因而不能用风险术语来解释。商值法只能用于低水平的风险评价。

（二）概率风险评价法

概率风险评价法是将每一个暴露浓度和毒性数据都作为独立的观测值，在此基础上考虑其概率统计意义。概率风险评价是传统生态风险评价的外延，目前正被广泛应用，它把可能发生的风险依靠统计模型以概率的方式表达出来，这样更接近客观的实际情况。在概率生态风险评价中，暴露评价和效应评价是两个重要的评价内容。暴露评价试图通过概率技术来测量和预测研究的某种化学品的环境浓度或暴露浓度，效应评价是针对暴露在同样污染物中的物种，用物种敏感度分布来估计一定比例的物种受影响时的化学浓度，即 $x\%$ 的危害浓度（HC_x）。暴露浓度和物种敏感度都被认为是来自概率分布的随机变量，二者结合产生了风险概率。概率风险评价法考虑了环境暴露浓度和毒性值的不确定性和可变性，体现了一种更直观、合理和非保守的估计风险的方法。概率风险评价法包括安全阈值法和概率曲线分布法，在此仅对安全阈值法、物种敏感度分布曲线法（SSD）进行介绍，以为进一步学习概率曲线分布法、多层次的风险评价法等打好基础。

1. 安全阈值法

商值法表征的风险是一个确定的值，不足以说明某种毒物的存在对生物群落或整个生态系统水平的危害程度及其风险大小。因此，需要选择代表食物链关系的不同物种来表示群落水平的生物效应，从而对污染物的生态安全进行评价。为保护生态系统内的生物免受污染物的不利影响，通常利用外推法来预测污染物对于生物群落的安全阈值。通过比较污染物暴露浓度和生物群落的安全阈值，即可表征污染物的生态风险大小。

安全阈值是物种敏感度或毒性数据累积分布曲线上 10% 处的浓度与环境暴露浓度累积分布曲线上 90% 处浓度之间的比值，其表征量化暴露分布和毒性分布的重叠程度。比值小于 1 揭示对水生生物群落有潜在风险，大于 1 表明两分布无重叠、无风险，通过比较暴露分布曲线和物种敏感度分布曲线可以直观地估计某一化合物影响某一特定百分数水生生物的概率。

例如，在一项关于松桃河氨氮污染生态风险评估的研究中就是利用安全阈值法进行的。该法采用对数化的效应浓度和暴露浓度数据进行作图，由图 10-2 可知，SSD_{10}（毒性浓度分布）为 10% 的水生生物受到影响时的长期暴露氨氮浓度为 1 640.5 μg/L（对数值：3.215），而此时对应的氨氮暴露浓度为 6 309.0 μg/L（对数值：3.8），必须说明的是，此处的氨氮暴露浓度是指氨氮在水体中的浓度分布累积为 90% 时的浓度，即 EXD_{90}（exposure distribution，90% 暴露浓度分布）。

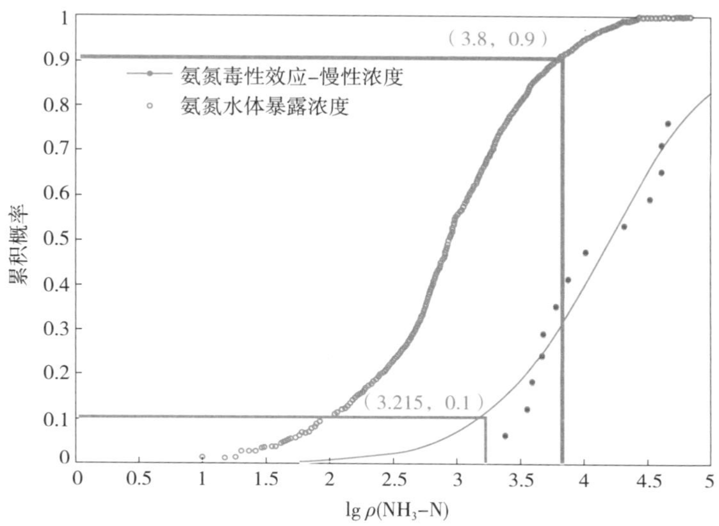

图 10-2　松桃河水体氨氮的暴露浓度和毒性数据的累积概率分布

通过以下公式计算得出水生生物长期暴露氨氮时的安全阈值为 0.26：

$$MOS_{10}=SSD_{10} / EXD_{90}=1\ 640.5/6\ 309.0=0.26$$

一般取 MOS_{10} 为 1 界定风险程度，$MOS_{10}>1$，说明暴露浓度和毒性数据无重叠或重叠程度有限，该物质对水生生物的生态风险较小。若 $MOS_{10}<1$，表明曲线重叠程度高，该污染物具有潜在风险，MOS_{10} 越小，其风险越大。由此可知氨氮对松桃河水生生物有一定的生态风险。

2. 物种敏感度分布曲线法

物种敏感度分布曲线法（SSD）是通过分析暴露浓度与毒性数据的概率分布曲线，考察污染物对生物的毒害程度，从而确定污染物对生态系统的风险。该曲线反映了各损害水平下暴露浓度超过相应临界浓度值的概率，体现了暴露状况和暴露风险之间的关系。一般用作最大环境许可浓度的值是 HC_5 或 EC_{20}。这种将风险评价的结论以连续分布曲线的形式得出，不仅使风险管理者可以根据受影响的物种比例来确定保护水平，而且也充分考虑了环境暴露浓度和毒性值的不确定性和可变性。

例如，一项根据生长和发育、生物化学、繁殖和细胞毒性 4 个毒性终点数据及其 HC_5 值（表 10-2），采用物种敏感度分布曲线法对淡水水体中壬基酚（nonylphenol，NP）的生态风险进行评价。根据水体中 NP 暴露浓度模拟分布图，以毒性数据的累积分布函数为纵坐标，污染物暴露浓度为横坐标作图，得到 SSD 分布曲线图（图 10-3）。SSD 曲线的位置反映了污染物生态风险大小，曲线越靠近 y 坐标轴风险越大。结果表明，在所调查水体中，繁殖毒性终点的 HC_5 值为 0.142 μg/L，细胞毒性终点的 HC_5 值为 0.317 μg/L，生物化学毒性终点的 HC_5 值为 0.581 μg/L，生长和发育毒性终点的 HC_5 值为 0.694 μg/L

（表 10-2）。从图 10-3 的累积概率（y 坐标轴）的 HC_5 值处的曲线分析发现，以繁殖、细胞和生物化学为毒性终点的曲线更靠近 y 坐标轴，而生长和发育曲线更远离 y 坐标轴。由此得出结论：在所调查水体中，以繁殖、细胞和生物化学为毒性终点的生态风险较高，而以生长和发育为毒性终点的生态风险相对较小（处于可接受水平），应采取相关措施以保障水生生物的安全。

表 10-2 基于壬基酚（NP）不同毒性终点的物种敏感度分布曲线（SSD）参数

毒性终点	数量 / 个	ρ(NP) / (μg/L)		HC_5/(μg/L)
		平均值	标准差	
生长和发育	9	153	291	0.694
生物化学	8	183	337	0.581
繁殖	8	126	235	0.142
细胞	10	84	124	0.317

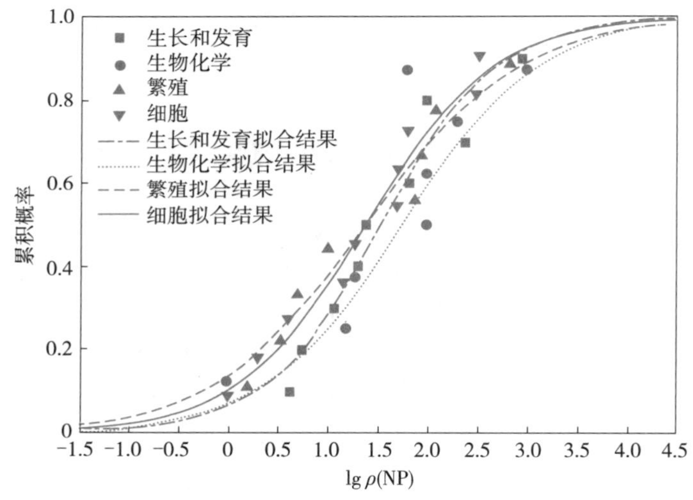

图 10-3 基于壬基酚（NP）不同毒性终点的 SSD 曲线

三、生态风险评价方法发展趋势

生态风险评价的关键是确定生态系统及其组分的风险源，定量预测风险出现的概率及其可能的负面效应，并据此提出相应的措施。根据目前生态风险评价的发展情况可预期生态风险评价方法有以下几种发展趋势。

1. 生态风险评价方法趋向于多元化、复杂化

随着生态风险评价范围的不断扩大和评价内容的复杂性不断增强，现存的生态风险评价方法已不能满足需要，人们需要不断地开发新的评价方法，目前正在起步的多层次评价系统将会进一步得到发展。

2. 生态风险模型将在区域或流域生态风险评价中发挥重要作用

以单物种测试和以多物种生态系统模拟为基础的生态风险评价方法正逐渐暴露其弱

点，生态风险模型以其独特的优势将在生态风险评价中得到长足的发展，尤其是正被人们关注的区域生态或景观生态风险评价的发展，生态风险模型将扮演着重要的角色。并且基于建模的复杂性及生态系统的复杂性，对现存模型的联合运用也会是生态风险模型在生态风险评价中的一个重要发展方向。

3. 生态毒理学理论和方法将在生态风险评价中发挥重要作用

以毒理学测试为手段的生态风险评价能否继续占有重要的地位，就要看它对生态学的融入情况。一般认为生态系统需要从数量、质量和稳定性 3 个方面进行表征，这为毒性测试提供了参考。目前的生态毒性测试只考虑数量这一方面，对生态系统的质量和稳定性却较少表征。怎样在毒理学测试中融入更多的生态学观点，即采用生态毒理学的理论和方法，这将是对毒理学者和生态风险研究者的一个挑战，这也体现了增强生态风险评价的科学性和实用性越来越需要多学科的交叉与结合。

4. 用游离态浓度代替总浓度

目前的生态风险评价中化学参数测定的是化学品的总浓度，假定总浓度是可被生物利用的，但事实上总浓度中只有游离态的浓度才能被生物利用产生效应。因此，在生态风险评估中用游离态浓度代替总浓度将更接近实际情况，尤其是目前对游离态浓度的研究已经取得了重要的进展，这就使得用化学品的游离态浓度代替总浓度进行生态风险评价在技术上具有可行性。

第四节 转基因生物引起的生态风险及其评价方法

随着生物工程技术的迅速发展，各种转基因生物（genetically modified organisms，GMOs）已在全球许多国家养殖或种植，以它们为原料而生产的食品已投放市场，进入消费领域，与人类关系比较密切的主要有各种蔬菜、各种畜禽产品、水产品等，尤其是用转基因大豆和油菜等生产的食用油。来自国际农业生物技术应用服务组织（International Service for the Acquisition of Agri-biotech Applications，ISAAA）的数据显示，1996 年，转基因技术开始推广时，全球只有 170 万 hm^2 的转基因作物；2019 年，全球转基因作物的种植面积比 1996 年累积扩展了 100 多倍，达到 1.904 亿 hm^2。由于转基因食品潜在风险的不确定性，欧盟国家拒绝美国生产的转基因牛肉进入欧盟市场，并由此引发贸易纠纷。尽管 WTO 裁决美国胜诉，但人们对转基因食品的潜在风险仍忧心忡忡。

一、GMOs 引起的生态风险

1. GMOs 对人类健康的影响

GMOs 及其产品作为食品进入市场，可能对人体产生某些毒副作用和过敏反应。自转基因食品问世以来，其可能引发的风险问题备受争议与关注，特别是 2012 年的“黄金大米事件”再度引发了公众对转基因食品的风险担忧。例如，转入的生长激素类基因可否对人体生长发育产生重大影响。GMOs 中使用的抗生素标记基因，如果进入人体可否使人体对很多抗生素产生抗性，而给人类健康带来难以估量的不良影响。

2. 伦理道德问题

迄今为止，至少已经有 24 种人类基因转移并插入到各种生物体内。国际社会提出一系列问题：人类是否有权任意把任何数量的人类基因转移到其他生物中去？消费者是否愿意食用带有人类基因的食品？用人类基因做转基因工作有没有一个法定限度？

3. 对环境的影响

抗虫和抗病类 GMOs，除对害虫和病菌致毒外，对环境中的许多有益生物也将产生直接或间接的影响和危害。基因的转移或改变，整合到植物基因组内的病毒外壳蛋白基因可以转移，并可能与其他病毒发生重组而产生“超病毒”的潜在风险，这类病毒如果侵入其他重要作物可否造成更大的危害等等。

一些转基因的抗虫、抗病、抗除草剂或抗环境胁迫的转基因植物本身具有杂草的某些特征，由于外源基因的引入，使其在环境中的适合度发生了变化，从而导致自身变为杂草。另外，在自然环境中转基因作物与其近缘杂草进行杂交，使杂草获得了某些优势性状，变为更加难以清除的超级杂草。例如，加拿大种植转基因油菜后，由于自然杂交的结果，已在农田中发现了拥有耐 3 种除草剂的转基因油菜。

4. 对生物多样性的影响

转基因技术由于可以使动物、植物、微生物甚至人的基因进行相互转移，GMOs 已经突破了生物学上传统的界、门的概念，产生了普通物种不具备的优势特征，若释放到环境，会改变物种间的竞争关系，破坏原有的自然生态平衡，导致生物多样性的丧失。GMOs 通过基因漂移，会破坏野生和野生近缘种的遗传多样性。此外，种植耐除草剂的转基因作物，由于自然杂交而出现耐除草剂的杂草，这不仅产生了新的物种，对生态平衡和生物多样性产生不利影响，而且必将大幅度提高除草剂的使用量，从而提高农业生产成本，加重农药对环境的污染程度，导致农田生物多样性的丧失。

5. 产生新病毒

抗病毒转基因植物中的转基因病毒序列有可能与侵染该植物的其他病毒进行重组，从而提高了产生新病毒的可能性。近年来的研究已经证明，在植物体内不同病毒可以发生重组而产生新的病毒，例如在乌干达木薯中已发现非洲木薯花叶病毒和东非木薯花叶病毒在植物体内发生重组，形成了新的病毒，这种新病毒正在毁灭整个乌干达的木薯。

二、GMOs 生态风险评价方法

GMOs，特别是转基因植物和农作物已经大量投入生产，而且许多产品已经与我们的日常生活密不可分，但 GMOs 有可能产生生态风险的观点已引起多数学者的重视。客观、公正、科学地对 GMOs 存在的生态风险进行评价，不仅对于促进 GMOs 产业的发展、最大限度地利用转基因技术给我们生活带来的益处，而且对于消除人们对 GMOs 的各种疑虑，将 GMOs 的生态风险降低到最小，或将 GMOs 的生态风险控制在合理的范围内，均具有重要的科学意义和实际意义。鉴于目前对 GMOs 生态风险的认识和研究水平的局限性，要对其给出定量的生态风险评价还有一定难度。

（一）问题形成

问题形成就是在生态风险评价前，要尽可能查清 GMOs 所有的主要危险特征，这对于生态风险评价结论的可靠性和科学性非常重要。对于 GMOs 来说，这些危险特征主要包括：GMOs 在环境中的存活、定居、传播和竞争能力；GMOs 基因逃逸的潜在危险，并可能产生超级杂草或超级害虫的风险；GMOs 表型和基因型的稳定性；GMOs 在环境中对其他生物体的致病性和毒性；GMOs 释放后对天敌以及生态系统食物链和食物网稳定性的影响；GMOs 对濒危动物、植物的影响；GMOs 在环境中可能产生的其他潜在影响。

（二）风险分析

1. 暴露分析

GMOs 生态风险的发生不仅与 GMOs 本身的特性有关，而且与其所处的释放环境和预定用途密切相关。因此，对于可能产生生态风险的 GMOs，要推断其相关危险在释放环境中发生的可能性，就必须在释放前对有关生态因素进行调查，分析它们对 GMOs 各种风险发生的影响。一般情况下，调查内容主要包括：GMOs 环境释放的数量、方法、频次和持续时间；GMOs 环境释放点的数量及其规模；GMOs 环境释放点的生态因素，包括地理因素（如海拔、地貌、坡度等）、气候指标（如降水、温度、风向、风速、积温、无霜期等）、土壤（如类型、结构等）；GMOs 环境释放点离居民点、生物群落，特别是濒危动物、植物群落的距离；GMOs 环境释放点的扰动情况；GMOs 环境释放后有关风险的管理方法与对策。

2. 生态效应分析

由于 GMOs 所产生的危害程度目前尚难以定量计算，所以在通常情况下，将 GMOs 在释放环境中所产生的危害程度分为下列 4 个等级。

（1）严重危害

严重危害是指 GMOs 在环境释放过程中，导致一种或多种生物有机体的种群数量发生显著变化，特别要注意濒危物种种群数量的减少、下降，甚至灭绝或消失。动物、植物种群数量的变化，可能导致当地生态系统结构和功能的改变，特别是生态系统生产力的下降，物质循环和能量流动发生紊乱，对生态系统的稳定性产生不可逆的不利影响等。

（2）中度危害

中度危害是指 GMOs 在环境释放过程中，导致其他生物种群密度发生变化，但该变化并不会导致某个物种的完全消失或濒危物种种群产生明显的不利影响。GMOs 对生态系统功能所产生的不利影响不会导致生态系统结构和功能的失调等。

（3）低度危害

低度危害是指 GMOs 在环境释放过程中，仅仅会对某些生物种群密度和分布产生影响，但不会导致物种的灭绝，并且对生态系统的结构和功能不会产生明显影响。

（4）可忽略的危害

可忽略的危害是指 GMOs 在环境释放过程中，不会导致 GMOs 所在环境的其他生物种群密度和分布发生变化，对生态系统的功能和结构基本没有影响。

上述 4 个等级可以通过专家评分的方法，给出它们相应的分值，如严重危害为 10 分，中度危害为 6 分，低度危害为 2 分，可忽略的危害为 0 分。

通常将 GMOs 的每种危险可能发生的概率定性地分为下列 4 个水平：

高度危险（P_1）：是指 GMOs 的危险在释放环境中发生的概率很高（$P_1 \geq 80\%$）；

中度危险（P_2）：是指 GMOs 的危险在释放环境中发生的概率较高（$50\% \leq P_2 < 80\%$）；

低度危险（P_3）：是指 GMOs 的危险在释放环境中发生的概率较低（$5\% \leq P_3 < 50\%$）；

最低危险（P_4）：是指 GMOs 的危险在释放环境中发生的可能性极低（$P_4 < 5\%$）。

在实际估计中同样可以通过专家评分的方法，得出每种危险发生的概率。

（三）风险表征

按照转基因植物可能产生的潜在危险程度，将转基因植物环境释放可能产生的风险分为下列 4 个水平：

Ⅰ. 零风险水平：GMOs 环境释放对生物多样性、人群健康和环境尚不存在危险；

Ⅱ. 低风险水平：GMOs 环境释放对生物多样性、人群健康和环境具有低度危险；

Ⅲ. 中等风险水平：GMOs 环境释放对生物多样性、人群健康和环境具有中度危险；

Ⅳ. 高风险水平：GMOs 环境释放对生物多样性、人群健康和环境具有高度危险。

可以将 GMOs 风险水平的估计简单地表达为

风险水平 = 潜在危害程度 × 危险发生的概率

GMOs 风险水平（发生概率）与潜在危害程度之间的关系见表 10-3。

表 10-3 GMOs 风险水平（发生概率）与潜在危害程度之间的关系

风险水平（发生概率）	潜在危害程度			
	严重危害	中度危害	低度危害	可忽略的危害
高度危险（P_1）	Ⅳ	Ⅳ	Ⅲ	Ⅰ
中度危险（P_2）	Ⅳ	Ⅲ	Ⅱ	Ⅰ
低度危险（P_3）	Ⅲ	Ⅲ	Ⅱ	Ⅰ
最低危险（P_4）	Ⅰ	Ⅰ	Ⅰ	Ⅰ

注：危险发生概率分别为：$P_1 \geq 80\%$；$50\% \leq P_2 < 80\%$；$5\% \leq P_3 < 50\%$；$P_4 < 5\%$。

资料来源：《转基因植物生态风险与国际生物安全议定书》。

思考题

1. 名词解释

生态风险、生态风险评价、风险表征、景观生态风险、物种敏感度分布曲线法

2. 生态风险有哪些特点？为什么要进行生态风险评价？

3. 生态风险评价程序的主要内容有哪些？

4. 暴露 - 效应评估方法主要有哪几种？

5. 生态风险评价方法有哪些，如何进行？举例说明。

6. 转基因生物可能存在哪些生态风险？如何对转基因生物的生态风险进行评价？

主要参考文献

[1] 蔡晓明 . 生态系统生态学 [M]. 北京：科学出版社，2000.

[2] 戴树桂 . 环境化学 [M]. 2 版 . 北京：高等教育出版社，2006.

[3] 杜青平，孟紫强，袁保红 . SO_2 与 Cl_2 胁迫对小麦幼苗毒性的研究 [J]. 农业环境保护，2002，21(4): 328-330.

[4] 方精云 . 全球生态学——气候变化与生态响应 [M]. 北京：高等教育出版社，2000.

[5] 冯宗炜，等 . 酸沉降对生态环境的影响及其生态恢复 [M]. 北京：中国环境科学出版社，1999.

[6] 化学品风险相关国家标准汇编——生态毒理学试验方法 [M]. 北京：中国标准出版社，2010.

[7] 黄玉瑶 . 内陆水域污染生态学 [M]. 北京：科学出版社，2001.

[8] 金修齐，黄代宽，赵书晗，等，松桃河流域氨氮和锰污染特征及生态风险评价 [J]，中国环境科学，2021，41(1): 385-395.

[9] 李博，杨持，林鹏 . 生态学 [M]. 北京：高等教育出版社，2000.

[10] 李寿祺 . 卫生毒理学——基本原理和方法 [M]. 成都：四川科学出版社，1987.

[11] 李雯雯，王晓南，高祥云，等，基于不同毒性终点的壬基酚生态风险评价 [J]，环境科学研究，2019，32(7): 1143-1152.

[12] 刘征涛，等 . 环境化学物质风险评估方法与应用 [M]. 北京：化学工业出版社，2015.

[13] 罗孝俊，麦碧娴 . 新型持久性有机污染物的生物富集 [M]. 北京：科学出版社，2017.

[14] 孟紫强，祝玉珂 . 太原地区绿化植物受氯气伤害的特征及其抗性的研究 [J]. 城市环境与城市生态，1997，10(3): 4-7.

[15] 孟紫强，等 . 二氧化硫生物学：毒理学、生理学、病理生理学 [M]. 北京：科学出版社，2012.

[16] 孟紫强 . 二氧化硫信号分子研究 [M]. 北京：中国环境出版集团，2022.

[17] 孟紫强 . 生态毒理学原理与方法 [M]. 北京：科学出版社，2006.

[18] 孟紫强 . 关于生态毒理学与环境毒理学几个基本概念的见解 [J]. 生态毒理学报，2006，1(2): 97-104.

[19] 孟紫强 . 生态毒理学与环境毒理学课程建设（C）// 大学环境类课程报告论坛组委会 . 大学环境类课程报告论坛论文集（2006）. 北京：高等教育出版社，2007：319-322.

[20] 孟紫强 . 生态毒理学 [M]. 北京：高等教育出版社，2009.

[21] 孟紫强 . 生态毒理学 [M]. 北京：中国环境出版集团，2019.

[22] 孟紫强 . 环境毒理学 [M]. 北京：中国环境科学出版社，2000.

[23] 孟紫强 . 现代环境毒理学 [M]. 北京：中国环境出版社，2015.

[24] 孟紫强 . 环境毒理学基础 [M]. 北京：高等教育出版社，2003.

[25] 孟紫强 . 环境毒理学基础 [M]. 2 版 . 北京：高等教育出版社，2010.

[26] 孟紫强 . 环境毒理学 [M]. 3 版 . 北京：高等教育出版社，2018.
[27] 迈克尔 · C. 纽曼，迈克尔 · A. 昂格尔 . 生态毒理学原理 [M]. 赵园，王太平，译 . 北京：化学工业出版社，2007.
[28] 钦佩，左平，何祯祥 . 海滨系统生态学 [M]. 北京：化学工业出版社，2004.
[29] 沈国英，施并章 . 海洋生态学 [M]. 2 版 . 北京：化学工业出版社，2002.
[30] 盛连喜 . 环境生态学导论 [M]. 3 版 . 北京：高等教育出版社，2020.
[31] 史志诚 . 生态毒理学概论 [M]. 北京：高等教育出版社，2005.
[32] 苏特（SUTER G W Ⅱ .）. 生态风险评价 [M]. 2 版 . 尹大强，林志芬，刘树深，等译 . 北京：高等教育出版社，2011.
[33] 孙儒泳 . 动物生态学原理 [M]. 3 版 . 北京：北京师范大学出版社，2001.
[34] 孙铁珩，周启星，李培军 . 污染生态学 [M]. 北京：科学出版社，2001.
[35] 王春霞，朱利中，江桂斌 . 环境化学学科前沿与展望 [M]. 北京：科学出版社，2017.
[36] 王焕校 . 污染生态学 [M]. 北京：高等教育出版社，2002.
[37] 王清印，等 . 生态系统水平的海水养殖业 [M]. 北京：海洋出版社，2010.
[38] 王晓蓉 . 环境化学 [M]. 南京：南京大学出版社，1993.
[39] 王玉莹 . 弥河分流流域四溴双酚 A 及其溴代代谢物的分布特征和生态风险评估 [D]. 泰安：山东农业大学，2020.
[40] 殷浩文 . 生态风险评价 [M]. 上海：华东理工大学出版社，2001.
[41] 翟中和，王喜忠，丁明孝 . 细胞生物学 [M]. 4 版 . 北京：高等教育出版社，2011.
[42] 张昭昭 . 海河干流有机磷酸酯的污染特征与生态风险评价 [D]. 天津：天津大学，2018.
[43] 张铣，刘毓谷 . 毒理学 [M]. 北京：北京医科大学、中国协和医科大学联合出版社，1997.
[44] 郑冬梅，孙丽娜，刘志彦，等 . 沈阳细河水中多环芳烃的分布、来源及生态风险评价 [J]. 生态学杂志，2010，29(10): 2010-2015.
[45] 中国大百科全书——环境科学 [M]. 北京：中国大百科全书出版社，1983.
[46] 周军英，单正军，石利利，等 . 农药生态风险评价与风险管理技术 [M]. 北京：中国环境科学出版社，2012.
[47] 周启星 . 污染土壤修复原理与方法 [M]. 北京：科学出版社，2004.
[48] 周启星，孔繁翔，朱琳 . 生态毒理学 [M]. 北京：科学出版社，2004.
[49] 左玉辉 . 环境学 [M]. 北京：高等教育出版社，2002.
[50] BALLANTYNE B, MARRS T, SYVERSEN T. General and applied toxicology[M]. 2nd ed. New York: Grove's Dictionaries Inc., 1999.
[51] BEEBY A. Applying ecology[M]. London: Chapman & Hall, 1993.
[52] BEYER W N, HEINZ G H, REDMON-NORWOOD A W. Environmental contaminants in wildlife: interpreting tissue concentrations[M]. Boca Raton: Lewis Publishers, 1996.
[53] BRAMWELL A. Ecology in the 20th century: a history[M]. New Haven: Yale University Press, 1989.
[54] CALOW P. Handbook of ecotoxicology[M]. Oxford: Blackwell Science Ltd., 1998.
[55] COLEMAN D C, FRY B. Carbon isotope techniques[M]. San Diego: Academic Press. 1991.
[56] CONNELL D W, WU R, LAM P, et al. Introduction to ecotoxicology[M]. Cambridge:

Blackwell Science Inc., 1999.
[57] CONNELL D W, Lam P, Richardson B, et al. Introduction to ecotoxicology[M]. Wiley, 2009.
[58] FRANCIS B M. Toxic substances in the environment[M]. New York: John Wiley & Sons, 1994.
[59] GARTE S J. Molecular environmental biology[M]. Boca Raton: Lewis Publishers, 1994.
[60] GROSS E, GARRIC J. Ecotoxicology: new challenges and new approaches[M]. Elsevier Science, 2019.
[61] HARRISON C M. Inheritance of resistance to DDT in the housefly, Musca domestica L[J]. Nature, 1951, 167: 855-856.
[62] HAUSER-DAVIS R A, PARENTE T E. Ecotoxicology perspectives on key issues[M]. CRC Press, 2018.
[63] JORGENSEN S E. Ecotoxicology[M]. Elsevier Science, 2010.
[64] KELLY J R, KIMBALL K D, HARWELL M A, et al. Ecotoxicology: problems and approaches[M]. Springer New York, 2011.
[65] KIDD K A, HESSLEIN R H, ROSS B J, et al. Bioaccumulation of organochlorines through a remote freshwater food web in the Canadian Arctic[J]. Environmental Pollution, 1998, 102: 91-103.
[66] KLAASSEN C D. Casarett and Doull's toxicology: the basic science of poisons[M]. 6th ed. New York: McGraw-Hill Publishers, 2001.
[67] LANDIS W G, YU M H. Introduction to environmental toxicology: impacts of chemicals upon ecological systems[M]. Boca Raton: CRC Press, 1995.
[68] MANAHAN S E. Toxicological chemistry and biochemistry[M]. 3rd ed. Boca Raton: CRC Press, 2002.
[69] MENG Z Q, et al. Alterations of gene expression profiles induced by sulfur dioxide in rat lungs[J]. Frontiers in Biology, 2007, 2(4): 369-378.
[70] MENG Z Q, et al. Vasodilator effects of gaseous sulfur dioxide and regulation of its level by ACh in rat vascular tissues[J]. Inhalation Toxicology, 2009, 21(14): 1223-1228.
[71] MENG Z Q, YANG R. Chapter 5 Production and signaling functions in mammalian cells[M]. // WANG R. Gasotransmitters. London: Royal Society of Chemistry, 2018: 101-144.
[72] MOLTMANN J F, RAWSON D M. Applied ecotoxicology[M]. CRC Press, 2020.
[73] MORIARTY F. Ecotoxicology: the study of pollutants in ecosystems[M]. 3rd ed. London: Academic Press, 1999.
[74] National Research Council. Risk assessment in the federal government: managing the process[M]. Washington DC: National Academy Press, 1983.
[75] NEFF J M. Bioaccumulation in marine organisms[M]. Amsterdam: Elsevier Science, 2002.
[76] NEWMAN M C. Fundamentals of ecotoxicology[M]. Boca Raton: Lewis Publishers, CRC Press, 1998.
[77] NEWMAN M C. Fundamentals of ecotoxicology: the science of pollution[M]. 4th ed. Taylor & Francis, 2014.
[78] NEWMAN M C. Quantitative ecotoxicology[M]. 2nd ed. Taylor & Francis, 2013.

[79] PHILP R B. Ecosystems and human health: toxicology and environmental hazards[M]. 2nd ed. Lewis Publishers, 2001.

[80] POSTHUMA L, SUTER G W, TRAAS T P. Species sensitivity distributions in ecotoxicology[M]. Boca Raton: CRC Press, 2001.

[81] SCHÜÜRMANN G, MARKERT B. Ecotoxicology: ecological fundamentals, chemical exposure, and biological effects[M]. New York and Heidelberg: A John Wiley & Sons, Inc. and Spektrum Akademischer Verlag Co-publication, 1998.

[82] Society of Environmental Toxicology and Chemistry. Ecotoxicology: ecological dimensions[M]. Springer Netherlands, 1996.

[83] SPARLING D W. Ecotoxicology essentials: environmental contaminants and their biological effects on animals and plants[M]. Elsevier Science, 2016.

[84] SPARLING D W, LINDER G, BISHOP C A, et al. Ecotoxicology of amphibians and reptiles[M]. CRC Press, 2010.

[85] US Environmental Protection Agency. Peer review workshop report on a framework for ecological risk assessment[M]. EPA/625/3-91/022. Risk Assessment Forum, US Environmental Protection Agency, Washington DC, 1992.

[86] US Environmental Protection Agency. Testing for environmental effects under the Toxic Substances Control Act[M]. Office of Toxic Substances, Washington DC, 1983.

[87] VAN STRAALEN N M, JANSSENS T K S, ROELOFS D. Micro-evolution of toxicant tolerance: from single genes to the genome's tangled bank[J]. Ecotoxicology, 2011, 20: 574-579.

[88] WALKER C H, HOPKIN S P, SIBLY R M, et al. Principles of ecotoxicology[M]. 2nd ed. London: Taylor and Francis Ltd., 2001.

[89] WALKER C H, SIBLY R M, HOPKIN S P, et al. Principles of ecotoxicology[M]. 4th ed. Taylor & Francis, 2012.